Toon Boom Harmony
动画制作教程

柏平 编著

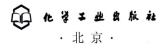

化学工业出版社

·北京·

本书理论结合实践，由浅入深、循序渐进地介绍了Toon Boom Harmony软件的基本操作与实际应用。全书共16章，包括基础篇和动画篇两大部分，内容涵盖软件启动、基本界面、绘画、上色、库、时间轴与摄影表、导入、创建角色、场景设置、传统动画、路径动画、层级动画、融合变形动画、绑定变形动画、声音、输出。编写中，力求通过软件功能的详细解析、典型案例的生动展示，使读者快速掌握软件功能和动画设计思路。为了帮助读者掌握要点，注意细节，本书中多处设置了"Tip"予以提示。各章附有技术专题、实战练习配套源文件及练习，读者可扫描书中二维码及登陆出版社网站http://download.cip.com.cn/下载后查看、操作。

本书可作为高等院校动画设计、数字媒体、游戏设计及其他艺术设计类专业的教学用书，也可以作为相关培训机构的培训教材，以及动漫、影视等相关行业等人员的参考用书。

图书在版编目（CIP）数据

Toon Boom Harmony动画制作教程/柏平编著．—北京：
化学工业出版社，2018.8（2025.9重印）
ISBN 978-7-122-32510-5

Ⅰ．①T⋯　Ⅱ．①柏⋯　Ⅲ．①动画制作软件–教材
Ⅳ．①TP317.48

中国版本图书馆CIP数据核字（2018）第138327号

责任编辑：张　阳　　　　　　　　　　　装帧设计：王晓宇
责任校对：王素芹

出版发行：化学工业出版社（北京市东城区青年湖南街13号　邮政编码100011）
印　　装：北京建宏印刷有限公司
710mm×1000mm　1/16　印张18　字数419千字　2025年9月北京第1版第2次印刷

购书咨询：010-64518888　　　　　　　　售后服务：010-64518899
网　　址：http://www.cip.com.cn
凡购买本书，如有缺损质量问题，本社销售中心负责调换。

定　价：128.00元　　　　　　　　　　　　　　　版权所有　违者必究

前 言
FOREWORD

动画这种艺术形式，自诞生以来，就受到大众，尤其是年轻人的喜爱。随着社会的不断发展，大众对动画艺术的欣赏水平也在不断提高，这对动画制作提出了更高要求。所谓"工欲善其事，必先利其器"。早先的动画制作离不开纸和笔，同时需要投入大量的时间和人力。二十一世纪的今天，人们通过计算机辅助设计，极大地提高了动画制作的工作效率，制作流程中那些简单繁复的工作完全可以交由计算机完成。我们今天看到的动画片甚至动画电影的制作，几乎全程离不开计算机的协助，因此掌握相应的制作软件就显得非常重要。

本教程将全面细致地介绍一款业内非常著名的动画制作软件——Toon Boom Harmony。

Harmony是Toon Boom Animation公司推出的一款动画制作软件，能够帮助用户高效地创作动画项目，是动画行业不可缺少的重要软件工具。

在Harmony中，一个动画项目，从素材导入，到动画创作、合成以及渲染，整个流程可以通过多平台联机协作，对项目进行统一管理。同时，Harmony拥有64位引擎，可以更快地导出，包括大尺寸位图、复杂的场景和各种粒子效果。它还包括了强大的变形工具，可以对矢量图和位图进行变形。该工具运用了骨架结构和曲线来产生变形运动。

改进矢量线条算法，使手绘板捕捉的画笔压感更精确，是该软件一大亮点。软件内置的纹理在动画过程中的表现更加流畅。重新设计的SDK基础结构，便于创建插件，使用者可以方便地使用预设的特殊效果。同时，该软件允许输入两个3D模型和场景，将所有2D和3D元素导入到一个统一的制作环境中，即可将它们合为一体。

本教程共分两篇：基础篇和动画篇。基础篇是软件的操作基础，需要熟练掌握；动画篇列出了5种类型的动画方式，根据实践中具体项目的要求，读者可以酌情了解。各章节中所注明的"Tip"，是读者容易忽略的细节或是需要掌握的制作技巧，应引起注意。

本教程除了对各项操作步骤进行讲解外，还安排了多个实战练习，并将实际制作中容易忽略的或混淆的概念，列入技术专题中，力求使读者掌握重点、学以致用。对于各章技术专题及实战练习，读者可扫描书中二维码后查看，还可登录出版社网站http://download.cip.com.cn/免费下载配套源文件进行实战操作。

本教程由苏州小麻袋动画有限公司协作完成。在成书之际，要特别感谢给予过笔者帮助和指点的朋友们，包括上海大学动画系的蒋元瀚老师、苏州工业园区职业技术学院的袁潜老师、苏州小麻袋动画有限公司的高庆导演，同时，也感谢支持笔者工作的家人。

在编写过程中，笔者尽力做到图文并茂、步骤清晰，但是由于编写时间仓促、精力有限，书中难免会有不妥之处，恳请广大读者批评指正，或在学习过程中如需帮助，请与笔者联系（QQ：123384695）。

柏 平

2018年6月

基础篇

Toon Boom Harmony
动画制作教程

第1章
进入 Harmony 的世界

要点索引

- Harmony 启动界面
- Harmony 基本设置
- Harmony 常用命令

本章导读

　　Harmony 是 Toon Boom Animation 公司推出的一款高品质的数字和传统动画制作软件。Harmony 具备强大的变形工具、反向动力学（IK）动画方式和融合特效功能，极大地提高了无纸动画制作效率。

　　Harmony 属于动画中期制作软件，结合 Toon Boom Storyboard 前期分镜制作软件，可为动画制作提供更完整、更低成本的前期、中期制作的解决方案。

1.1　启动 Toon Boom Harmony

　　双击桌面图标，或点击"开始 > 所有程序 > Toon Boom Harmony 10.0 > Stage"，打开 Harmony（图 1-1-1）。

图 1-1-1　软件界面

　　Harmony 可以在联网模式和单机模式下工作。本书重点讲解软件绘制操作，联网模式不作赘述。

　　使用默认状态（Work Offline），点击 OK 按钮，打开 Harmony。

1.1.1　首选项设置

　　首次启动 Harmony，会打开 Preference Styles（首选项类型）对话框（图 1-1-2），这个对话框仅在首次启动软件时出现。设置完成后，该对话框将不再出现。之后如果想改变首选项设置，可以在首选项面板中调整。

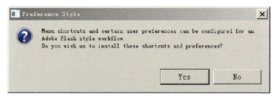

图 1-1-2　首选项类型对话框

　　选择 Yes，Harmony 将按 Adobe® Flash® 软件

工作流的方式设置快捷键，软件的选择工具为框选模式。

　　选择No，Harmony将按Toon Boom系列软件工作流的方式设置快捷键，软件的选择工具为套索模式。

1.1.2　欢迎窗口

　　打开Harmony后，首先出现的就是欢迎窗口（图1-1-3）。

图1-1-3　欢迎窗口

　　该窗口共有七个区域：①创建场景；②设置场景尺寸；③自定义场景；④场景列表；⑤打开场景；⑥帮助文档；⑦欢迎窗口开关。

　　欢迎窗口中提供的这些功能，用于快速创建、打开场景，自定义场景以及获得帮助。类似的功能，软件打开后同样可以在菜单中获得。本书会在随后章节中详述这些功能。

1.2　创建、打开场景

　　如前所述，Harmony可以在单机模式和网络联机模式下工作，在本机所创建的文件将保存在本地路径上。

1.2.1　创建场景

　　场景可以通过上一节介绍的欢迎窗口创建，也可以在主菜单中创建。

　　（1）由欢迎窗口创建

　　设置工程文件路径，在工程文件路径输入框中输入，或点击按钮选择路径（图1-2-1）。

图1-2-1　设置项目路径

　　在工程文件名称输入框中，输入文件名称（图1-2-2）。

图1-2-2　输入文件名称

　　Tip　文件名不能超过23个字符。

　　在视频尺寸框中，选择场景尺寸（图1-2-3）。

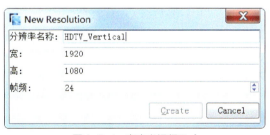

图1-2-3　设置场景尺寸

　　图中所列是Harmony默认的尺寸。根据项目实际要求，用户可以进行自定义，点击按钮，添加新的视频尺寸（图1-2-4）。

图1-2-4　自定义视频尺寸

　　① 分辨率名称：自定义名称。
　　② 宽：视频宽度，单位为像素。
　　③ 高：视频高度，单位为像素。
　　④ 帧频：视频播放帧速。
　　点击Create（创建）按钮创建。

　　Tip　对于所创建的自定义视频尺寸，如不需要，可点击 删除。

（2）由主菜单创建

通过菜单命令创建，步骤如下。

① 在主菜单中，选择"文件>新建"命令，或点击工具栏上 按钮（快捷键【Ctrl】+【N】），如图1-2-5所示。

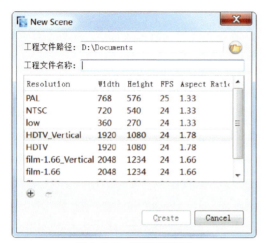

图1-2-5　新建工程窗口

② 点击 按钮，选择保存路径（图1-2-6）。

图1-2-6　选择保存路径

③ 在工程文件名称中输入新建的文件名（图1-2-7）。

图1-2-7　输入新建的文件名

④ 在新建工程窗口中，选择默认的尺寸，或点击 按钮自定义（图1-2-8）。

图1-2-8　自定义视频尺寸

⑤ 点击Create按钮创建。

1.2.2　打开场景

场景可以通过上一节介绍的欢迎窗口打开，也可以在主菜单中打开。

（1）由欢迎窗口打开

在最近打开工程文件标签中，点击已经存在的文件打开（图1-2-9）。

图1-2-9　点击已经存在的文件

或点击打开工程文件按钮（图1-2-10），在弹出的窗口中选择文件。

图1-2-10　点击打开按钮

（2）由主菜单打开

在主菜单上，选择"文件>打开"命令，或在工具栏中点击 图标（快捷键【Ctrl】+【O】）。在弹出的窗口中选择文件。

> **Tip**　由Harmony创建的场景文件，后缀名为*.xstage。

1.2.3　设置场景长度

场景创建完成后，就可以设置场景长度。

① 点击主菜单中的"场景>场景长度…"命令（图1-2-11）。

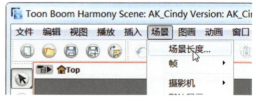

图1-2-11　选择场景长度

弹出场景长度对话窗口（图1-2-12）。

图1-2-12　场景长度对话窗口

② 在输入框中，输入场景长度，单位帧。

③ 点击OK按钮，完成设置。

1.2.4　场景设置

创建新场景前，Harmony会要求设置前文所述的一些内容。这些设置，在场景建完后，还可进行修改。其步骤如下。

（1）打开设置对话框

在主菜单中，选择"场景>场景设置…"命令（图1-2-13）。

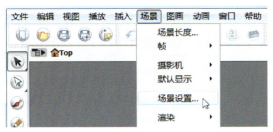

图1-2-13　场景设置

弹出场景设置对话窗口（图1-2-14）。

图1-2-14　场景设置对话窗口

（2）设置对话窗口的三大标签

① 分辨率标签

A.项目分辨率

● HDTV：高清晰度电视标准，宽高比为16∶9，水平和垂直清晰度是常规电视的两倍左右，支持杜比数字5.1声道的音响系统。

● HDTV_Vertical：图像质量同上，在网格分配上匹配摄影机视图垂直方向。

● Film-1.33：标准的4∶3的电影格式。

● Film-1.66：标准的16∶9的电影格式。

● Film-1.66_Vertical：标准的16∶9的电影格式，在网格分配上匹配摄影机视图垂直方向。

● NTSC：北美标准的模拟电视广播制式。

● PAL：欧洲标准的模拟电视广播制式，适用于电视和电脑屏幕。

● Low：此分辨率用于网络视频，视频文件较小，适合快速下载。

B.场景分辨率设置：显示当前选择的分辨率。

C.分辨率尺寸：显示当前场景的分辨率数值。

D.保存：自定义分辨率设置完成后，该按钮被激活，用于保存自定义设置。

E.视频宽高比：该数值是视频的宽和高的像素比例。

F.视频帧速：选择项目的播放速率。帧速率越高，动画越细腻。

G.视图区域：有三个选项，这些选项定义视图区域（FOV），以及确定绘画元素如何对齐摄影机。

绘图网格按4∶3（1.33）的比例缩放。所以如果项目分辨率也是4∶3（NTSC）时，更改视图区域的设置不会有明显的差异。

a.适合水平。绘图网格在水平方向上符合摄影机视图边缘，网格的宽度匹配分辨率宽度。

b.适合垂直。绘图网格在垂直方向上符合摄影机视图边缘，网格的高度匹配分辨率高度。

c.自定义视图区域。设置摄影机视角，单位为度。增加该值，可以扩阔摄影机视野，使网格和所有元素显得更远。

② 对齐标签（图1-2-15）

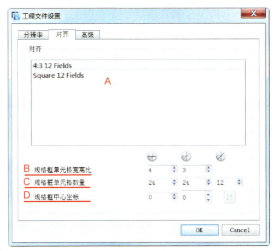

图1-2-15　对齐标签

A.对齐标尺（图1-2-16）

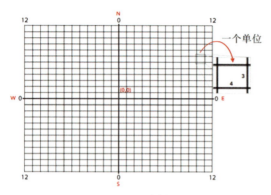

图1-2-16　对齐标尺

其对齐方式有以下两种。

a.4：3框：宽高比为4：3的绘画网格，按上下左右（N、S、W、E）设置12个单位。

b.方形12框：宽高比为1：1的正方形绘画网格，设置12个单位。

B.规格框单元格宽高比

输入框可输入自定义的宽高比例，即网格的横向与纵向比率。传统动画中，一般使用4：3的尺寸。

C.规格框单元格数量

三个输入框分别表示网格的水平、垂直和深度的单位数量。

传统动画常用的默认设置一般为，水平24个单位，垂直24个单位，景深12个单位。

D.规格框中心坐标

默认情况下，规格框中心坐标为（0，0），如图1-2-15所示。输入数值可以改变网格中心点位置，例如到左上角，则将输入（−12，12）。

一旦改变了默认值后，需要点击右侧的保存按钮，弹出对话窗口（图1-2-17）。

输入自定义名称，然后点击OK按钮保存。

图1-2-17　自定义对齐窗口

③ 高级标签（图1-2-18）

图1-2-18　高级标签

Harmony7.8之后，对Z轴排序的方法进行了优化。勾选此选项后，允许文件兼容Toon Boom Digital Pro7.3和Harmony 7.3。

Toon Boom Digital Pro7.3和Harmony 7.3在Z轴上允许最小的值为0.0001。

1.2.5　添加图层

场景设置完成后，即可开始添加图层。

在时间轴窗口右侧添加图层（图1-2-19），点击添加图层按钮，新添加的图层（Drawing_1）即被添加到默认图层上。

图1-2-19　添加图层

1.3　基本命令表

表1-3-1列举了Harmony最常用的命令。

表1-3-1　基本命令表

命令	执行	方式
新建	新建场景，弹出场景设置对话框	文件>新建（【Ctrl】+【N】）
打开	打开一个存在的场景	文件>打开（【Ctrl】+【O】）
最近打开文件	在列表中打开存在的场景	文件>最近打开文件
最近打开文件>清除	清除最近打开的文件列表	文件>最近打开文件>清除
关闭	关闭当前打开的场景文件，但不退出Harmony	文件>关闭
保存	保存场景的所有修改	文件>保存（【Ctrl】+【S】）

续表

命令	执行	方式
另存为	将场景用新文件名、路径等保存为新文件，文件名不超过23个字符	文件>另存为
退出	关闭场景文件并退出Harmony	文件>退出
显示扫描信息	扫描过程中，在绘画和摄影机窗口底部显示扫描信息	绘画窗口菜单：视图>显示>显示扫描信息
剪切	拷贝并删除选择的对象，然后可以在别处粘贴对象或属性	编辑>剪切（【Ctrl】+【X】）
拷贝	拷贝选择的对象及其属性	编辑>拷贝（【Ctrl】+【C】）
粘贴	在摄影机、绘画或时间轴上放置拷贝或剪切的对象	编辑>粘贴（【Ctrl】+【V】）
删除	删除所选的对象	编辑>Delete（【Delete】）
全选	在摄影机、绘画或时间轴窗口中，选择所有绘画对象	编辑>选择所有（【Ctrl】+【A】）
取消全选	在摄影机或绘画窗口中，取消选择的对象	编辑>取消选择所有（【Esc】）
撤销	取消上一次的操作，Harmony支持多次撤销	编辑>撤销（【Ctrl】+【Z】）
重做	执行了撤销命令后，该命令可以恢复	编辑>撤销（【Ctrl】+【Shift】+【Z】）
选择子级	在时间轴窗口中选择定位层下一级的元素	编辑>选择子级
选择子级略过特效	在时间轴窗口中选择元素的下一级，忽略层级中的特效	编辑>选择子级略过特效（【Shift】+【B】）
选择多个子级	在时间轴窗口中选择定位层下一级的所有元素	动画>选择多个子级
选择父级	在时间轴窗口中选择元素的上一级	动画>选择父级
选择父级略过特效	在时间轴窗口中选择元素的上一级，忽略层级中的特效	动画>选择父级略过特效（【B】）
选择上一同级	用于在时间轴窗口中选择上一级元素	动画>选择上一同级（【/】）
选择下一同级	用于在时间轴窗口中选择下一级元素	动画>选择下一同级（【?】）
自动渲染Write模块	显示每次更改的当前帧，该命令需添加写入模块	场景>渲染>自动渲染Write模块
信息日志	显示渲染任务期间的信息	窗口>信息日志
调试模式	收集和显示渲染期间每一帧的精确信息	帮助>调试模式
显示欢迎窗口	显示欢迎窗口（图1-1-3）	帮助>显示欢迎窗口

技术专题

第**2**章
基本界面

要点索引

- 摄影机窗口
- 时间轴窗口
- 颜色窗口
- 库窗口
- 界面管理

本章导读

　　了解如何管理Harmony界面，有助于更好地组织工作空间，并按个人的使用习惯，设定一套自己熟悉的视图和工具栏，提高工作效率。

　　用户可以在首选项中来自定义视图和工具栏，本章将讲解如何使用及管理它们。

2.1　用户界面

　　本章将从常用的公共界面元素开始，介绍每个窗口、工具栏所在的位置以及使用方式（图2-1-1）。

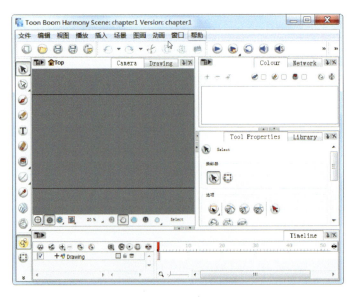

图2-1-1　用户界面

2.1.1 窗口和工具栏

Harmony有着众多的窗口和工具栏，工具栏又分为主工具栏和窗口工具栏。主工具栏位于整个软件界面的上方，窗口工具栏则位于每个工作窗口的上方。

Harmony中存在的所有窗口和工具栏见表2-1-1。

表2-1-1 窗口和工具栏分类

窗口	主工具栏	窗口工具栏	窗口	主工具栏	窗口工具栏
摄影机窗口	高级动画类	摄影机类	透视图窗口	洋葱皮类	
颜色窗口	控制点类	绘画类	脚本编辑器窗口	回放类	
坐标、控制点窗口	坐标类	模块类	侧视图窗口	渲染类	
绘画窗口	显示类	侧视图类	时间轴窗口	脚本类	
帮助窗口	形变类	时间轴类	预设工具栏窗口	工具类	
层属性窗口	快速浏览类	顶视图类	工具属性窗口	工作区类	
日志窗口	编辑类	摄影表类	顶视图窗口		
模块窗口	文件类	网络类	摄影表窗口		
元件库窗口	浏览类		功能窗口		
网络窗口	遮罩类		元件窗口		

熟悉界面中的元素，对掌握软件很重要，有助于更好地使用软件。图2-1-2列出了界面中各个元素的位置，这是软件默认的分布，包含了能使用到的主要元素：①摄影机窗口；②工具架；③工具属性窗口；④时间轴窗口；⑤主菜单；⑥颜色窗口；⑦库窗口；⑧回放栏。

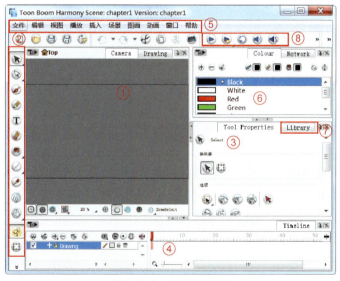

图2-1-2 界面中的元素

2.1.2 摄影机窗口

摄影机窗口是Harmony的主要操作窗口，包括绘画、上色、动画以及创建动画路径和查看动画效果，还可以操作元件的层级结构。

该窗口具备顶部和底部工具栏，通过这两个工具栏，既可以改变显示模式，也可以操作元件层级（图2-1-3）。

图2-1-3　摄影机窗口

①更新预览⊕：用于检查最终画面效果。点击该按钮，Harmony会计算当前帧画面，并显示在渲染窗口模式中，该按钮仅作预览，不输出图像。

②OpenGL窗口模式◉：可以实时查看动画效果，且对系统内存需求较低。该模式下无法查看动画的最终效果，需切换到渲染模式下查看。

③渲染窗口模式/蒙版窗口模式◉◯：渲染窗口模式用于显示当前帧的最终效果（画面修改后，需点击更新预览按钮⊕刷新）。渲染窗口模式可以显示当前帧应用的效果和抗锯齿线条，但无法回放动画。这时必须在主菜单中选择"文件>导出>渲染…"命令，在弹出的窗口中选择Preview（预览）选项（图2-1-4）。

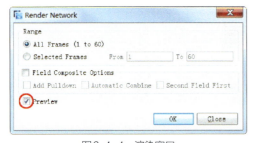

图2-1-4　渲染窗口

蒙版窗口模式与渲染窗口模式互为单选按钮。该模式可以显示当前帧的透明通道。透明度值为0%到100%，0%为全透明，画面纯黑，100%为不透明，画面纯白，灰度表示半透明（图2-1-5）。

④摄影机窗口选项▣：包括几个选项，对应摄影机窗口的各显示模式（图2-1-6）。摄影机窗口选项详解如下。

A. Safe Area ▣（安全框）：显示或隐藏安全区域。也可以在主菜单中，选择"视图>显示>安全框"命令（图2-1-7）。

图2-1-5　蒙版窗口模式

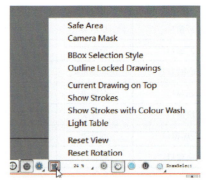

图2-1-6　摄影机窗口选项

图2-1-7　安全框

B. Camera Mask ▣（摄影机遮罩）：显示或隐藏摄影机周围的黑框。开启该选项，摄影机框外的内容将被遮挡。也可以在主菜单中，选择"视图>显示>摄影机遮罩"命令（图2-1-8）。

图2-1-8　摄影机遮罩

C. BBox Selection Style（边界盒选择样式）：开启该选项，用变换工具选择图形时，图形颜色正常显示（图2-1-9左），不会偏紫色、红色或黄色显示（图2-1-9右）。

图2-1-9 边界盒选择样式

D. Outline Locked Drawings（轮廓线显示）：在时间轴上锁定图层后，开启该选项，在摄影机窗口中，图画将以线框方式显示（图2-1-10）。

图2-1-10 轮廓线显示

 以轮廓线显示时，摄影机窗口中无法选择对象。

E. Current Drawing on Top（当前层置顶显示）：启用该选项，当前编辑的画稿层临时显示在所有其他层之上（不会改变实际的图层层次）。

F. Show Strokes（显示笔触）：在用不可见线绘画时（如铅笔的粗细值为0），开启该选项，不可见线将以蓝色线显示。线条顶端的黄色方框可用以查看是否与其他线条相交。

G. Light Table（透光台）：启用该选项，在摄影机窗口中绘制某一图层时，其他图层的画稿以浅色显示，突出显示正在编辑的图层。

H. Reset View（重置位置）：点击该按钮，重置摄影机框的初始状态（快捷键【Shift】+【M】）。

I. Reset Rotation（重置旋转）：点击该按钮，重置摄影机框的旋转状态（快捷键【Shift】+【X】）。

⑤ 缩放：用于扩大或减小摄影机窗口的显示（图2-1-11）。要将画面显示尺寸适合摄影机窗口大小，可以选择Fit To View命令（适合视图）。

图2-1-11 缩放菜单

 使用放大镜工具，可以快速缩放。按键盘【Shift】+【Z】键，画面以4倍比例缩放。缩放以鼠标箭头所在位置为中心。

⑥ 绘画名称：显示被选择的图层名。

⑦ 工具名称：显示当前使用的工具。如果使用快速切换功能改变的工具，工具名将以红色显示。例如在使用画笔过程中，按下【E】键，临时切换到橡皮工具，此时的工具名称显示为红色

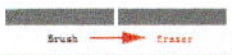

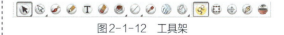

⑧ 帧序号：显示当前帧的序号。

⑨ 层级菜单：查看窗口所处的层级。例如 🏠Top - lp_head - lp_mouth ，表示该窗口为三级窗口。第一级 Top 为主窗口，第二级 lp_head 为二级窗口。点击第一级或第二级窗口退回。

2.1.3 工具架

工具架包含可以使用的主要工具（图2-1-12）。默认状态下，工具架位于软件界面的最左侧。关于工具的类型及用法将在以后章节详细介绍。

图2-1-12 工具架

2.1.4 工具属性窗口

工具属性窗口包含当前所选工具的最常用选项和操作。一旦在工具架上选择了某一工具，该工具的属性就会出现在工具属性窗口中。

例如，当前为选择工具时，工具属性窗口就会如图2-1-13所示，有操纵器、选项和操作等内容。

图2-1-13　工具属性窗口

如果工具属性窗口没有出现，可以在主菜单中，选择"窗口>工具属性"命令。

2.1.5　时间轴窗口

时间轴窗口（图2-1-14）默认位置在界面下方，主要用于调整动画的时间节奏、添加特效和安排图层顺序。当摄影机窗口为主窗口或一级窗口时，时间轴则为主时间轴。每个元件和模板都有各自的时间轴窗口。

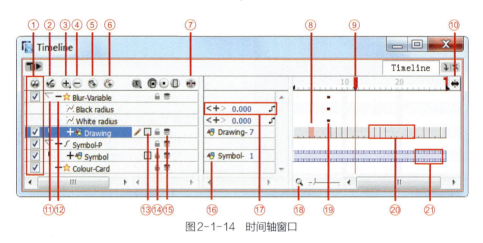

图2-1-14　时间轴窗口

时间轴窗口详解如下。

① 显示开关：同时显示或隐藏所有层。如果要单独显示某一层，勾选该层前的选择框（快捷键【D】），反之则不勾选选择框。

② 独立显示开关：只显示当前选择的层，关闭其他层。

③ 添加层：在时间轴上添加层。Harmony具备摄影机、色板、绘画、组、定位、位图和声音7种层。

④ 删除层：删除选择的层。点击该按钮后，系统弹出确认对话窗口（图2-1-15）。

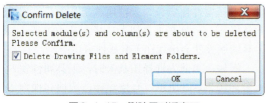

图2-1-15　删除层对话窗口

⑤ 添加绘画层：在时间轴上添加图画图层，默认图层名为"Drawing"。

⑥ 添加定位层：在时间轴上添加定位层（图2-1-16）。

图2-1-16　添加定位层

⑦ 参数开关：展开或收起层在时间轴上的持续时间、关键帧值等参数（图2-1-17）。

⑧ 绘画窗口显示的画稿：选择的帧呈浅红色显示，如图2-1-18所示。注意，当前绘画窗口的画稿不一定对应摄影机窗口中的画稿。

⑨ 当前帧：红色竖线播放头所在的位置。如果左右拖动播放头，能在摄影机窗口中看到变化

图2-1-17　展开参数窗口

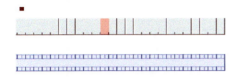

图2-1-18　绘画窗口显示的画稿

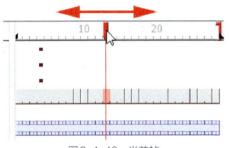

图2-1-19　当前帧

的画面（图2-1-19）。

⑩ 分割时间线开关➡：点击该按钮，时间线分为两段（图2-1-20），便于在时间较长的镜头中查看起始画面和结束画面。

图2-1-20　分割时间线

⑪ 子层折叠开关▽：该按钮用于收起或展开父层以下的子层（图2-1-21）。

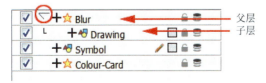

图2-1-21　子层折叠开关

⑫ 函数显示开关✚：显示各层的函数（图2-1-22）。层的位置、缩放和旋转等信息存储在函数曲线的关键帧中。

⑬ 层的颜色标识：给层添加颜色标识，便于在时间轴上快速区分。单击图2-1-23中的颜色标识框，打开颜色拾取器（图2-1-24），可挑选颜色。

图2-1-22　显示函数

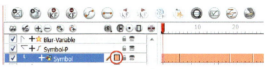

图2-1-23　颜色标识框

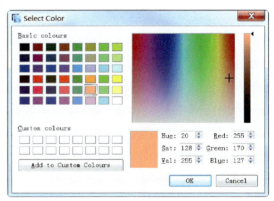

图2-1-24　颜色拾取器

⑭ 图层锁🔓🔒：用于保护图层，防止误操作。在时间轴窗口中点击图标，即可锁定或解锁（图2-1-25）。

图2-1-25　图层锁

图层锁有以下几个选项。

A. 🔒 锁定：锁定当前选择的层。

B. 🔓 解锁：解锁当前选择的层。

C. 🔒 锁定所有：锁定所有的层。

D. 🔓 解锁所有：解锁所有的层。

E. 🔒 锁定其他所有：锁定除了选择的层以外所有的层。

在摄影机窗口中，图层锁定后，画稿会以轮

廓线的方式显示（图2-1-10）。操作步骤如下。

A.在主菜单中，选择"编辑>首选项..."命令。

B.在首选项面板中，选择摄影机标签。

C.在工具选项中勾选"以边线方式显示已锁定的图画"复选框。

⑮ 洋葱皮开关 🗄：该功能可以检视前后帧画面。打开该选项（图2-1-26），在播放头上会出现蓝色范围框，范围框包含的帧都会以特别的方式显示在摄影机窗口中（图2-1-27）。

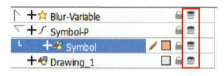

图2-1-26　洋葱皮开关

图2-1-27　红线框代表前帧，绿线框代表后帧

⑯ 画稿替换 🎨：该图标后的数值表示图层中的画稿名。点击数值，输入需要的画稿名，进行画稿替换。或将鼠标悬停在数值上，出现滑动标记（图2-1-28）后，左右拖动鼠标，进行画稿替换。

要显示画稿替换选项，首先要点击参数开关 ⬡。

图2-1-28　画稿替换

⑰ 关键帧值：如图2-1-29所示，可以增减或修改当前帧的关键帧数值。

要显示关键帧值，首先要点击参数开关 ⬡。其步骤如下。

A.在当前帧中添加关键帧，点击添加关键帧按钮 ✚（图2-1-30）。

图2-1-29　关键帧值

图2-1-30　添加关键帧

B.从当前帧去除一个存在的关键帧，点击删除关键帧按钮 ▬。

C.修改当前关键帧，既可以点击数值输入修改，也可以在出现滑动标记时左右拖动鼠标修改。

D.点击前一关键帧按钮 ＜ 和后一关键帧按钮 ＞，切换关键帧。

E.点击函数菜单按钮 🎵，可以将图层连接到相应的函数曲线上。

⑱ 时间线缩放：放大或缩小时间线的显示比例，点住滑块后左右拖动 ↔（快捷键【Ctrl】+【+】或【Ctrl】+【-】）。

⑲ 关键帧：在时间线上，关键帧用黑色点表示 ▮，选中关键帧后，可以拖动，也可以拷贝、剪切和删除。收起包含关键帧的子层时，关键帧标记会显示在父层上（图2-1-31）。

图2-1-31　子层含关键帧

💬 Tip　删除关键帧，不会影响画稿。

⑳ 普通帧：在时间线上，普通帧表示为 ▦ 这样的灰色块。两个不同的帧，中间用竖线隔开，同一帧则没有间隔。

㉑ 元件：在时间线上，元件是外观类似于胶片的图标 ▦▦▦。

2.1.6　菜单

Harmony有三类菜单：主菜单、窗口菜单、右键菜单。

（1）主菜单（图2-1-32）

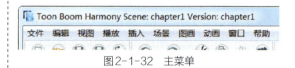

图2-1-32　主菜单

（2）窗口菜单

有些窗口有自己独立的菜单，如图2-1-33所示，这里集中了与窗口密切关联的命令。

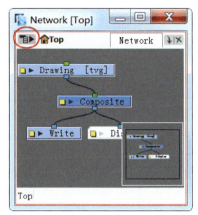

图2-1-33 窗口菜单

具备独立菜单的窗口有：颜色窗口、摄影机窗口、绘画窗口、函数窗口、帮助窗口、库窗口、模块窗口、元件库窗口、网络窗口、脚本窗口、透视窗口、侧视图窗口、顶视图窗口、工具预设窗口、摄影表窗口。

（3）右键菜单

每个窗口都有右键菜单（图2-1-34），单击鼠标右键即可弹出。

图2-1-34 右键菜单

2.1.7 颜色窗口

在颜色窗口中，可以创建颜色和色盘，或导入一个存在的色盘。该窗口有两种显示模式：色块模式、列表模式（图2-1-35、图2-1-36）。

切换方法：在颜色窗口菜单中，选择"颜色>切换色块显示模式"命令。

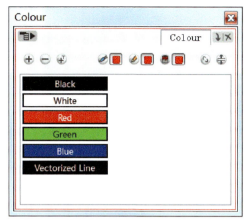

图2-1-35 色块模式

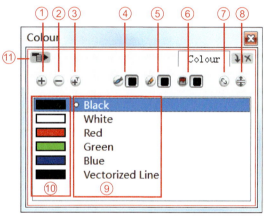

图2-1-36 列表模式

颜色窗口详解：

① 添加颜色 ⊕：用于颜色的添加。

② 删除颜色 ⊖：用于颜色的删除。如果要删除正在使用的颜色，将弹出对话窗口询问。如果点击确定，画稿中相应区域会以红色显示，表示颜色缺失（图2-1-37）。

图2-1-37 颜色缺失

③ 添加纹理 ⊞：给纯色的颜色添加位图（图2-1-38）。注意，位图必须是TGA或PSD格式的图片文件。

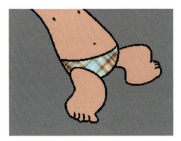

图2-1-38　添加纹理

④ 画笔颜色：如果当前使用的是画笔工具，添加、修改的颜色将应用到画笔上。

⑤ 铅笔颜色：如果当前使用的工具是铅笔，添加、修改的颜色将应用到铅笔、钢笔、圆形、矩形和直线上。

⑥ 油漆桶颜色：如果当前使用的是油漆桶工具，添加、修改的颜色将应用到油漆桶上。

⑦ 颜色同步开关：该开关的连接和断开（图2-1-39），影响笔刷、铅笔和油漆桶三种颜色的关联。

图2-1-39　颜色同步

连接表示三种颜色同步更改，断开则相反，可以分别更改。

⑧ 色盘列表开关：用于显示色盘列表（图2-1-40）。在项目有众多角色、道具时，色盘非常有用。

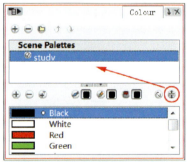

图2-1-40　展开色盘列表

⑨ 颜色名称：给每个颜色命名，以便区别，尤其在颜色复杂的项目中。双击颜色名称，输入合适的名称，允许重名。

⑩ 色样：可以直观地预览颜色。如果一个颜

色应用到画稿中，两者便链接在一起，一旦修改色样，那么画稿中相应区域的颜色会同时更改。

⑪ 颜色窗口菜单：用于执行与颜色窗口相关联的特殊命令，如"颜色编辑器"等。

2.1.8　库窗口

库窗口（图2-1-41）用于存放动画、画稿、背景和元件等元素，便于在不同项目中重复使用。

库中的元件可以是一个动作序列，如不同的口型、各角度的手型等。

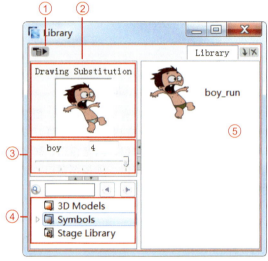

图2-1-41　库窗口

① 库窗口菜单：用于执行与库窗口相关联的特殊命令，如"生成缩略图""更新库"等。

② 预览窗口：用于查看当前选择的模板、元件等元素。

③ 预览回放：如果所选元素包含多个帧，点击播放按钮回放预览。

④ 库列表：显示所有链接到库的文件夹，可以添加子文件夹。

A. Symbols（元件）文件夹：只包含元件，可以在该文件夹下创建子文件夹。

B. Stage Library（库）文件夹：默认创建在本机硬盘上，包含模板，不包含元件。

⑤ 模板、元件窗口：显示所选文件夹中的模板或元件。

2.1.9　回放栏

回放栏（图2-1-42）用于动画和声音的回放，查看口型是否同步，循环播放以及调整播放速度、范围等。

图2-1-42 回放栏

① 播放按钮 ：播放或停止动画。也可以在主菜单中，选择"播放>播放或停止"命令。

② 渲染播放按钮 ：先渲染动画中添加的效果，然后播放。也可以在主菜单中，选择"播放>渲染并播放"命令。

③ 循环按钮 ：使动画循环播放。也可以在主菜单中，选择"播放>循环"命令。

④ 声音按钮 ：如果动画有音频，则连同音频一起播放。也可以在主菜单中，选择"播放>启用声音"命令。

⑤ 实时声音按钮 ：回放时，能预览实时声音。也可以在主菜单中，选择"播放>启用声音实时预览"命令。

⑥ 穿梭键 ：模拟视频回放设备中的穿梭键。在检查时间较长的镜头时非常有用。

⑦ 帧数 Frame 8 ：当前帧的序号。在输入框中输入数值，直接将播放头停在该帧上。

⑧ 起始和结束帧 Start 1 Stop 60 ：这两个数值为镜头的起始和结束帧（图2-1-43）。

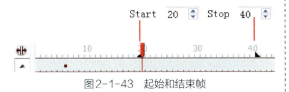

图2-1-43 起始和结束帧

⑨ 帧速（FPS）：动画每秒播放的帧数。

2.2 界面管理

2.2.1 窗口管理

Harmony的用户界面由多个不同窗口组成，每个窗口都有独特用途。对于这些窗口，可以调整位置或增减窗口。

Tip 修改的工作区，会自动保存。

（1）添加新窗口

① 在主菜单中，点击"窗口"命令，选择要添加的窗口，如图2-2-1所示，新添加绘画窗口。

也可以在下拉列表中添加（图2-2-2），即在下拉列表中选择一个窗口。

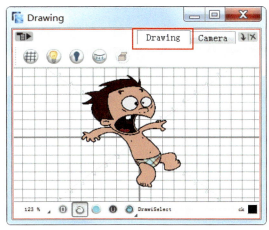

图2-2-1 添加窗口

图2-2-2 下拉列表

② 点击浮动窗口标签，拖拽至窗口标签处（图2-2-3）。

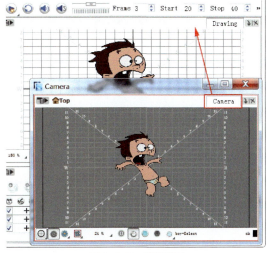

图2-2-3 停靠窗口

（2）关闭窗口

点击关闭按钮 ，关闭窗口（图2-2-4）。

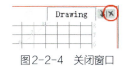

图2-2-4 关闭窗口

（3）互换窗口

① 点击窗口标签，拖离原来位置至其他的窗口标签处。

② 释放鼠标，窗口即可换至新位置。如图2-2-5所示，A为停靠在标签窗口，B为浮动窗口，C为停靠在新的位置。

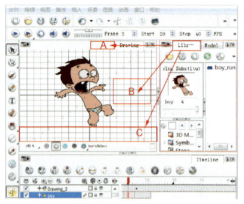

图2-2-5　互换窗口

（4）调整窗口

拖动窗口边缘，可以改变窗口的高宽。

① 将鼠标放置在窗口边缘，调整窗口尺寸。

② 当鼠标形状变为✥时，点击拖动（图2-2-6）。

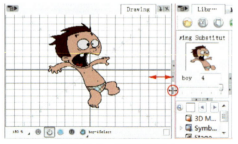

图2-2-6　调整窗口尺寸

> **Tip** 点击窗口边缘的收放按钮 ◄▮▮► ，可以临时打开或隐藏此窗口。

2.2.2　工具栏管理

默认状态下，Harmony的众多工具栏位于界面的顶部。某些窗口还有自己特定的工具栏。这些工具栏可以移动。用户可以重新定位工具栏，以配合个人的工作习惯或关闭某个不用的工具栏。

（1）显示/隐藏工具栏

① 右键点击工具栏空白处，在弹出的下拉列表中勾选某个工具栏（图2-2-7），即可显示或隐藏相关工具栏。

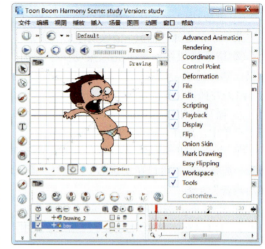

图2-2-7　显示/隐藏工具栏

> **Tip** 下拉列表中，已经勾选的工具栏，表示已经显示。

② 右键点击窗口顶部空白处，弹出下拉菜单（图2-2-8），可显示Camera View（摄影机窗口工具栏）或Customize（自定义工具栏）。

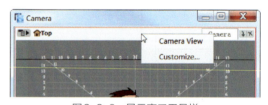

图2-2-8　显示窗口工具栏

③ 对于已经显示的工具栏，拖动边缘分割线，可以隐藏工具栏部分内容（图2-2-9）。

图2-2-9　隐藏部分工具栏

（2）移动工具栏

① 选择需要移动的工具栏，点击工具栏左侧的移动按钮 ⁝⁝（图2-2-10）。

图2-2-10　点击移动按钮

② 出现矩形外框后，拖动至需要停靠的位置，如图2-2-11所示，A为停靠在左侧，B为停

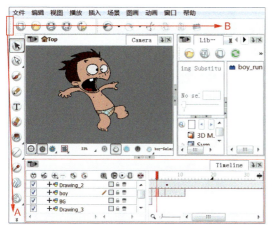

图2-2-11 移动工具栏

靠在顶部。

（3）展开工具架

默认的工具架如图2-2-12所示。有些图标带有折叠箭头，可以展开。

图2-2-12 工具架

点击右下角箭头，可以看到隐藏在该图标下的其他工具（这类工具功能相似）。

带有折叠工具的工具架展开方法如下。

① 选择主菜单中"编辑>首选项"命令，打开首选项面板，点选常规标签。

② 在选项小标签中，勾选"展开工具栏所有隐藏的工具"。

③ 点击OK按钮。

④ 重启Harmony，就能看到折叠工具已经展开（图2-2-13）。

图2-2-13 展开工具架

（4）工具栏管理器

窗口工具栏可以按个人习惯定制，通过工具栏管理器来组织不同的工具栏。具体步骤如下。

① 选择一个窗口，右键点击窗口标题，弹出下拉菜单。

② 选择Customize（定制），如图2-2-14所示。

③ 弹出工具栏管理器（图2-2-15），点击左侧列表中的工具图标，点击右箭头按钮添加。

④ 需要移除工具栏上的工具时，先点击右侧列表中的工具图标，再点击左箭头按钮移除

（图2-2-16）。

⑤ 点击向上和向下箭头按钮，可以改变工具位置顺序（图2-2-17）。

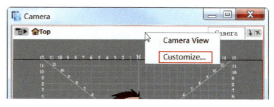

图2-2-14 定制工具栏管理器

图2-2-15 工具栏管理器

图2-2-16 移除工具栏上的工具

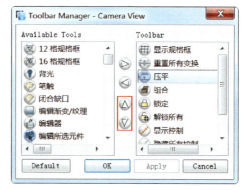

图2-2-17 改变工具位置顺序

⑥ 点击OK按钮确认。

2.2.3　工作区管理

Harmony的用户界面包括多个窗口，同样可以按个人工作习惯进行定制并保存。

（1）载入工作区

工作区有四种，分别是默认工作区、手绘工作区、合成工作区和动画工作区，直接在下拉列表中选择即可（图2-2-18）。四种工作区都有相应的窗口和工具栏。

图2-2-18　工作区列表

（2）工作区管理器

打开工作区管理器的方法：

① 点击工作区工具栏上的 图 按钮。

② 在主菜单中，选择"窗口>工作区>工作区管理器"命令（图2-2-19）。

基本操作同本书2.2.2的工具栏管理器。

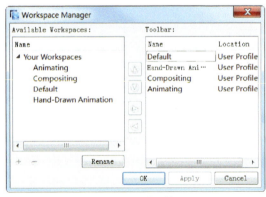

图2-2-19　工作区管理器

（3）创建新工作区

① 打开工作区管理器。

② 在图2-2-19左侧列表中，选择一个工作区。

③ 点击列表下方的添加按钮 ，添加工作区。

④ 点击右箭头 ，将新建的工作区加入右侧列表。

⑤ 点击OK确认。

（4）重命名工作区

① 打开工作区管理器。

② 选择需命名的工作区，点击下方的Rename

（重命名）按钮。

③ 输入名称（图2-2-20）。

图2-2-20　重命名工作区

④ 点击OK确认。

（5）保存工作区

对修改过的工作区，默认情况下会自动保存，可以通过首选项更改自动保存选项。

取消自动保存：

① 在主菜单中，选择"编辑>首选项"命令，打开首选项面板。

② 选择常规标签。

③ 在保存选项卡中，取消自动保存工作区选项，如图2-2-21所示。

图2-2-21　取消自动保存

④ 点击OK确认。

手动保存：在工作区工具栏上，点击保存工作区按钮 。

另存新工作区：

① 在主菜单中，选择"窗口>工作区>另存工作区"命令（图2-2-22）。

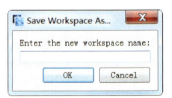

图2-2-22　另存新工作区

② 在输入框中输入新工作区名称。

③ 点击OK确认。

（6）删除工作区

① 打开工作区管理器。

② 在管理器右侧列表中，选择需删除的工作区，点击左箭头（图2-2-23），选中的工作区会移至左侧列表。

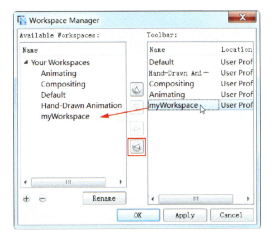

图2-2-23 删除工作区

③ 在左侧列表中选中后，点击下方的删除按钮⊖。

④ 点击OK确认。

（7）显示/隐藏工作区

显示方法：

① 打开工作区管理器。

② 在左侧列表中选择需显示的工作区，点击右箭头▷，将工作区移至右侧列表。

③ 点击OK确认。

隐藏方法：

① 打开工作区管理器。

② 在右侧列表中选择需隐藏的工作区，点击左箭头◁，将工作区移至左侧列表。

③ 点击OK确认。

（8）工作区列表排序

① 打开工作区管理器。

② 选择要调整位置的工作区，点击向上△或向下▽箭头，进行移动（图2-2-24）。

图2-2-24 工作区列表排序

③ 点击OK确认。

（9）恢复默认工作区

如果不满意自定义的工作区，可以将工作区恢复至默认状态。

在主菜单中，选择"窗口>恢复默认工作区"命令即可。

2.2.4 窗口导航

通过窗口导航，Harmony可以轻松地缩放、旋转、移动和重置窗口。

① 放大：在主菜单中，选择"视图>放大（Zoom In）"命令（快捷键【2】）。

② 缩小：在主菜单中，选择"视图>缩小（Zoom Out）"命令（快捷键【1】）。

③ 按住键盘空格键，同时按下鼠标中间上下移动，也可以进行缩放。

④ 按住键盘空格键，拖动鼠标，可以平移画面。

⑤ 重置缩放：重置窗口大小至默认状态，在主菜单中，选择"视图>重置缩放"命令。

⑥ 重置旋转：重置窗口旋转角度至默认状态，在主菜单中，选择"视图>重置旋转"命令（快捷键【Shift】+【X】）。

⑦ 重置平移：重置窗口位置至默认状态，在主菜单中，选择"视图>重置平移"命令（快捷键【Shift】+【N】）。

⑧ 切换全屏：放大选择的窗口，在主菜单中，选择"视图>切换全屏"命令（快捷键【Ctrl】+【F】）。切换全屏共有三级，第一级最大化高度，第二级最大化宽度，第三级退回原大小。

⑨ 顺时针旋转：以30°为单位，顺时针旋转画面。在主菜单中，选择"视图>顺时针旋转视图"命令。

⑩ 逆时针旋转：以30°为单位，逆时针旋转画面。在主菜单中，选择"视图>逆时针旋转视图"命令。

工具架上的缩放工具🔍，用于缩放摄影机或绘画窗口（快捷键【1】或【2】），在该工具被选中的时候，为放大状态，按住键盘【Alt】键时，可以改为缩小状态。

缩放工具属性详解：

选择缩放工具后，工具属性会出现在工具属性窗口中（图2-2-25）。

① 选项部分

A. 放大🔍：放大画面。

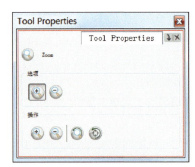

图2-2-25　工具属性窗口

B.缩小：缩小画面。

② 操作部分

A.点击或，可以立刻执行缩放操作。

B.点击或，可以立刻执行重置缩放或位置操作。

技术专题　　　实战练习

第3章
绘画

📄 本章导读

Harmony有着功能强大的绘画工具，支持手写屏的压力感应，触感柔顺，不论是画笔工具还是铅笔工具，都可以绘制出带粗细变化的流畅线条，并能创作出风格迥异、纹理丰富的作品。

本章详细讲述绘画工具的属性和使用。

3.1 开始绘画

软件启动后，即可在默认的图画层上开始绘画。

3.1.1 绘画步骤

① 在工具架上，选择画笔工具🖌（快捷键【Alt】+【B】）。

② 在时间轴窗口中，选择图层单元格（图3-1-1）。

图3-1-1 时间轴中选择单元格

③ 在颜色窗口中选择画笔颜色（图3-1-2）。

④ 在绘画或摄影机窗口中开始绘制（图3-1-3）。

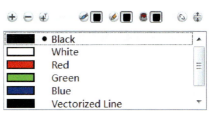

图3-1-2 颜色窗口

图3-1-3 开始绘制

3.1.2 绘画和摄影机窗口

在Harmony中，摄影机窗口和绘画窗口是主要的工作区。这两个窗口比较相似，具体绘制时，略有差异。

（1）Drawing（绘画）窗口

默认状态下，在绘画窗口（图3-1-4）中仅显示选中的图层内容。

打开透光台功能，其他图层以浅色显示，打开洋葱皮功能，能同时显示前后帧的画面。

图3-1-4 绘画窗口

① 窗口工具栏：此工具栏可以自定义相应的命令。

② 绘画区：这是绘画的主要区域，用以绘画和显示。

③ 缩放下拉菜单：请参考本书2.1.2的内容。

④ 顶层、线稿、色稿、底层和预览模式。

：点选该按钮，在顶层上绘制（快捷键【:】）。

：点选该按钮，可以绘制线稿（快捷键【L】）。

：点选该按钮，可以绘制色稿（快捷键【L】）。

：点选该按钮，在底层上绘制（快捷键【:】）。

：点选该按钮，可以同时预览线稿和色稿（快捷键【Shift】+【P】），在按钮右下角下拉菜单中还可以增加顶层显示和底层显示。

⑤ 图层名：显示当前画面的图层名称。

⑥ 当前工具：显示当前正在使用的工具。

⑦ 工具颜色：显示当前工具使用的颜色。

（2）摄影机窗口

摄影机窗口也可以用于绘制。该窗口可以使用洋葱皮功能来显示前后画面（图3-1-5）。

默认状态下，在当前帧上显示所有可见图层。使用选择工具 可以选中其他图层的对象。

图3-1-5 摄影机窗口

 摄影机窗口中的预览模式 还有一点有别于绘画窗口，即摄影机窗口在预览时，当前图层始终显示在其他图层之上。

3.1.3 当前画面置顶显示

Harmony中多个层的画面以从上到下的顺序显示，如果所绘制的图层位于其他层之下，那么所画的线条可能被上面图层遮挡。

将选定的图层置顶显示，摄影机视图中，画面不会有任何遮挡（图3-1-6）。

图3-1-6 置顶显示

置顶显示不会更改时间轴和网络视图中的图层排序。

置顶显示设置方式为，在主菜单中，选择"视图>显示>在顶部显示当前图画"命令。或在摄影机窗口底部工具栏的摄影机选项中，勾选Current Drawing on Top（置顶显示），如图3-1-7所示。

图3-1-7　置顶显示

3.1.4　画笔和铅笔工具

绘画主要使用画笔工具和铅笔工具，两种工具都支持压力感应，能够创建有粗细变化的线条（图3-1-8）。

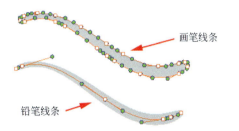

图3-1-8　压感线条

画笔产生的线条被称为轮廓矢量线，铅笔（以及其他线条工具）产生的线条被称为中心矢量线。

调整画笔线条依靠轮廓线上的控制点，而调整铅笔线条依靠中心线上的控制点。

修改画笔线条，选择工具架上的轮廓编辑器。

修改铅笔线条，选择工具架上的铅笔编辑器（默认隐藏在轮廓编辑器按钮中）。

可以用转换工具，将画笔线条转为铅笔线条。

如果使用半透明色绘制，铅笔线条的颜色会重叠（图3-1-9），而画笔不会。

图3-1-9　线条对比

3.2　绘画工具

Harmony的绘图工具非常丰富，最常用的有画笔、铅笔和油漆桶等，每种工具都可以按个人习惯自定义，便于提高工作效率。

3.2.1　画笔工具

画笔工具支持压力感应，可以画出粗细变化的线条（图3-2-1）。

图3-2-1　画笔工具的使用

（1）画笔使用步骤

① 在时间轴窗口，选择单元格（图3-2-2）。

图3-2-2　时间轴

② 在工具架上选择画笔工具（快捷键【Alt】+【B】）。

③ 在颜色窗口，选择画笔颜色。

④ 在绘画或摄影机窗口绘制（图3-2-3）。

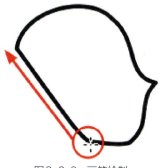

图3-2-3　画笔绘制

按住【Ctrl】键，可以将最后一笔线条连接到开始一笔线条上，形成闭合区域。

（2）画笔工具属性

选择画笔工具 后，画笔的属性和选项将出现在工具属性栏中（图3-2-4）。

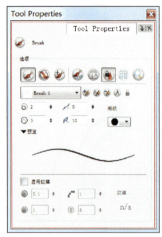

图3-2-4　画笔工具选项

① 正常的画笔模式 ：用这种模式绘画时，每画一笔，线条都会叠在最上。

② 下层绘制模式 ：用这种模式绘画时，每画一笔都会画在下层（图3-2-5）。

图3-2-5　下层绘制

③ 重上色模式 ：用这种模式绘画时，会改变已经上完色的部分，但不会影响空白区（图3-2-6）。

图3-2-6　重上色模式

④ 自动创建色稿 ：在该模式下绘制线条时，会在色稿层用不可见线复制线条（图3-2-7）。

图3-2-7　自动创建色稿

⑤ 自动合并模式 ：选择该模式后，新画的线条将合并到已有的线条中去（多个线条将成为一体，而不是分散的每一笔）。

⑥ 保持锁定色 ：该选项能防止标记为锁定的颜色被重上色模式更改（参考本书4.2.6）。

⑦ 使用存储的渐变色 ：该选项能将存储的渐变色属性应用到新画的线条中（参考本书4.2.4）。

（3）画笔类型

除提供的各种画笔类型，Harmony还允许自定义。

① 选择画笔类型

A. 点击画笔下拉菜单，打开画笔列表（图3-2-8）。

B. 在列表中选择所需画笔。

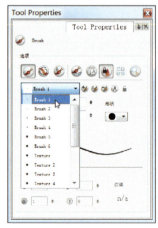

图3-2-8　画笔类型

② 添加画笔类型

点击 按钮添加画笔类型（图3-2-9），新建的画笔会添加在画笔下拉列表中。

③ 动态画笔

动态画笔 可以选画稿中的图案进行创建（图3-2-10）。

图3-2-9 添加画笔

图3-2-10 动态画笔

A.创建动态画笔步骤

a.在工具架上，选择一种绘画工具。

b.在摄影机或绘画窗口中，绘制一个图样（图3-2-11）。

图3-2-11 绘制图样

c.用选择工具，选择创建的图样。

d.继续选择画笔工具。

e.点击画笔工具属性窗口中的动画画笔按钮，创建动态画笔。

f.点击重命名画笔按钮（图3-2-12），进行重命名。

g.点击OK确认后，可选择新建的动态画笔进行绘制（图3-2-13）。

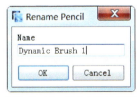

图3-2-12 重命名动态画笔

图3-2-13 动态笔画

h.创建完成动态画笔后，还可以修改画笔尺寸（图3-2-14）。

图3-2-14 修改动态画笔

B.创建多笔画的动态画笔

a.在时间轴窗口中，创建多个图层，分别命名（图3-2-15）。

图3-2-15 创建图层

b.在创建的多个图层上，分别绘制图形（图3-2-16）。

图3-2-16 绘制图形

c.在工具架上，点选选择工具。

d.在摄影机窗口中，选择所有图形（图3-2-17）。

图3-2-17 选择图形

e.在工具架上，选择画笔工具。

f.点击画笔工具属性窗口中的动态画笔按钮，创建动态画笔。

g.重命名创建的动态画笔。

h.完成后，即可在摄影机或绘画窗口中使用（图3-2-18）。

④ 锁定画笔

为避免画笔类型被修改，可以点击锁定按钮。

图3-2-18　使用动态画笔

⑤ 最小和最大尺寸 ◉ ◉

设置画笔工具的最小和最大尺寸（图3-2-19），笔画会产生粗细效果。这与手写板压感灵敏度有关。在预览区可以看到笔画效果。

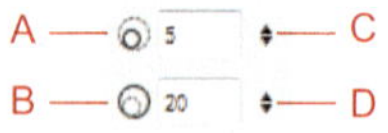

图3-2-19　设置画笔大小值

A.设置笔画最小值。

B.设置笔画最大值。

C.上下箭头调整最小值。

D.上下箭头调整最大值。

⑥ 优化平滑度

中心线平滑度 ✐，使用此选项修改笔画中心线的平滑度。较高的值将使线条更平滑并具有较少的控制点（图3-2-20）。

轮廓线平滑度 ✐，使用此选项优化笔画轮廓线的平滑度。较高的值将使笔画产生较少的控制点。

A ─ ✐ 0 ↕ ─ C
B ─ ✐ 10 ↕ ─ D

图3-2-20　平滑度和轮廓

A.中心线平滑值输入框。

B.轮廓线平滑值输入框。

C.上下箭头调整中心线平滑值。

D.上下箭头调整轮廓线平滑值。

⑦ 画笔预览

在预览区域（图3-2-21），可以查看自定义不同参数后生成的画笔效果图。

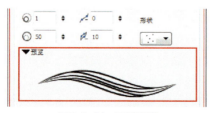

图3-2-21　画笔预览

3.2.2　纹理线条

选择画笔工具，启用画笔的纹理选项，使用位图纹理绘制线条（图3-2-22）。

在画笔属性窗口中，可以看到一系列默认的纹理画笔，也可以用PSD或TGA文件创建自己的纹理画笔。

图3-2-22　纹理线条的使用

（1）使用纹理画笔

① 在工具架上选择画笔工具 ✐（快捷键【Alt】+【B】）。

② 在属性窗口中，从下拉列表里选择纹理画笔（图3-2-23）。

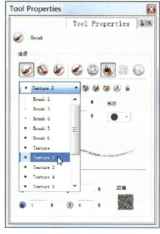

图3-2-23　纹理画笔

③ 在摄影机或绘画窗口中开始绘制。

（2）调整线条纹理参数

画笔工具属性窗口有许多参数（图3-2-24），可用来调整纹理画笔的外观。

① 启用纹理：勾选该选项，激活画笔纹理。

图3-2-24 纹理参数

② 最小不透明度：支持画笔压感，对应压力很轻时的画笔不透明度，越接近0，笔画越透明。

③ 最大不透明度：支持画笔压感，对应压力很重时的画笔不透明度，越接近1，笔画越不透明。

④ 硬度：值越低，线条边缘越模糊；值越高，线条边缘越清晰（图3-2-25）。

图3-2-25 画笔硬度

⑤ 纹理文件：显示当前使用的纹理或允许导入纹理文件，如图3-2-26所示。

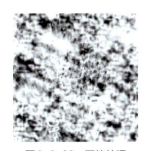

图3-2-26 画笔纹理

⑥ 纹理缩放：缩放纹理尺寸。例如，使用格子纹理时改变了缩放值，结果如图3-2-27所示。

图3-2-27 纹理缩放

（3）创建带纹理的画笔

自定义纹理画笔时，需要用第三方软件如PS等制作好的纹理。Harmony支持带透明通道的图片，纹理文件必须是PSD或TGA文件。

① 在工具栏中选择画笔工具 ✍（快捷键【Alt】+【B】）。

② 工具属性窗口中，点击新增画笔按钮 ✍，将新的画笔加入画笔列表中。

③ 在纹理部分，勾选启用纹理选项（图3-2-28）。

图3-2-28 启用纹理

④ 点击纹理文件按钮浏览纹理位图 🖼。

⑤ 在摄影机窗口中，绘制线条并调整参数。新增的画笔属性将会被保存。

3.2.3 铅笔工具

铅笔工具 ✍ 同样支持压感和纹理。

（1）铅笔使用步骤

① 在时间轴窗口，选择一个单元格（图3-2-29）。

图3-2-29 选择单元格

② 在工具架上，选择铅笔工具（快捷键【Alt】+【Y】）。

③ 在颜色窗口中，点击选择铅笔颜色（图3-2-30）。

图3-2-30 颜色窗口

④ 在摄影机或绘画窗口中开始绘制。

A.长按【Shift】+【Alt】键，绘制直线。

B. 长按【Ctrl】键，所绘线条首尾相连，形成一个闭合的曲线（图3-2-31）。

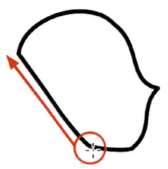

图3-2-31　铅笔绘制闭合曲线

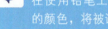 在使用铅笔工具绘制时，最后一个选择的颜色，将被记录并用于下次绘制中。

（2）铅笔工具选项

选择铅笔工具后，相应的属性和选项会出现在工具属性窗口（图3-2-32）。

图3-2-32　铅笔工具属性

① 在下层绘制：参考本书3.2.1的内容。
② 自动创建色稿层：参考本书3.2.1的内容。
③ 自动合并：参考本书3.2.1的内容。

对合并后的线条，点击选择工具，用鼠标中键，可选中铅笔线条的某一段（图3-2-33）。

图3-2-33　选择合并线条中的线段

④ 自动闭合：用不可见线自动封闭图像，以便于上色（图3-2-34）。

自动闭合选项关闭　　　　自动闭合选项打开

图3-2-34　自动闭合

⑤ 放大镜：参考本书3.2.1的内容。
⑥ 线条重建：使用铅笔工具时，线条很难精确对接，该选项可帮助捕捉到线段（图3-2-35）。

打开线条重建模式

关闭线条重建模式

图3-2-35　线条重建模式

⑦ 自动调整粗细：用于调整部分线段的粗细。在用铅笔工具誊清画稿时，常遇到有粗细变化的线条，使用该工具可以绘制这种粗细的变化。

用该工具反复在线条上涂抹（图3-2-36），线条就会加粗。这种方法比使用铅笔编辑器工具更快、更流畅，且不必添加额外的控制点来调整。

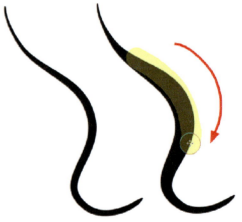

图3-2-36　调整粗细

该工具默认的颜色为黄色（图3-2-36），可以更换颜色使工具更加醒目，步骤如下。

A.在工具架上选择铅笔工具。

B.在工具属性窗口，点击 按钮。

C.点击颜色框（图3-2-37）。

图3-2-37 更换颜色

D.打开颜色盘，更换颜色，点击OK确认。

⑧ 线条推挤 ：点击该按钮，工具呈高亮显示（图3-2-38）。根据在线条上涂抹的方式，线条形状将被改变。

图3-2-38 线条推挤

使用方法同自动调整粗细工具 ，也可以改变工具颜色。

⑨ 最小和最大尺寸 ：设置铅笔工具的最小和最大尺寸，线条会产生粗细效果。这与手写板压感灵敏度有关。在预览区可以看到线条效果。设置方式见本书3.2.1。

⑩ 优化平滑度和轮廓：设置方式见本书3.2.1。

⑪ 调整铅笔线端类型：笔形包括线条开始、结束和连接（图3-2-39）。三个图标右下角的下拉菜单中，分别有几种形状可供选择。

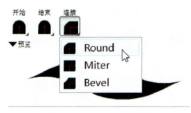

图3-2-39 线端类型

3.2.4 形状工具

Harmony中，可以直接使用形状工具，很方便地绘制一个方形或圆形，然后在此基础上调整出更复杂的形状，如图3-2-40所示的石头和草。

图3-2-40 形状工具绘制

（1）绘制形状

① 在时间轴或摄影表窗口中，选择单元格。

② 在工具架上，选择形状工具 （直线快捷键【Alt】+【N】，椭圆快捷键【Alt】+【O】，矩形快捷键【Alt】+【R】）。

③ 在形状工具属性窗口中，不同的形状可以相互切换。

④ 在摄影机窗口中，点击拖动（图3-2-41）。

图3-2-41 绘制形状

⑤ 使用轮廓编辑工具 ，调整外形（图3-2-42）。

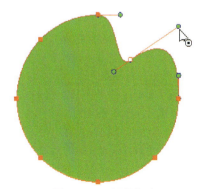

图3-2-42 调整外形

（2）形状工具属性

选择形状工具后，相关属性会出现在工具属性窗口中（图3-2-43）。

图3-2-43　工具属性窗口

① 直线、矩形和椭圆 ⊘ ▢ ◯（图3-2-44）：点击形状按钮，单击并拖动鼠标画出所选的形状。

图3-2-44　绘制形状

选择椭圆/矩形工具，按住【Shift】可绘制出正圆或正方形，按住【Alt】可绘制以形状中心为基点的形状。

选择直线工具，可以绘制任意角度的直线，按住【Shift】，可以绘制水平线、垂直线，或以15°为倍数的斜线，按住【Alt】，直线的起始和尾段会吸附到附近任何线条上。

② 底层绘制 ◌：参考本书3.2.1的内容。

③ 捕捉选项：绘制图形时，可以打开不同的捕捉方式帮助绘画。捕捉方式有三种。

A.捕捉到轮廓 ◌:将所画的形状吸附到任何线条上。

B.捕捉与对齐 ◌:将选择的线条控制点吸附到任何线条上，同时显示指示标尺。

C.捕捉到网格 ◌:打开网格，将所绘的图形吸附到网格上。

④ 线条重建 ◌：参考本书3.2.3的内容。

⑤ 自动填充 ◌：用选定的颜色自动填充所绘形状（图3-2-45）。默认情况下，该选项关闭。

图3-2-45　自动填充

⑥ 自动创建色稿层 ◌：参考本书3.2.1的内容。

⑦ 自动合并模式 ◌：参考本书3.2.1的内容。

⑧ 自动封闭 ◌：参考本书3.2.3的内容。

⑨ 使用存储的渐变色 ◌：参考本书3.2.1的内容。

⑩ 保持宽高比：该模式下，勾选 □ Draw Circle、□ Draw Square，可以绘制一个正圆或一个正方形。按住【Shift】键，所绘图形将保持一定的宽高比。

⑪ 铅笔模板：参考本书3.2.3的内容。

⑫ 调整尺寸：在尺寸调整框 1─◌─2 中，调整形状线条尺寸。

⑬ 调整线形风格 ◖◖◖：参考本书3.2.3的内容。

⑭ 应用铅笔纹理：参考本书3.2.3的内容。

3.2.5　钢笔工具

用钢笔工具描线，可以绘制带控制手柄的矢量线条。点击添加控制点，拖动鼠标，会出现控制手柄，释放鼠标，到下一个位置，继续点击并拖动鼠标，同样拖出一个曲线手柄，按住鼠标不放，适当拖动，调整曲线曲率，调整完成后释放鼠标，就能绘制出一段曲线。重复上述操作，完成整个曲线（图3-2-46）。

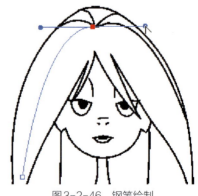

图3-2-46　钢笔绘制

轮廓编辑工具也可以用来调整形状。

下面介绍钢笔工具选项。

选择钢笔工具后，相关属性出现在工具属性窗口中（图3-2-47）。

图3-2-47 钢笔工具属性窗口

① 捕捉到轮廓：将钢笔线的控制点吸附到任何线上。

② 自动创建色稿层：参考本书3.2.1的内容。

③ 自动合并模式：参考本书3.2.1的内容。

④ 铅笔模板：参考本书3.2.3的内容。

⑤ 调整尺寸：在尺寸调整框中，调整形状线条尺寸。

3.2.6 不可见线条

不可见线条可用于造型的阴影和高光（图3-2-48），铅笔和笔触工具都可创建不可见线条。

图3-2-48 创建不可见线条

（1）铅笔工具

用铅笔绘制步骤：

① 在时间轴窗口中，选择一个单元格。

② 在工具架上选择铅笔工具（快捷键【Alt】+【Y】）。

③ 在主菜单中选择"视图 > 显示 > 显示笔触"命令（快捷键【D】）。

④ 在工具属性窗口，设置线条尺寸为零，调整笔画光滑度。

⑤ 在摄影机或绘画窗口中绘画。

首次绘制不可见线条时，会弹出警告对话窗口（图3-2-49），提示所画的线条不可见。勾选Don't show this message again复选框，在以后的绘制中，将不再显示该警告窗口。

图3-2-49 警告窗口

⑥ 可以用轮廓编辑工具，修改线条外形。

（2）笔触工具

该工具只能绘制不可见线条，无法调整线条粗细。其绘制步骤如下。

① 在时间轴窗口中，选择一个单元格。

② 在工具架上选择笔触工具（快捷键【Alt】+【V】），该工具隐藏在油漆桶工具中。

③ 在主菜单中选择"视图>显示>显示笔触"命令（快捷键【D】）。

④ 在工具属性窗口中调整平滑度。

⑤ 在摄影机或绘画窗口中开始绘制。

⑥ 可以用轮廓编辑工具，修改笔触外形。

（3）浅色模式显示笔触

有时笔触很难看清，特别是在画稿线条和笔触颜色相同时。这时可以用浅色模式显示（图3-2-50），使不可见线条清晰显示。操作方法是，在主菜单选择"视图>显示>浅色显示笔触"命令。

图3-2-50 浅色模式显示

（4）笔触工具选项

选择笔触工具后，相关属性和选项会出现在工具属性窗口中（图3-2-51）。

① 直线工具：如果需要绘制直线，需激活直线工具选项，关闭该选项，所画线条跟随鼠标。

图3-2-51   笔触工具属性窗口

② 连接线尾 ：激活该选项，可以在线条的起始或结束处连接到已经存在的笔触上，以保证线条之间没有空隙。

③ 自动合并模式 ：激活该选项，能自动将所画的线条合并在一起。

④ 平滑度 ：增加平滑值，能让所画的线条光滑并且控制点较少。值越高，线条的细节越少，线条越流畅。

3.2.7   文本工具

文本工具可在项目中输入文字。如需中文输入，系统需要安装Harmony支持的中文字体。

（1）创建文本步骤

① 选择文本工具（快捷键【Alt】+【T】），也可以选择主菜单中的"图画>工具>文字"命令。

② 在时间轴上，选择单元格。

③ 在摄影机或绘画窗口中，点击鼠标添加文字（图3-2-52）。

图3-2-52   添加文字

④ 在文本工具属性窗口中选择字体、字体大小和格式（图3-2-53）。

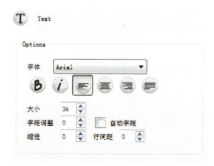

图3-2-53   设置文字属性

⑤ 输入文字（图3-2-54）。

图3-2-54   输入文字

⑥ 点击文本框以外的区域，结束输入。

（2）格式化文本

在文本工具属性窗口中，可以选择字体以及和文字相关的各种格式（图3-2-55）。

图3-2-55   格式化文本

① 字体：点击下拉菜单，从系统中选择可用的字体，字体种类由系统安装的字库决定。

② 文字类型：A.粗体 ；B.斜体 。

③ 对齐：左对齐 ，居中对齐 ，右对齐 ，正常对齐 。

④ 大小：在数值框输入字体大小的数值，也可以用上下箭头调整。

⑤ 字距调整：设置字间距，负值为减小字间距，正值为增加字间距。勾选自动字距选项，系统会根据预定义标准调整。

⑥ 缩进：增加或减少文字第一行的缩进量。增加值设置段落的第一行向右移，减少值设置第一行向左移。

⑦ 行间距：输入行距值调整每行间距。

（3）把文本转为分离的对象

包含在一个文本框的文本被视为一个单独的图形对象。

文字可以分离出来，分离后每个字符变成单一的图形，可以进一步修改。

文本分离步骤如下。

① 在工具架上，点击选择工具 （快捷键

【Alt】+【V】）。

② 在摄影机或绘画窗口中，选择文字对象（图3-2-56）。

图3-2-56 选择文字

③ 在主菜单中，选择"图画>转换>分离文字层"命令（图3-2-57）。

图3-2-57 分离文本

现在每个字符都在文本框内，仍然是可编辑的文本对象。

④ 将独立的字转换为可编辑的矢量对象，使用选择工具选择要转换的字。

⑤ 继续选择分离文字层命令，打散文字。打散后图形不再具备文字属性（图3-2-58）。

图3-2-58 可编辑图形

3.3 画稿的操作

3.3.1 选择画稿内容

选择工具可以使用范围框周围不同的点（图3-3-1），对画稿进行各种变换操作，如旋转、缩放、重新定位或倾斜。

图3-3-1 变换操作

（1）使用选择工具的步骤

① 在时间轴上，选择单元格。

② 在工具架上，点击选择工具（快捷键【Alt】+【V】）。

③ 选择绘画和摄影机窗口中的画稿。

选择画面中所有对象时，可以使用快捷键【Alt】+【A】。

④ 对画稿进行变形或移位操作。

A.平移。点选画面中的对象，拖至别的区域（图3-3-2）。

图3-3-2 平移

B.旋转。旋转选择框即可（图3-3-3）。

图3-3-3 旋转

C.倾斜。拖动边框线即可（图3-3-4）。

图3-3-4 倾斜

D.缩放。需拖动选择框四角的控制点（图3-3-5）。此外，按住【Shift】可以锁定画面的长宽比例。

图3-3-5　缩放

（2）反选

如果想选择多个对象，而不是选中其中一个时，可以使用反向选择。具体操作为，在主菜单中，选择"编辑>反选"命令。

（3）重设轴心点

旋转、缩放、倾斜和翻转等变换操作，都是基于画面的轴心点进行的，可以临时重新定位轴心点。其步骤如下。

① 在摄影机或绘画窗口中，选择需要变换操作的对象。轴心点会出现在画面中央（图3-3-6）。

图3-3-6　轴心点

② 点击轴心点并拖动到新位置（图3-3-7）。轴心点将移动到新的位置，并保持到重新选择前。

图3-3-7　移动轴心点

（4）选择单一或多个图层

默认情况下，不管多少图层，只要是在摄影机窗口中可见的内容，选择工具都可以选择。如果想只选择单一图层的画面，而不选其他图层（图3-3-8），需修改相应的选择项，步骤如下。

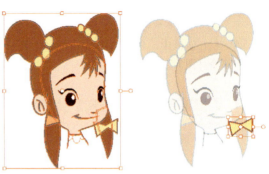

图3-3-8　选择部分内容

① 在主菜单中，打开首选项面板。

② 在摄影机标签中，勾选"选择工具仅在单一图画图层上有效"选项（图3-3-9）。

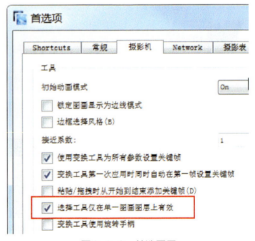

图3-3-9　单选图层

③ 点击OK按钮。

（5）选择工具的属性

点选选择工具后，相关属性和选项会出现在工具属性窗口中（图3-3-10）。

① 操纵器

在操纵器部分，有选择工具 ▶ 和变换工具 ⊞，可以快速切换这两种不同的工具。

② 选项

A.套索和框选 ◠ ◠ ▶：在选择工具中，有两种不同的选择方式，即套索和框选。按【Alt】键，可临切换选择方式。

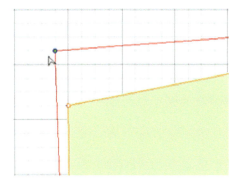

图3-3-12 拖动控制点对齐网格

图3-3-10 选择工具的属性

D.固定选择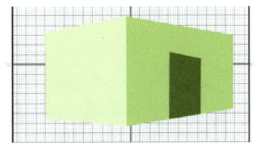：该选项用于保持一个选择区域。

B.捕捉选项：开启不同的捕捉模式，有助于选择工具的精确定位。

启用此选项，选择工具在选择一个区域后，选区会影响到多个图层。例如一个场景中有花朵图层和枝干图层两层（图3-3-13），在花朵图层中框选，会出现灰色区域（选择工具拖出的范围），此时如果改为枝干图层，选区会选中枝干图层的内容（图3-3-14）。

a.捕捉到轮廓：该选项将选择的点捕捉到任何一条线上。

b.捕捉和对齐：该选项将选定的控制点捕捉到任何的线和控制点上，同时显示临时标尺作为参考。

c.捕捉到网格：该选项将选择的点捕捉到当前被激活的网格上（图3-3-11）。

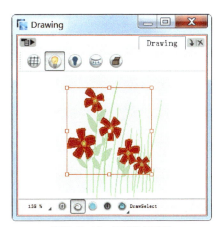

图3-3-13 固定选择花朵

图3-3-11 捕捉到网格

捕捉到网格步骤如下。

● 在主菜单中，选择"视图>规格框>显示规格框"命令打开网格（规格框有12框和16框两种）。

● 在工具架上，选择轮廓编辑器（快捷键【Alt】+【Q】）。

● 在轮廓编辑器的工具属性窗口，点击捕捉到网格按钮。

● 在摄影机或绘画窗口，单击要在网格上对齐的控制点，将其拖动到所需位置并释放（图3-3-12）。

C.以颜色选择：启用该选项，选择时，相同颜色会一起被选中。

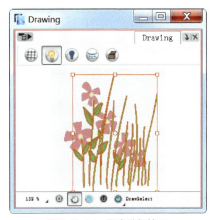

图3-3-14 固定选择枝干

E.应用到所有画稿 ：该选项会对所有画稿执行相同操作。例如对一张画稿上色，激活该选项后，就可以对其他画稿一起上色（必须保证其他画稿都在框选范围内），如图3-3-15所示。

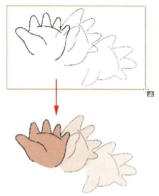

图3-3-15　应用到所有画稿

> Tip　应用到所有画稿选项仅一次有效。

F.应用到线稿和色稿 ：Harmony中的每张画稿都分线稿层和色稿层，该选项会将一些操作，比如选择或缩放等，应用到这些层上。

③ 操作

A.垂直与水平翻转

该选项将当前选择的画面进行垂直或水平翻转（图3-3-16）。

图3-3-16　水平翻转

B.90°顺时针、逆时针旋转

该选项将当前选择的画面按顺时针、逆时针方向进行90°旋转（图3-3-17）。

图3-3-17　旋转90°

C.铅笔转为画笔

该选项可以将铅笔线条转化为画笔的填色（图3-3-18）。

图3-3-18　铅笔转为画笔

D.平滑

该选项用来对所选的笔画进行光滑处理，清除笔画上多余的点（图3-3-19）。

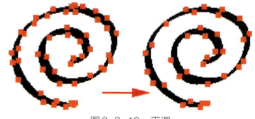

图3-3-19　平滑

E.合并

该选项用于将多个画面对象、笔画合并为一个。例如，对于由多个笔画或线条描绘的画稿，执行该操作会将这些笔画或线条合并为一个形状（图3-3-20）。

默认情况下，每个笔画都是单独的，修改或换色时比较烦琐。合并为单个形状后，能简化操作。

F.保存渐变色

该选项记录渐变色的渐变属性，用于新画的笔画或上色中。激活使用保存的颜色渐变选项后，就可以使用该功能。

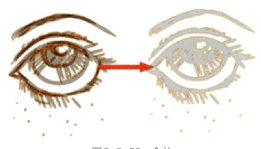

图3-3-20 合并

G.连接铅笔线

该选项可使两条铅笔线精确地连接起来而成为一条（图3-3-21）。

图3-3-21 连接铅笔线

> **Tip**
> 要连接的线头间隙必须很小，否则无法连接。

H.反转铅笔线

该选项可以反转铅笔线条的方向（图3-3-22）。

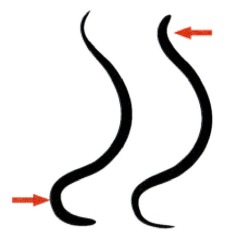

图3-3-22 反转铅笔线

I.从线稿中创建色稿

该选项根据线稿层的线框，在色稿层中创建用于上色的不可见线。

在选择工具属性窗口中，按住【Shift】，点击按钮，可打开设置对话框（图3-3-23）。

a.此选项根据线条的中心线，来确定色稿的笔迹位置。

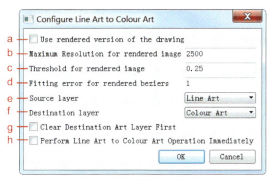

图3-3-23 线稿色稿设置

b.设置渲染图片的尺寸。

c.设置灰度阈值。

d.此值修正色稿与线稿的重合度。

e.设置转为色稿层的源图层，包括线稿层、色稿层、顶层和底层。

f.设置转为色稿层的目标图层，包括线稿层、色稿层、顶层和底层。

g.勾选此选项，在创建色稿层前，清空色稿层。

h.勾选此选项，在点击OK按钮后，将立刻执行创建命令。

J.分散到图层

该选项用于将选定的笔画分散到新的图层。

画稿完成后，选择想要分配到其他图层的内容，比如角色的头、手等，点击分散到图层按钮，或在主菜单中选择"图画>分散到图层"命令，自动将所选内容分散到不同的图层。

K.宽度和高度

可以在数值框（图3-3-24）内输入精确的数值来调整所选对象。

图3-3-24 宽度和高度

a.宽度：设置所选对象的宽度。

b.高度：设置所选对象的高度。

c.上下箭头：调整输入的数值。

d.锁定：锁定宽高比例。

L.X、Y轴偏移

此选项设置X轴和Y轴上的偏移量（图3-3-25）。

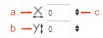

图3-3-25 X、Y轴偏移

a.输入X轴上的偏移量。

b.输入Y轴上的偏移量。

c.调整输入的数值。

M.角度△

设置对象旋转的角度值（图3-3-26）。

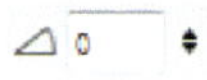

图3-3-26　角度

3.3.2　擦除画稿

橡皮工具✐也带有压感，类似于画笔工具，能精确地擦除画稿（图3-3-27）。

图3-3-27　擦除画稿

（1）橡皮工具使用步骤

① 在时间轴窗口中，选择一个单元格（图3-3-28）。

图3-3-28　选择单元格

② 在工具架上选择橡皮工具✐（快捷键【Alt】+【E】）。

③ 在摄影机或绘画窗口中操作。

（2）橡皮工具选项

选择橡皮工具后，相关属性会出现在属性对话框中（图3-3-29）。

① 顶端类型：橡皮擦除的线条，其顶端类型有三种（图3-3-30、图3-3-31）。

② 最小和最大尺寸◉◉：设置橡皮工具的最小和最大尺寸（图3-3-32），在擦除的地方会产生粗细效果。为此，需要有带压感的手写板。其设置方式见本书3.2.1。

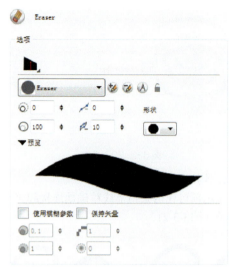

图3-3-29　橡皮工具属性

图3-3-30　顶端类型

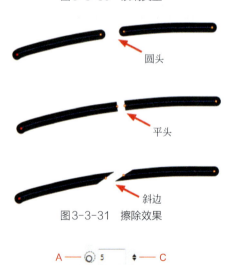

图3-3-31　擦除效果

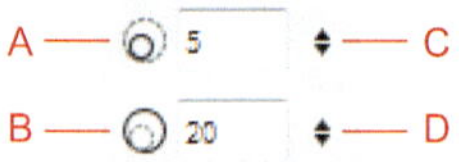

图3-3-32　设置橡皮大小值

③ 优化平滑度和轮廓：设置方式同本书3.2.1（图3-3-33）。

图3-3-33　平滑度和轮廓

④ 橡皮形状：在下拉的菜单中，可以找到各种橡皮形状（图3-3-34），从圆到正方形等。

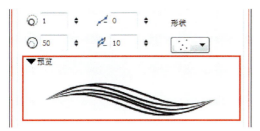

图3-3-34　橡皮形状

⑤ 橡皮预览：预览框中，可以预览不同参数下的橡皮形状（图3-3-35）。

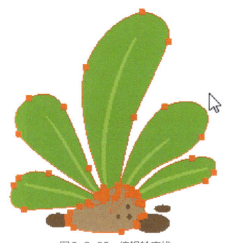

图3-3-35　橡皮预览

⑥ 橡皮类型：橡皮工具使用类似于笔刷的画笔工具，可参见本书3.2.1的内容。

3.3.3　轮廓线工具

轮廓线编辑工具功能强大，允许添加、删除或修改矢量线上的点，用控制手柄调整线条或修改颜色区域（图3-3-36）。

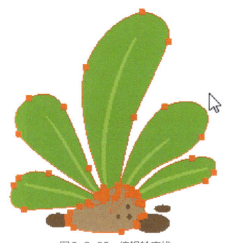

图3-3-36　编辑轮廓线

（1）编辑轮廓线步骤

① 在时间轴或曝光表窗口中，选择单元格。

② 在工具架上选择形状工具 ⬭◯⬛。

③ 在工具属性窗口中，点击椭圆按钮◯，同时点选自动填色按钮◉，并设置线条尺寸为零。

④ 在摄影机或绘画窗口中，绘制圆（图3-3-37）。

图3-3-37　绘制圆

⑤ 在工具架上，选择轮廓线编辑工具 🖉（快捷键【Alt】+【A】）。

⑥ 在摄影机或绘画窗口中，修改外形（图3-3-38）。

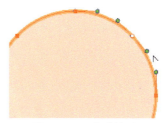

图3-3-38　修改外形

⑦ 选择一个或几个点，可以点选或框选（图3-3-39）。

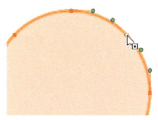

图3-3-39　选择点

⑧ 按【Delete】键删除点，按【Ctrl】键添加点。

⑨ 修改。

A. 在控制手柄上拖动，两边的手柄会一起移动（图3-3-40）。

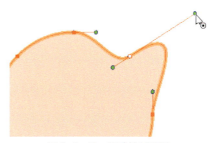

图3-3-40　移动控制手柄

B.按住【Alt】键并拖动，两边的手柄分开移动（图3-3-41）。

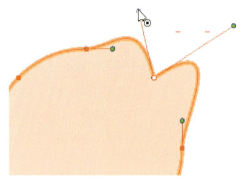

图3-3-41　单选控制手柄

C.移动点（图3-3-42）。

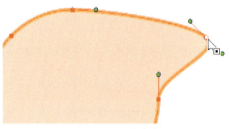

图3-3-42　移动点

D.直接拖动线段（图3-3-43）。如果按住【Shift】键，则会调整两个点之间的线段。

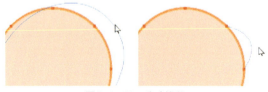

图3-3-43　移动线段

（2）轮廓编辑工具属性

选择轮廓编辑工具，相应的属性会出现在属性编辑窗口（图3-3-44）中。

图3-3-44　轮廓编辑工具属性

① 套索和框选：这是两种不同的选择方式。单击并按住【Alt】，可以临时切换两种不同的选择方式。

② 捕捉选项：使用轮廓线编辑器工具调整绘画时，可以启用不同的捕捉模式，来更好地调整形状。

A.捕捉到轮廓：该选项将所选的控制点捕捉到任何一条线上（图3-3-45）。

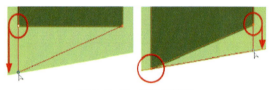

图3-3-45　捕捉到轮廓

B.捕捉和对齐：可以将所选的控制点，用临时显示的标尺作为参考，捕捉到线条或锚控制点（图3-3-46）。

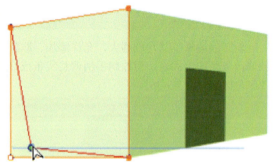

图3-3-46　捕捉和对齐

③ 显示轮廓编辑器控制选项：该选项显示轮廓控制器（图3-3-47）。可以使用该控制器缩放、定位和旋转所选的控制点。

图3-3-47　显示轮廓编辑器控制

④ 应用到线稿和色稿：该选项会将一些操作，比如选择或缩放等，应用到这些层上。

⑤ 光滑轮廓线：用于使所选定的笔画光滑和删除多余点。光滑处理可应用于整个笔画（图3-3-48）。

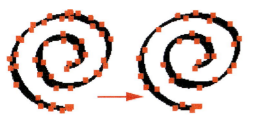

图3-3-48 光滑轮廓线

3.3.4 铅笔编辑器

该工具用于修改铅笔线的粗细轮廓。铅笔线控制点位于线条周围。使用该工具时，不会影响铅笔的中心线（图3-3-49）。

铅笔编辑器使用步骤如下。

① 在工具架上选择铅笔编辑器 ✎（该工具隐藏在轮廓线编辑器工具中）。

② 在摄影机或绘画窗口中，选择一条铅笔线。

③ 调整铅笔线轮廓。

图3-3-49 调整线条的粗细

> **Tip** 铅笔编辑器和轮廓编辑器的区别在于，铅笔编辑器只调整线条粗细，轮廓编辑器调整线条中心线（图3-3-50）。

轮廓线编辑器

铅笔编辑器

图3-3-50 两个编辑器的区别

④ 选择控制点（图3-3-51）。

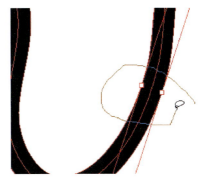

图3-3-51 选择控制点

⑤ 按【Delete】键删除点，按【Ctrl】键点击线条中线添加控制点。

⑥ 调整线形（图3-3-52）。

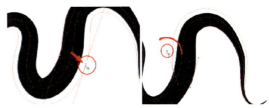

图3-3-52 调整线形

⑦ 按【Alt】键，可以单独调整一侧的控制点（图3-3-53）。

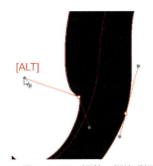

[ALT]

图3-3-53 调整一侧的手柄

⑧ 直接拖动轮廓线（图3-3-54）。

图3-3-54 拖动轮廓线

3.3.5 透视工具

透视工具用于对所选择的画稿进行变形，产生透视效果（图3-3-55）。

图3-3-55 透视效果

（1）透视工具使用步骤

① 在工具架上，选择透视工具🔺（快捷键【Alt】+【O】，或数字0），如图3-3-56所示。

图3-3-56 透视工具

② 在摄影机或绘画窗口中，选择要变形的画稿。

③ 点击拖动不同的控制点，产生形变（图3-3-57）。

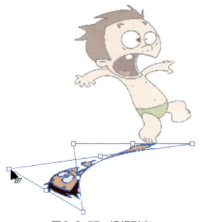

图3-3-57 透视形变

（2）透视工具属性

选择透视工具后，相应的属性会出现在工具属性视图中（图3-3-58）。各选项及操作方法参见本书3.3.1。

图3-3-58 透视工具属性

3.3.6 画稿分割

切割工具可以对画稿进行部分画面的移动、复制、剪切或删除（图3-3-59）。

图3-3-59 切割画稿

（1）画稿分割步骤

① 选择工具架上的切割工具🔪，该工具隐藏在选择工具中。

② 在摄影机窗口中，沿切割部分边缘进行切割（图3-3-60）。

图3-3-60 选择切割部分

A.按【Delete】键可以删除。

B.点选切割部分可进行移动。

C.拖动选择框四周的控制点可缩放、倾斜或旋转切割部分（图3-3-61）。

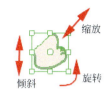

图3-3-61　变换切割部分

（2）切割工具属性

选择切割工具后，相关属性出现在工具属性窗口中（图3-3-62）。其中套索和框选、应用到线稿和色稿、水平和垂直翻转、顺时针和逆时针旋转90°操作参见本书3.3.1。其他属性具体如下。

图3-3-62　切割工具属性

① 使用鼠标手势分割：该选项在套索模式下，将鼠标划过图稿中多余的部分，就能自动删除（图3-3-63）。

图3-3-63　鼠标手势分割

② 使用鼠标手势分解：该选项在套索模式下，用鼠标划过铅笔线，可以将线条切断。然后就可以用切割工具、铅笔编辑工具或选择工具分别进行编辑（图3-3-64）。

单根铅笔线　　鼠标划过　　线条分为两段

图3-3-64　鼠标手势分解

③ 顶端类型：切割的线条，其顶端类型有三种（图3-3-65）。具体可参见本书3.3.2。

图3-3-65　顶端类型

3.3.7　线条光滑

电脑绘画和纸上绘画不同，有时画出的线条会不顺畅，可以通过一些方法使线条变得顺畅。

Harmony提供了一个非常强大的工具，即平滑编辑器，可以优化轮廓和减少线条上的控制点的数量。

（1）用平滑编辑器优化线条

① 在工具架上选择平滑编辑器，或在主菜单中，选择"图画>工具>平滑编辑器"命令。

② 在摄影机或绘画窗口中，用鼠标在曲线上反复涂抹，可以清除线条上多余的控制点，使线条变得光滑顺畅（图3-3-66）。

图3-3-66　涂抹曲线上的控制点

（2）平滑编辑器属性

选择平滑编辑器后，相关的属性出现在工具属性视图中（图3-3-67）。

图3-3-67　平滑编辑器属性

① 画笔、框选和套索：平滑方式选项允许用画笔涂抹画稿中的部分线条来平滑，或者通过框选或套索工具来平滑所选区域（图3-3-68）。

图3-3-68　画笔、框选和套索

② 显示控制点：该选项可以显示或隐藏线条上的控制点。显示控制点后，可以直观地看到平滑后减少点的效果。关闭显示，只能看到原图。

③ 最大和最小尺寸：在使用画笔类型进行平滑时，该选项控制画笔的粗细。设置方式可参考本书3.2.1。

④ 平滑度：平滑值影响平滑强度。越高的值，被删除的点越多，曲线越平滑（图3-3-69）。

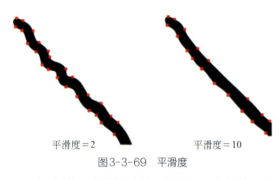

平滑度＝2　　　　　　平滑度＝10
图3-3-69　平滑度

⑤ 颜色：在使用平滑工具时，双击色样显示拾色器窗口（图3-3-70），可以修改控制点的颜色（图3-3-71）。

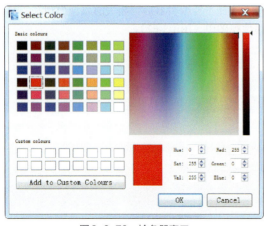

图3-3-70　拾色器窗口

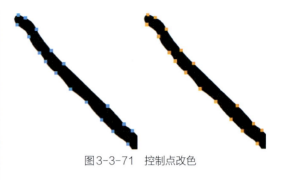

图3-3-71　控制点改色

3.3.8　临时切换工具

切换工具功能可以通过工具之间快速切换来提高效率。

大部分绘图工具的快捷方式是使用【Alt】键组合别的键，如橡皮擦工具的快捷键为【Alt】+【E】。

如果在用画笔工具绘制时，需要临时用橡皮修改，可以按住【E】键切临时换到橡皮工具，完成修改后释放【E】键，返回到画笔工具。

例如，当前选择的是画笔工具（图3-3-72），按住【E】键临时切换到橡皮工具（图3-3-73）。

图3-3-72　当前工具

图3-3-73　红色显示当前工具

释放【E】键，返回到画笔工具。

3.3.9　画稿排序

用不同的排序工具，重新排列层上画稿的先后顺序。

最上层，选择主菜单中"图画>排列>移至顶层"命令（快捷键【Ctrl】+【Shift】+【Up】）。

上一层，选择主菜单中"图画>排列>上移一层"命令（快捷键【Ctrl】+【Up】）。

下一层，选择主菜单中"图画>排列>下移一层"命令（快捷键【Ctrl】+【Down】）。

最下层，选择主菜单中"图画>排列>移至底层"命令（快捷键【Ctrl】+【Shift】+【Down】）。

3.3.10　线条类型转换

（1）画笔笔触转为铅笔线（图3-3-74）

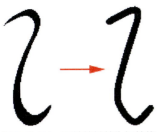

图3-3-74 画笔笔触转为铅笔线

在主菜单中选择"图画>转换>画笔笔触到铅笔线"命令（快捷键【^】）。

（2）铅笔线转为画笔笔触 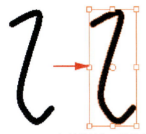（图3-3-75）

图3-3-75 铅笔线转为画笔笔触

在主菜单中选择"图画>转换>铅笔线到画笔笔触"命令（快捷键【&】）。

（3）笔触转为铅笔线 （图3-3-76）

图3-3-76 笔触转为铅笔线

在主菜单中选择"图画>转换>笔触到铅笔线"命令（快捷键【Shift】+【F12】）。

3.3.11 优化与压平

优化与压平命令都用于减少画笔层数（图3-3-77）。

原画稿　　　　优化后　　　　压平后
图3-3-77 优化与压平

优化时，笔画合并，如果有带透明的笔画则不合并，并保持透明效果。

压平时，如果有带透明的笔画，丢弃透明效果，全部合并。

3.3.12 删除多余笔触

该选项用于所选范围内不可见线条，其操作如下。

① 使用选择工具选择需清除不可见线的画稿。

② 在主菜单中选择"图画>优化>删除额外笔触"命令。

3.3.13 降低纹理分辨率

高分辨率的纹理（彩色）图像，矢量化后，文件会变得很大。此选项用于减小画稿中纹理的尺寸，降低分辨率，其操作如下。

① 在时间轴或摄影表窗口选择调整分辨率的画稿。

② 在主菜单中，选择"图画>优化>降低图画纹理分辨率"命令，弹出降低纹理分辨率对话窗口（图3-3-78）。

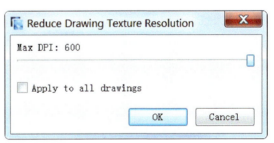

图3-3-78 降低纹理分辨率窗口

③ 拖动滚动条，向左降低纹理分辨率。

④ 勾选 Apply to all drawings 复选框，应用到所有图层。

⑤ 点击OK确认。

3.3.14 轮廓笔触

（1）创建轮廓线

该选项用不可见线给笔画添加轮廓线。

用油漆桶工具 的去色选项去除画稿颜色，保留需要重新上色的轮廓线（图3-3-79）。

创建轮廓线步骤：

① 在时间轴或摄影表窗口中，选择画稿。

② 在主菜单中，选择"图画>优化>创建轮廓笔触"命令。

去色前　　去色后（不创建轮廓笔触）　　去色后
　　　　　　　　　　　　　　　　　　（创建轮廓笔触）

图3-3-79　创建轮廓笔触

 创建轮廓笔触命令在上色时，常配合应用到所有图层选项 🔘。

（2）清除轮廓笔触

该选项用于彻底删除不可见线。

这在删除在位图矢量化过程中产生的不可见线时（图3-3-80），非常有用。

图3-3-80　清除不可见线

3.3.15　组合

组合选项可以将所选择的多个对象结合成组，有助于整体选择、移动和缩放等操作。

具体操作为，在主菜单中，选择"编辑>组合>组合"或"编辑>组合>解组"命令（快捷键【Ctrl】+【G】或【Shift】+【Ctrl】+【G】）。

3.3.16　平移

使用抓手工具可移动摄影机或绘画窗口。具体操作为，在工具架上选择抓手工具 🖐，在摄影机或绘画窗口点击并拖动鼠标。也可以按住空格键，在摄影机或绘画窗口点击并拖动鼠标。

3.3.17　旋转窗口

使用该工具选择摄影机或绘画窗口，就像选择动画圆盘一样（图3-3-81）。具体操作为，在主菜单中，选择"图画>工具>旋转视图"命令。快捷键为同时按住【Ctrl】和【Alt】键。

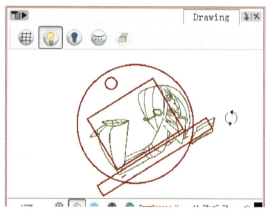

图3-3-81　旋转窗口

技术专题　　　　实战练习

第**4**章
上色

🔖 **本章导读**

　　在项目中添加颜色，创建一套角色的颜色系统，Harmony 为此提供一些非常强大的上色功能。

　　为画稿着色，需建立不同的色板。Harmony 中的色板，一旦建立后，可以在整个项目中统一使用和修改，这使绘画和上色更容易。

4.1　上色准备

画稿上色步骤：

① 在工具架上，选择油漆桶工具🪣。也可以在主菜单中，选择"图画工具上色"命令。

② 在颜色窗口中挑选颜色，默认有六种颜色可选（图4-1-1）。

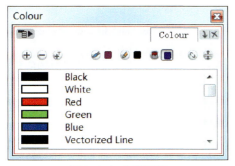

图4-1-1　颜色窗口

③ 在摄影机或绘画窗口中，点击需上色区域，进行上色（图4-1-2）。

图4-1-2　上色

4.1.1　颜色

颜色窗口中存储着角色用到的颜色样本。

（1）色板

在颜色窗口中，除了可添加默认的六种颜色，还可重命名和修改已有的颜色。

修改一个已使用的颜色后，系统会在整个项目中自动更新所有使用该颜色的区域。每个颜色对应唯一的编号，所以颜色被修改后，无需重新上色（图4-1-3）。

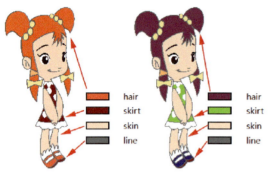

图4-1-3　修改颜色

（2）添加色样

在色板中，有三种不同的色样类型。

① 实色

实色效果如图4-1-4所示。添加或修改实色步骤：

图4-1-4　实色

A.在颜色窗口中，点击添加颜色按钮➕。

B.在颜色窗口菜单中，选择"颜色 > 编辑"命令，或双击色样，打开拾色窗口（图4-1-5）。

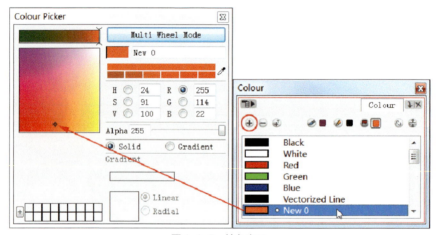

图4-1-5　拾色窗口

C.设置颜色

a.在色域中选择需要的颜色，或直接输入HSV 或RGB值，指定需要的颜色（图4-1-6）。

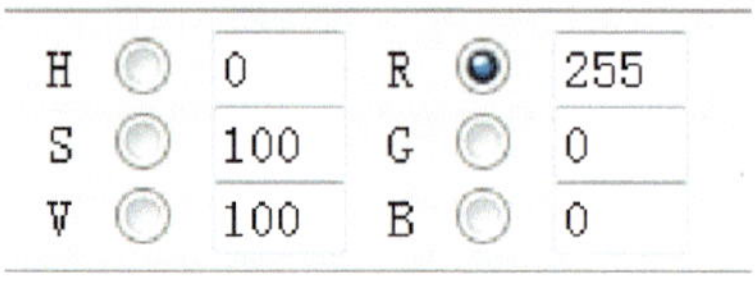

H	○	0	R	●	255
S	○	100	G	○	0
V	○	100	B	○	0

图4-1-6　指定颜色

b.使用吸管工具🖊，吸取屏幕上的任何颜色，可以是Harmony界面中的，也可以是操作系统或其他程序界面上的（图4-1-7）。

c.点击Multi Wheel Mode（多色轮模式）按钮，打开多色轮颜色窗口（图4-1-8），显示所有拾色区，以及撤消列表。

再次点击Single Wheel Mode（单色轮模式）按钮，回到正常颜色选择窗口。

D.在该窗口中，系统根据选择的颜色预设了一组阴影色（图4-1-9）。

E.还可以调整所选颜色的透明度，或者直接输入透明度值（图4-1-10）。

F.对于之前选择好的颜色，还可以点击左侧添加按钮，保存到库里，便于以后快速找回（图4-1-11）。

G.在拾色窗口中重命名颜色，或双击色样名称进行重命名（图4-1-12）。

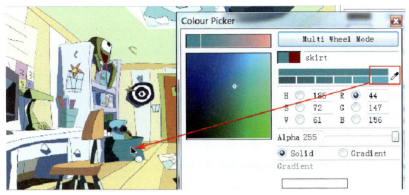

图4-1-7 吸取颜色

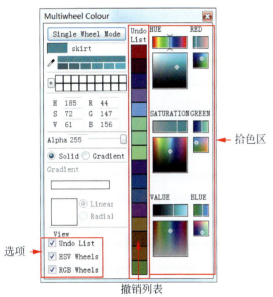

选项

撤销列表

图4-1-8 拾色窗口

拾色区

图4-1-9 相近色

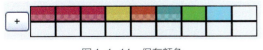

图4-1-10 调整透明度

图4-1-11 保存颜色

Multi Wheel Mode
skirt

hair
New 1
New 2
New 1
• skirt

图4-1-12 重命名颜色

② 渐变色

渐变色效果如图4-1-13所示。创建渐变色步骤：

图4-1-13 渐变色效果

A.在颜色窗口中，选择需要修改的色样（图4-1-14）。

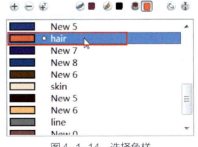

图4-1-14 选择色样

B.在窗口菜单中，选择"颜色>编辑"命令，也可以双击色样，打开拾色窗口（图4-1-15）。

C.点选Gradient（渐变）选项和Linear（线性）或Radial（径向）选项（图4-1-16）。

D.点击色条下的滑块，在拾色区修改颜色（图4-1-17）。

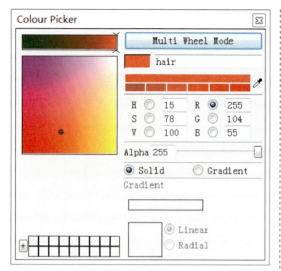

图4-1-15　拾色窗口

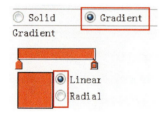

图4-1-16　点选渐变选项

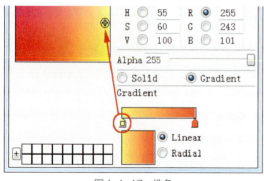

图4-1-17　选色

a.点击色条，添加滑块（图4-1-18），继续选择不同颜色。

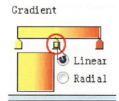

图4-1-18　添加滑块

b.把滑块拖离色条，可以删除（图4-1-19）。

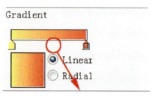

图4-1-19　拖离滑块

c.左右拖动滑块，修改渐变距离（图4-1-20）。

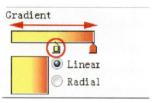

图4-1-20　调整滑块

③ 纹理色

纹理色效果如图4-1-21所示。

图4-1-21　纹理色效果

创建纹理色步骤如下。

A.在颜色窗口菜单中，选择"颜色>新建纹理"命令或点击新建纹理按钮，打开浏览窗口。

B.浏览第三方软件制作的文件（图4-1-22），如PSD或TGA。

图4-1-22　纹理图案

C.点击打开按钮，创建纹理色（图4-1-23）。

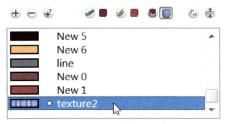

图4-1-23　创建纹理色

更新纹理色步骤：

A.在颜色窗口中，选择需要更新的纹理色（图4-1-24）。

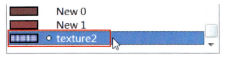

图4-1-24　选择纹理色

B.在颜色窗口菜单中，选择"颜色>编辑纹理"命令或双击纹理色样，打开浏览窗口。

C.浏览第三方软件制作的文件，如PSD或TGA（图4-1-25）。

图4-1-25　纹理图案

D.点击打开按钮，更新色样（图4-1-26）。画稿同时自动更新（图4-1-27）。之前对纹理的变换操作，如纹理的位置调整等，将被保留。

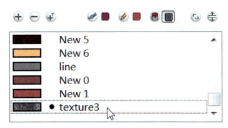

图4-1-26　更新色样

图4-1-27　替换纹理

（3）删除色样

① 在颜色窗口中，选择需要删除的色样（图4-1-28）。

图4-1-28　选择色样

② 在颜色窗口菜单中，选择"颜色>删除"命令，或点击删除按钮⊖（快捷键【Delete】）删除。如果色样正被使用，会出现警告对话窗口（图4-1-29）。

图4-1-29　删除对话窗口

③ 点击确认按钮删除，或点击取消按钮终止操作。如果删除的色样正被使用，画稿会变成红色，表示该色样不存在（图4-1-30）。

图4-1-30　缺色警告

4.1.2　颜色显示模式

颜色显示模式有缩略显示和列表显示两种。

① 显示模式的切换：在颜色窗口菜单中，选择"颜色>切换色块显示模式"命令（图4-1-31）。

图4-1-31　显示模式

② 显示颜色色值：以列表模式显示时，在颜色窗口菜单中，选择"色块>显示颜色值"命令（图4-1-32），显示色值。

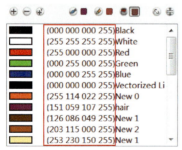

图4-1-32　显示颜色色值

 只有实色会显示RGB值，渐变色没有。

4.1.3　工具颜色和色稿

颜色窗口有三种颜色样本，可以分别给画笔工具、铅笔工具、油漆桶工具设置颜色（图4-1-33）。

图4-1-33　工具颜色

（1）设置工具颜色

① 断开工具颜色的绑定

A.在颜色窗口中，如果画笔、铅笔和油漆桶工具的颜色绑定在一起，点击断开按钮（图4-1-34）。

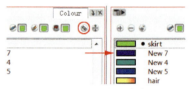

图4-1-34　断开绑定

B.点击画笔的颜色（图4-1-35）。

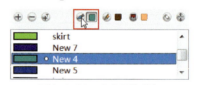

图4-1-35　点击画笔颜色

C.在颜色列表中，挑选颜色，即可断开工具颜色的绑定。

同理，可断开铅笔、油漆桶工具的颜色绑定。

② 链接工具颜色

A.在工具架上，选择如下工具：

画笔工具、油漆桶工具、铅笔工具、钢笔工具、直线工具、圆形工具、矩形工具。

B.在颜色窗口中，如果存储的颜色呈断开状态，点击绑定按钮（图4-1-36）。

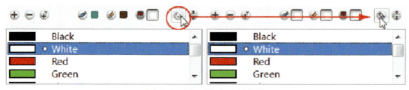

图4-1-36　绑定工具颜色

以后每次为当前工具选择一个新的颜色，各个工具的色样将被统一更新。

（2）分割色线区域

分割图形步骤：

① 在摄影机或绘画窗口，用选择工具选择需要切割的图形（图4-1-37）。

图4-1-37　选择图形

② 在主菜单中，选择"图画>创建线条切断"命令（图4-1-38），线条与线条交接处被切断，以便于使用不同的颜色。

图4-1-38　切断线条

③ 使用油漆桶工具的重上色选项，对被分割的线条上色（图4-1-39）。

图4-1-39　线条上色

4.2　上色工具

绘画工具都可以用来上色，但主要的上色工具为油漆桶，其有几种不同的模式可以使用。此外，还可以在工具属性窗口中定制工具的属性。

4.2.1　油漆桶工具

油漆桶工具只能在封闭区域上色，如果线条间有空隙，需用画笔、铅笔、封闭工具或自动封闭选项，封闭这些空隙。

（1）油漆桶上色步骤

① 在时间轴窗口中，选择需要上色的单元格（图4-2-1）。

图4-2-1　选择单元格

② 在工具架上，选择油漆桶工具（快捷键【Alt】+【K】）。也可以在主菜单中选择"图画>工具>上色"命令。

③ 在颜色窗口，选择颜色（图4-2-2）。

图4-2-2　选择颜色

④ 在摄影机窗口中开始上色，点击上色区域或用套索和框选模式上色。

> **Tip**　使用油漆桶工具时，最后选择的颜色会被保留，以便下次使用。

（2）油漆桶工具属性

选择油漆桶工具后，相关属性出现在工具属性窗口中（图4-2-3）。

① 框选和套索

框选：矩形选择框。选区范围内的一切，只要符合上色条件，都将被涂上颜色。

套索：默认的选择方式。可以绘制自由的选择范围。

按住【Alt】键切换选择模式。

图4-2-3　油漆桶工具属性

② 上色模式 ：油漆桶有四种不同的模式（图4-2-4），可以在工具架上找到这些模式。

图4-2-4　四种模式

A. 上色模式：该模式将在选择范围内上色，包括已经上完色的区域（图4-2-5）。

图4-2-5　上色模式

B. 对空白区域上色模式：该模式只对没有上过色的区域上色，有颜色的区域不会被改变（图4-2-6）。

C. 重上色模式：该模式会对上过色的区域重新上色，没有颜色的区域不会上色（图4-2-7）。

D. 删除颜色模式：该模式会删除选择范围内的颜色。对于铅笔线，会保留不可见线条（图4-2-8）。

图4-2-6　对空白区域上色模式

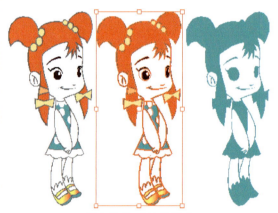

图4-2-7　重上色模式

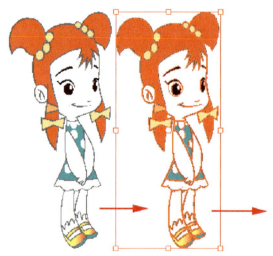

图4-2-8　删除颜色模式

③ 自动闭合缺口 ：自动闭合线条间出现的小间隙，不必用画笔等工具进行手动闭合（图4-2-9）。该选项也有四种不同模式（图4-2-10），分别是不封闭空隙、封闭小间隙、封闭中间隙和封闭大间隙。

图4-2-9 自动闭合缺口

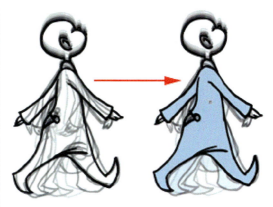

图4-2-12 应用到多个画稿

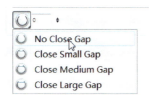

图4-2-10 自动闭合缺口模式

④ 去除纹理🖌️：带灰度纹理的画稿在矢量化时，在矢量框架内会产生一个混合位图的纹理（图4-2-11左）。用该选项给这个纹理区域上色，会100%转为矢量图形，并用实色填充，去除带灰度的纹理（图4-2-11右）。

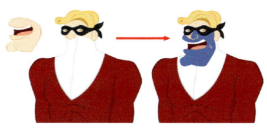

图4-2-13 应用到可见画稿

> **Tip** 应用到可见画稿选项仅在摄影机窗口中有效，且对元件内图层无效。

⑦ 保持锁定色🖌️：默认情况下该选项有效。可以在颜色窗口中将颜色锁定，避免这些链接到上色区域的颜色被修改。禁用此选项后，上色工具可以修改或去除颜色。

⑧ 使用存储的渐变色🖼️：使用渐变色或带纹理的颜色上色时，渐变色中心位置或纹理大小等属性，由上色的区域决定。如果想要再次使用这些渐变色或纹理的属性时，首先需要存储相关属性。选择一种渐变色，在选择工具属性面板中点击保存渐变色按钮🖌️，然后在油漆桶工具属性窗口中激活该选项。

图4-2-11 去除纹理

⑤ 应用到多个画稿🖌️：该选项可以对同一图层上的多张画稿一起上色。如对走路循环中人物身体部分的上色，可以启用此选项。在摄影机或绘画窗口中，选择人物身体，对多张走路的画稿，用同一颜色一次性上完（图4-2-12）。此选项只执行一次。再次操作时，必须重新点击该按钮。

⑥ 应用到可见画稿🖌️：该选项用于给同一单元格不同图层上的画稿上色。例如，一个角色各部件分在多个图层上，此选项可以一次完成所有图层的上色（图4-2-13）。该操作仅应用于当前单元格。此选项只执行一次。如果想再次使用，必须重新点击该按钮。

⑨ 选择轮廓线条🖌️：在上色工具属性窗口中点击此选项后，最后一次操作（包括已上色、重上色和未上色）的画稿轮廓线条高亮显示（图4-2-14）。

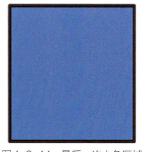

图4-2-14 最后一次上色区域高亮显示

4.2.2　墨水笔工具

（1）墨水笔工具使用

使用油漆桶给铅笔线条上色时，整条线将被一起上色（图4-2-15上）。如果只想上一部分线条的颜色（图4-2-15下），可以使用墨水笔工具，该工具隐藏在油漆桶工具中。

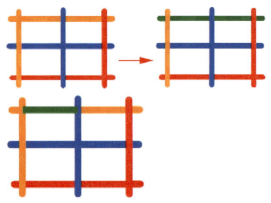

图4-2-15　两种工具上色区别

另外，油漆桶和墨水笔可结合使用，利用两者的特点，给整段线或局部线段上色。

（2）墨水笔工具属性

选择墨水笔工具后，相关属性会出现在工具属性窗口中（图4-2-16）。

图4-2-16　工具属性窗口

① 框选和套索：参考油漆桶工具属性。

② 显示描线化线条：启用该选项，所选图层上高亮显示所有铅笔线（画笔线条除外）。用墨水笔或油漆桶上过色的铅笔线，不会高亮显示。

③ 智能连接线条：选择此选项后，当鼠标悬停在铅笔线上时，创建的线条路径将被高亮显示。单击鼠标，高亮显示的线段将被上色。

④ 选择模式：使用此模式时，取消悬停模式，回到正常选择状态。

⑤ 线条换层：使用此选项，每条用墨水笔上色的线条会被提到其他线条上面。禁用此选项，可将线条换到下面。使用【Alt】可在两个选项之间切换。

⑥ 转角：共有四个选项，即创建斜面、斜切、圆角或 As Is 的交叉线拐角（图4-2-17）。

图4-2-17　转角类型

⑦ 顶端类型：共有三个选项，即创建斜切、平角和圆角（图4-2-18）。

图4-2-18　顶端类型

4.2.3　上色扩展功能

（1）重上色

该命令对线稿已经上色部分进行颜色修改，使用选择工具选择需要修改的区域。

在主菜单中，选择"图画>上色>重上色所选之内"命令即可实现（图4-2-19）。

图4-2-19　重上色

（2）对所有画稿的选区内区域重上色

该命令用于统一修改选区内所有画稿的颜色。在选择工具属性窗口中，激活永久选择选项，用选择工具划出要修改的区域。

在主菜单中，选择"图画>上色>重上色所选之内在所有图画上"命令（图4-2-20）即可。

在主菜单中，选择"图画>上色>不上色所选之内"命令即可。

图4-2-20　对所有画稿的选区内区域重上色

（3）选区外区域重上色

该命令用于对选区外的区域重新上色。使用选择工具🔖划出不需要修改的区域。

在主菜单中，选择"图画>上色>重上色所选之外"命令（图4-2-21）即可实现。

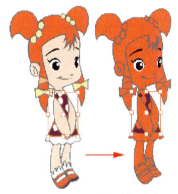

图4-2-21　选区外区域重上色

（4）对所有画稿的选区外区域重上色

该命令用于统一修改选区外所有画稿的颜色。在选择工具属性窗口中，激活永久选择选项🔘，用选择工具划出不需要修改的区域。

在主菜单中，选择"图画>上色>重上色所选之外在所有图画上"命令即可（图4-2-22）。

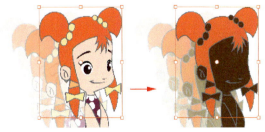

图4-2-22　对所有画稿的选区外区域重上色

（5）去除颜色

该命令用于对选择的区域去色。使用选择工具🔖选出需要去色的区域（图4-2-23）。

图4-2-23　去色

（6）对所有画稿的选区内区域去色

该命令用于统一去除选区内所有画稿的颜色。在选择工具属性窗口中，激活永久选择选项🔘用选择工具划出需要去除颜色的区域。

在主菜单中，选择"图画>上色>不上色所选之内在所有图画上"命令即可（图4-2-24）。

图4-2-24　对所有画稿的选区内区域去色

（7）对选区外区域去色

该命令用于对选择的区域外去色。使用选择工具🔖划出不需要去色的区域。

在主菜单中，选择"图画>上色>不上色所选之外"命令即可（图4-2-25）。

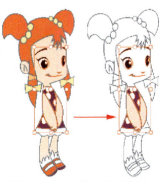

图4-2-25　对选区外区域去色

（8）对所有画稿的选区外区域去色

该命令用于统一去除选择外所有画稿的颜色。在选择工具属性窗口中，激活永久选择选项，用选择工具划出不需要去除颜色的区域。

在主菜单中，选择"图画>上色>不上色所选之外在所有图画上"命令即可（图4-2-26）

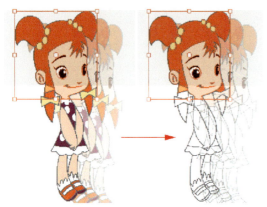

图4-2-26　对所有画稿的选区外区域去色

（9）选择画稿颜色

① 吸管工具：在摄影机或绘画窗口中，使用吸管工具从画面吸取颜色（图4-2-27）。吸管工具的使用步骤如下。

图4-2-27　吸取颜色

A.在工具架上，选择吸管工具（快捷键【Alt】+【I】），或在主菜单中选择"图画>工具吸管"命令。

B.在画稿上，吸取需要的颜色。如果当前正在使用其他工具，可以按住键盘【I】键临时切换到吸管工具，释放按键后，又会回到刚才使用的工具。

② 颜色选取：在摄影机窗口中，以当前使用的颜色选取画稿中同色的线条。这时于清除草稿

非常方便。颜色选取步骤如下。

A.在颜色窗口中，选择和画稿中笔触相同的颜色（图4-2-28）。

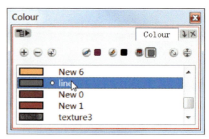

图4-2-28　选择颜色

B.在主菜单中，选择"图画>以当前颜色选择笔触"命令（快捷键【Ctrl】+【Shift】+【A】），如图4-2-29所示。

图4-2-29　颜色选取

4.2.4　编辑渐变色和纹理

渐变/纹理编辑工具可以修改渐变色或纹理色的相关属性（图4-2-30）。

图4-2-30　编辑渐变/纹理

要让颜色在动画过程中匹配，需在设置好第一张画稿的纹理属性后，复制并粘贴到下一张画稿中。

（1）渐变/纹理编辑工具的使用步骤

① 在工具栏上，选择渐变/纹理编辑器，也可以在主菜单中选择"图画>工具>编辑渐变/纹

理"命令（快捷键【Shift】+【F】）。

② 点击填色区域并修改（图4-2-31）。

线性渐变　　　　　　径向渐变

图4-2-31 修改渐变/纹理

③ 如果想要一次性修改几个区域，按住【Shift】键，点击需要修改的区域。如图4-2-32所示，选择衣服左侧区域并加选衣服右侧区域，同时调整。

图4-2-32 加选区域

④ 移动纹理的控制点进行修改。如果相同的修改需要应用在别的区域中，可以在渐变/纹理编辑工具选中状态下，选择修改过的区域，然后在主菜单中，选择"编辑>Copy Drawing Object（拷贝绘画对象）"命令，再选择需要修改的区域，执行"编辑>Copy Paste Object（粘贴绘画对象）"命令。

（2）铅笔线条的渐变色和纹理

编辑的方法既可以用铅笔编辑器，也可以用渐变/纹理编辑器。

① 铅笔编辑器使用步骤如下。

A.在工具架上，选择铅笔编辑器。

B.选择需修改的铅笔线，会出现编辑器控制框（图4-2-33）。

图4-2-33 选择铅笔线

C.在控制框上选择其中一个控制点移动，调整渐变/纹理大小，也可以调整控制点上的手柄（图4-2-34）。

图4-2-34 用铅笔编辑器编辑

扩展控制点，平铺的纹理会被拉伸，反之，纹理将被压缩。

扩展铅笔线轮廓的长度，将增加平铺图像的数量（图4-2-35）。

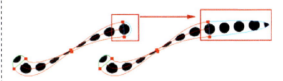

图4-2-35 增加平铺的数量

这不仅适用于纹理填充，还可以应用于带纹理的铅笔线。

② 渐变/纹理编辑器使用步骤如下。

A.在工具架上，选择渐变/纹理编辑器。

B.选择需修改的铅笔线，出现编辑器控制框（图4-2-36）。

图4-2-36 出现渐变/纹理编辑器控制框

C.编辑器控制框为单个纹理的宽度，共有三个控制点，顶部控制点可以缩放纹理高度，右侧控制点可以缩放纹理宽度，右上角控制点可以任意缩放纹理（图4-2-37）。

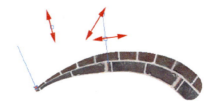

图4-2-37 拖动控制点

D.编辑器控制框左侧红色箭头控制纹理位置，拖动箭头，控制框将沿线条的路径移动纹理（图4-2-38）。

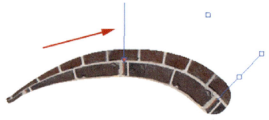

图4-2-38　移动纹理位置

③ 渐变/纹理编辑器同时编辑纹理和渐变：渐变/纹理编辑器也适用与带纹理的铅笔线。如果铅笔线既有纹理有又渐变，则会出现两个控制框，分别控制纹理和渐变。

A.在工具架上，选择渐变/纹理编辑器。

B.选择需修改的铅笔线，会出现上下两个编辑器控制框（图4-2-39）。

C.调整顶部渐变控制点（图4-2-40）。

D.调整底部纹理控制点（图4-2-41）。

图4-2-39　同时编辑纹理和渐变

图4-2-40　调整渐变控制点

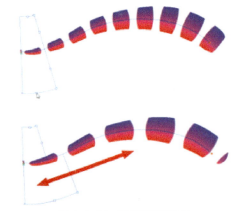

图4-2-41　调整纹理控制点

（3）存储自定义渐变和纹理设置

在逐帧上色，或想把自定义的渐变和纹理应用到笔刷、上色工具时，首先需要存储自定义的设置，然后才能使用。

① 保存自定义的渐变和纹理步骤如下。

A.在工具栏上，点击选择工具（快捷键【Alt】+【V】）。

B.摄影机或绘画窗口中，选择有渐变或纹理的区域（图4-2-42）。

图4-2-42　选择渐变或纹理区域

C.在工具属性窗口中，点击保存渐变颜色按钮（图4-2-43）。

图4-2-43　保存渐变颜色

② 使用存储的渐变和纹理步骤如下。

A.在工具栏上，点击画笔工具或油漆桶工具。

B.在工具属性窗口，激活使用保存的渐变颜色按钮 🔲 （图4-2-44）。

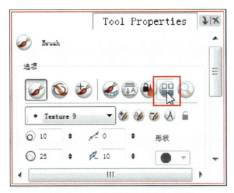

图4-2-44 使用保存的渐变颜色

C.在摄影机或绘画窗口中进行操作。

4.2.5 手动闭合间隙

上色工具只能对闭合区域上色，如果出现图4-2-45中圈出的线条没有接上的情况，需要用画笔或铅笔工具，将此处的断点连接，否则头发区域无法正常上色。

使用闭合缺口工具 ◯ ，用不可见线封闭该缺口。

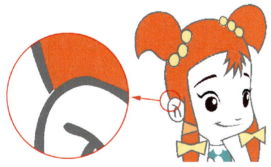

图4-2-45 线条断点

闭合缺口工具会用不可见线将两个靠近的端点封闭起来，形成一个闭合的区域。在绘制时，无需在意所画的线条是否完全闭合，软件会自动选择最接近的两个点进行闭合。

（1）手动闭合缺口的步骤

① 在工具架上，选择闭合缺口工具 ◯ 。也可以在主菜单中选择"图画>工具>闭合缺口"命令（快捷键【Alt】+【C】）。

A.首先将要封闭的线条合并在一起，在工具属性窗口中，点击自动合并按钮 🅰 。

B.在主菜单中，选择"视图>显示>显示笔触"命令，显示不可见线条（快捷键【D】）。

② 在摄影机或绘画窗口中，在靠近缺口处画线，可以看到不可见线将缺口关闭（图4-2-46）。

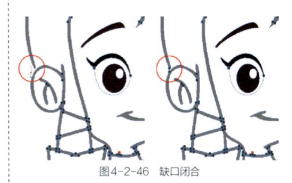

图4-2-46 缺口闭合

如果在步骤①中，没有设置显示笔触，系统会弹出对话窗口（图4-2-47）。

图4-2-47 对话窗口

勾选Don't show this message again选项后，此对话框将不再出现。

（2）闭合间隙

画稿存在多个缺口时，可以使用关闭缺口功能统一关闭。选择该命令，会弹出闭合缺口窗口（图4-2-48）。

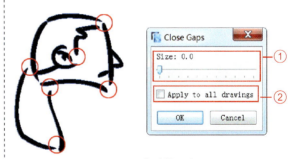

图4-2-48 闭合缺口窗口

① 关闭缺口滑块：使用这个滑块来确定缺口大小。向左移动滑块关闭小缺口，向右移动关闭大缺口。

② 应用到所有画稿：勾选Apply to all drawings选项，应用到所选层的所有画稿。

（3）使用关闭缺口步骤

① 激活显示笔触选项，可以预览关闭间隙后

的效果。方法为，选择"视图>显示>显示笔触"命令（快捷键【D】）。

② 在主菜单中，选择"图画>清理>闭合缺口"命令（快捷键【Shift】+【F10】），弹出对话窗口，拖动滑块，调整到适当位置（图4-2-49）。

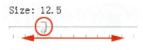

图4-2-49　调整缺口大小

③ 勾选 Apply to all drawings 选项，可以将设置应用到所有画稿（图4-2-50）。

图4-2-50　应用到所有画稿

④ 点击 OK 确定。

4.2.6　颜色保护及选择

（1）锁定颜色

完成了一些区域的上色后，为避免被一些误操作覆盖，可以锁定颜色。

① 在颜色窗口中，选择需要锁定的颜色（图4-2-51）。

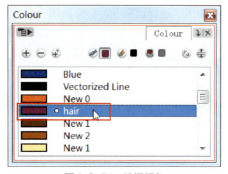

图4-2-51　选择颜色

② 在窗口菜单中，选择"颜色>颜色保护"命令，或右键点击色样，在弹出的快捷菜单中选择"颜色保护"命令。

被锁定的颜色标签右侧会出现红色条，表示该颜色已经被锁定（图4-2-52）。

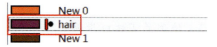

图4-2-52　锁定颜色

（2）反向选择颜色

在画稿众多颜色中选取一两种，可能比较困难。使用反向选择工具，可简化选择操作。

反向选择的步骤：

① 在摄影机或绘画窗口中，选择不需要的颜色。

② 在主菜单中，选择"编辑>反向选择"命令（图4-2-53）。

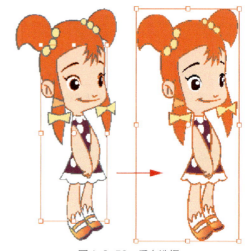

图4-2-53　反向选择

4.2.7　画稿的层

Harmony 中的画稿内嵌四层：顶层、线稿层、色稿层和底层。线稿层和色稿层最为常用，而顶层和底层可以用来打稿或备注。

（1）线稿与色稿

默认状态下，在线稿上绘画，在线稿下层的色稿填色（图4-2-54）。这些层可以在绘画或摄影机窗口（使用绘图工具时）中看到，在时间轴、摄影表或网络窗口中不可见。

图4-2-54　画稿分层示意

所有四层都可以进行绘画，如果习惯只用单层，完全可以在一层上绘制一切。

若分层使用，可以很方便地进行修改。如果线稿和色稿分开，就可以用上色工具修改线条颜色而不会影响到填色区域。同样，在线稿层上绘制高光和阴影也不会影响填色区域。

线稿层和色稿层的切换和激活预览模式步骤：

① 在工具架上，选择一种绘画工具。

② 线稿层和色稿层相互切换。

A.绘画窗口中，在右键快捷菜单中选择"Switch to Colour Art/Switch to Line Art"命令（快捷键【L】）。

B.在摄影机或绘画窗口底部工具栏上，点击色稿层按钮 。

C.在摄影机或绘画窗口底部工具栏上，点击线稿层按钮 。

③ 同时预览线稿层和色稿层。

A.在绘画窗口中，右键快捷菜单中选择"Preview Line Art and Colour Art"命令（快捷键【Shift】+【P】）。在预览模式下，可以继续编辑。

B.在摄影机或绘画窗口底部工具栏上，点击预览按钮 。

在摄影机窗口中，要想只看到一层，必须在摄影机底部工具栏的 下拉菜单中勾选Current Drawing on Top选项。不勾选时，可以同时看到所有四层。

Tip　为了同时编辑线稿层和色稿层，需要在选择工具属性窗口中，启用Apply to Line Art and Colour Art 选项。

（2）分层创建上色区

可以在画稿任何一层上创建轮廓线，在其他层上色。这种分开的图层，为绘画提供了更多的灵活性。其步骤如下。

① 在工具架上点选选择工具。

② 在摄影机或绘画窗口中，选择线稿（图4-2-55）。

③ 在图画窗口工具栏中，点击Create Clolur Art from Line Art（从线稿转到色稿）按钮 （图4-2-56），在色稿层创建了用于填色的区域。

图4-2-55　选择线稿

图4-2-56　转成色稿

（3）线稿转色稿的设置

① 在工具架上，点击选择工具 。

② 工具属性窗口中，按住【Shift】键，并点击Create Colour Art from Line Art（从线稿转到色稿）按钮 ，打开设置窗口，修改默认设置（图4-2-57）。

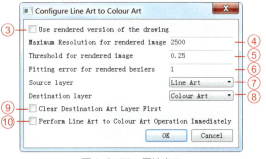

图4-2-57　属性窗口

③ Use rendered version of the drawing:用线稿渲染后的中心线来确定色稿笔触。

④ Maximum Resolution for rendered image: 设置渲染后图像的尺寸。

⑤ Threshold for rendered image：设置线条的阈值。

⑥ Fitting error for rendered beziers: 色稿与线稿的匹配精度。

⑦ Source layer: 在下拉列表中选择源图层。

⑧ Destination layer: 在下拉列表中选择目标层。

⑨ Clear Destination Art Layer First: 勾选此选项，清空目标层。

⑩ Perform Line Art to Colour Art Operation Immediately: 勾选此选项，点击OK按钮后立刻执行转换。

4.2.8　检查上色区域

上色完成后，可以开始检查每个区域是否准确。

背光功能可以产生剪影效果，将填完色的部分变为统一的深色，来检查是否有漏色。没有上色的部分可以清晰地显示出来。

背光检查的使用步骤：

① 在主菜单中，选择"视图>背光"命令（快捷键【Ctrl】+【Shift】+【C】）。也可以在绘画窗口工具栏上点击背光按钮 。

② 在绘画窗口中，检查画面（图4-2-58）。

图4-2-58　背光检查

4.3　色板

4.3.1　色板列表

Harmony 使用色板来保存所有元素需要的颜色，以确保绘画过程的完整和一致性。

一般为每个角色、道具或效果分配一组颜色，需从新建色板开始，不断添加新颜色，如角色的各个部位：皮肤、头发、舌头、衬衫、裤子等。

（1）显示色板列表

颜色窗口有两个模式：基本模式（图4-3-1左）和扩展模式（图4-3-1右）。

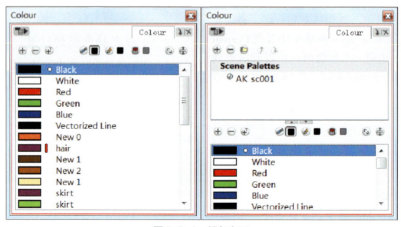

图4-3-1　颜色窗口

1）基本模式

该模式下只有颜色列表，打开 Harmony，可以看到默认的六个颜色样本并已自动命名，在简单的项目中也许足够了，但是对于电影、系列片或短片，就需要创建角色色板。

2）扩展模式

为角色创建色板，需要在扩展模式下。该模式下有色板列表和一系列新按钮。

在颜色窗口中，点击Show/Hide Palette List View（显示隐藏色板列表窗口）按钮 ，展开色板列表区域（图4-3-2）。

添加的每个色板都会出现在色板列表中。

在列表中，可以进行添加、删除、输入等操作。

色板菜单

图4-3-2　扩展模式

（2）色板文件的存储

色板文件扩展名为*.plt，可以复制、移动和保存。色板创建后，在基本色板列表模式下，Harmony以场景级别保存色板。

色板库文件夹有四种级别：环境级别、工作级别、场景级别和元素级别（图4-3-3），同时可以在基本模式和扩展模式下切换，还可以选择某个级别文件夹来保存色板文件。

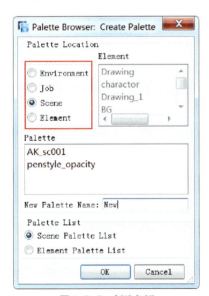

图4-3-3　创建色板

① Environment（环境）级别：色板库文件夹存储在场景文件夹下的环境文件夹中。

② Job（工作）级别：色板库文件夹存储在场景文件夹下的工作文件夹中。

③ Scene（场景）级别：色板库文件夹直接存储在场景文件夹中。

色板文件也可以保存成场景级别，让所有色板在场景中统一存放，方便管理和使用。

场景级别的色板对于分层动画非常实用。因为制作过程中，所有的角色不一定都在同一个场景，人物、道具和特效等使用到的颜色，往往会直接从色板中选取，场景级别的色板可以确保每个元素都使用相同的色板。而在场景级别下，还允许每个场景有自己的一套色板。在制作层级动画时，建议使用场景级别的色板。

④ Element（元素）级别：色板库文件夹存储在元素（层）文件夹中。

当有很多不同的色板时，元素级别的色板很有用。彩色造型完成后，元素文件夹同时存储造型和色板，整个项目的组织结构会清晰完整。

4.3.2　场景色板列表和元素色板列表

（1）场景色板列表

场景色板列表主要用于层级动画。摄影表的每一列，都是由角色分出的不同部件，这些部件使用一个角色主色板（图4-3-4）。

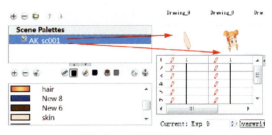

图4-3-4　场景色板列表

用场景级别代替元素级别来保存色板列表，所有用到的颜色都链接到这个色板列表，为不同场景的每一个图形元素上色时，无需手动加载色板。

默认情况下，Harmony只使用场景色板列表。

（2）元素色板列表

切换到扩展模式，把色板保存为元素的级别。

元素色板列表主要应用在传统无纸动画中，摄影表上一列就是一个人物（图4-3-5）。使用的色板只针对该列。

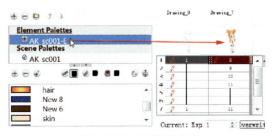

图4-3-5　元素色板列表

色板列表存储在绘画元素级别的目录中，能保证绘画元素使用到正确的色板文件。

如果希望能访问到全局色板列表，需要将色板链接到场景色板列表。

4.3.3 创建色板

色板既可以在基本模式，也可以在扩展模式下创建。默认情况下，Harmony打开为基本模式，对于简单的项目，建议使用的基本模式，复杂的项目使用扩展模式。

（1）基本模式

创建新色板步骤：

① 在颜色窗口菜单中，点击"色板>新建"命令，弹出创建色板对话框。

② 根据造型名称，输入色板名（图4-3-6）。

图4-3-6　输入名称

③ 点击OK确认。

新建的色板出现在图形元素色板列表中（图4-3-7）。

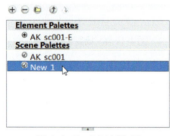

图4-3-7　创建新色板

（2）扩展模式

要使用这个模式，需要设置首选项。设置步骤：

① 在主菜单中，选择"编辑>首选项"命令，打开首选项面板。

② 在高级标签中勾选高级色板列表复选框（图4-3-8）。

③ 点击OK确定。

创建新色板步骤：

① 在时间轴或摄影表窗口中，选择需要创建色板的图形层。

② 在颜色窗口菜单中，选择"色板>新建"命令，或点击创建按钮🟦，打开色板浏览器（图4-3-9）。

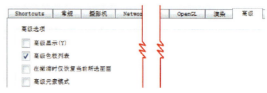

图4-3-8　首选项面板

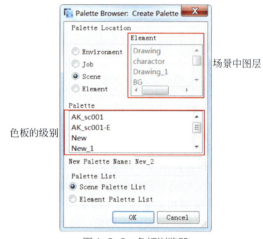

图4-3-9　色板浏览器

A. Palette Location（色板路径）：选择存储色板的级别。

a. Element（元素）：显示场景中的图层。

b. Palette（色板）：显示存在的色板。

c. New Palette Name（色板名）：输入新色板的命名。

B. Palette List（ 色板列表）：选择色板列表模式。

③ 点击OK确定。

4.3.4 色板的基本操作

（1）重命名色板列表

① 在颜色窗口中，选择要重命名的色板（图4-3-10）。

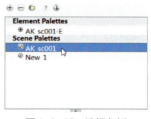

图4-3-10　选择色板

② 在颜色窗口菜单中，选择"色板>重命名"命令。

③ 在弹出的对话框中，重命名色板（图4-3-11）。

图4-3-11 重命名色板

④ 点击OK确定。

（2）拷贝粘贴颜色

色板创建后，可以拷贝颜色或色值，然后粘贴到色板中。

① 在颜色窗口中，选择需拷贝的颜色（图4-3-12）。

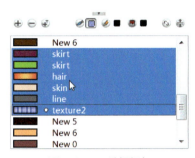

图4-3-12 选择颜色

② 在颜色窗口菜单上，选择"颜色>拷贝"命令（快捷键【Ctrl】+【C】）。

③ 在色板列表上，选择想要粘贴的色板（图4-3-13）。

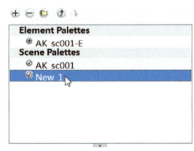

图4-3-13 选择色板

④ 在颜色窗口菜单上，选择"颜色>粘贴为再制颜色"命令（快捷键【Ctrl】+【C】）。如果拷贝的是色值，选择"颜色>粘贴颜色值"命令。

（3）删除色板

场景不再需要的色板可以删除。该操作不会实际删除色板文件，需要时能重新导入。步骤如下。

① 在颜色窗口中，选择需要删除的色板（图4-3-10）。

② 在颜色窗口菜单中，选择"色板>删除"命令或点击删除色板按钮 ⊖。

如果要删除的色板正被使用，那么图形的颜色会转成红色，表示颜色丢失（图4-3-14）。

图4-3-14 颜色丢失

（4）复制色板

复制的色板和原色板名称及色值相同，但编号不同，两者没有关联。复制命令将确保两个色板完全独立。该选项用于两个类似的造型中，避免了所有颜色重新命名。复制后可以修改颜色值和名称，如眼睛、牙齿、舌头、口腔内等。操作步骤如下。

① 在颜色窗口中，选择要复制的色板（图4-3-15）。

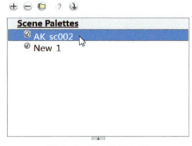

图4-3-15 选择色板

② 在颜色窗口菜单中，选择"色板>再制"命令，弹出对话窗口（图4-3-16）。

图4-3-16 对话窗口

③ 命名复制的色板。

④ 点击 OK 按钮，完成复制（图4-3-17）。

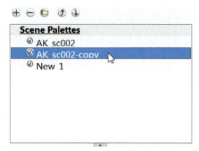

图4-3-17　完成复制

（5）克隆色板

一个角色通常只有一个色板，但白天和黑夜的色调不同。这时，可以用克隆方式，为角色创造一个暗调色（图4-3-18）。克隆的色板是主色板的一个副本。两者颜色的特性、编号相同，都在一个色域，但可以有不同的名称和色值。根据激活的不同色板（白天或晚上），画稿颜色会自动更新，无需重新上色。克隆色板的步骤如下。

图4-3-18　克隆色板

① 在颜色窗口中，选择需要克隆的色板（图4-3-15）。

② 在颜色窗口菜单中，选择"色板＞克隆"命令，弹出对话窗口（图4-3-19）。

图4-3-19　对话窗口

③ 命名色板（添加"-clone"后缀）。

④ 点击 OK 按钮，创建色板（图4-3-20）。克隆的副本出现在色板列表中。

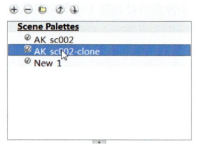

图4-3-20　完成创建

在颜色窗口中，可以单独修改颜色。

> Tip　查看彩稿时，为看清轮廓线，可以创建一个克隆色板，增加颜色透明度（图4-3-21）。

图4-3-21　查看轮廓线

（6）克隆颜色

① 在颜色窗口中，选择需要克隆的颜色。

② 在颜色窗口菜单中，选择"颜色＞拷贝"命令。

③ 在颜色窗口中，选择要粘贴进去的色板，或者创建新色板。

④ 在颜色窗口菜单中，选择"颜色＞粘贴为克隆"命令，克隆的颜色即出现在色板中。

> Tip　克隆颜色命令不能在同一色板中使用，否则会产生颜色冲突。

（7）混合颜色

如果想要对多个颜色同时修改，比如调色或添加透明度，可以使用色调面板。

色调面板在创建诸如夜晚色和白天色时，非常有用。操作步骤如下。

① 在色板列表中，选择需要调整颜色的色板。

② 在颜色窗口菜单中，选择"色板>色调面板"命令，弹出色调偏移/混合面板（图4-3-22）。

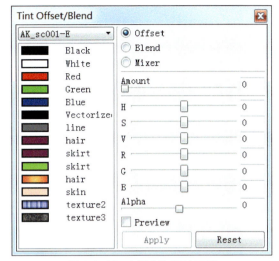

图4-3-22 色调偏移/混合面板

③ 在颜色列表中，选择需要修改的颜色或全选颜色（快捷键【Ctrl】+【A】，图4-3-23）。

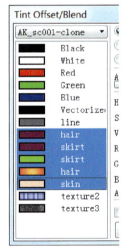

图4-3-23 选择颜色

④ 勾选Preview（预览）选项（图4-3-24）。

图4-3-24 勾选预览

⑤ 偏移、混合所选择的颜色（图4-3-25）。

A. Offset（偏移）：此选项仅针对选定的颜色。使用HSV和RGB滑块调整偏移，Alpha滑块调整选定颜色的不透明度。

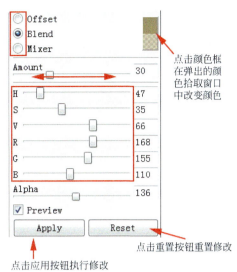

点击颜色框在弹出的颜色拾取窗口中改变颜色

点击重置按钮重置修改

点击应用按钮执行修改

图4-3-25 设置颜色偏移混合

B. Blend（融合）：此选项将选定的颜色与右上角的样本颜色相融合。Amount（数量）滑块用于调整融合度，100时，选定的颜色和样本颜色相同。调整HSV和RGB滑块可以影响样本颜色，反过来又会影响左边选择的颜色，调整Alpha滑块选定颜色的不透明度。

C. Mixer（混合）：选择一个基本色和调整色，混合成新颜色。使用滑块调整基本色和调整色之间的混合比例（图4-3-26），形成一个新颜色。调整HSV和RGB滑块调整基本色，从而改变新颜色。

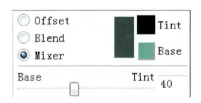

图4-3-26 调整基本色和调整色的混合比例

⑥ 点应用按钮。

（1）导入色板

在当前项目中要导入其他项目的色板时，要确定文件路径，并将其添加到项目中。色板输入后，文件被复制到项目目录中，不再链接原文件。操作步骤如下。

① 在颜色窗口菜单中，选择"色板>导入"命令，打开文件浏览器。

② 找到需要的色板文件。通常可以在项目的色板库中找到。

③ 点击打开按钮，色板出现在色板列表中（图4-3-27）。

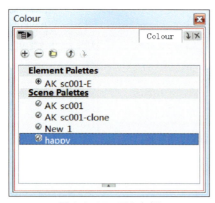

图4-3-27　导入色板

（2）链接色板

假设在一个场景中，有角色和背景两层，选择角色层，查看色板时，可能只看得到为角色层创建的色板，而看不见背景层色板。

为了同时看到这两个色板，必须把带有场景层的色板列表链接到角色层色板。

链接色板步骤：

① 在颜色窗口菜单上，选择"色板>链接"命令，打开色板浏览器（图4-3-28）。

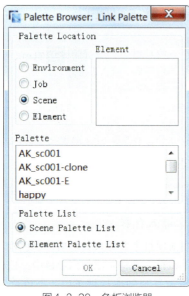

图4-3-28　色板浏览器

② 选择色板文件存储的级别（通常是场景或元素级别）。

③ 在场景或元素级别色板列表中选择需要的色板，色板即显示在颜色窗口中。

（3）链接主色板

每个场景都存在本机中，所有场景数据只能被特定的场景访问，包括色板文件，只能被该场景中的所有图层共享，而不能被其他场景共享。

只有链接主色板，才能让整个项目共享色板。默认情况下，色板独立储存在Harmony场景中，这个文件可复制、移动或删除。

链接的色板贯穿整个项目。这里需要创建色板文件夹，把所有的色板拷贝进去。只要把色板链接到场景，项目就会链接到色板文件夹，色板修改后，整个项目立刻更新。具体步骤如下。

① 在颜色窗口中，点击创建色板按钮 ⊕，创建主色板。

② 在主菜单上，选择"文件>保存"命令，或点击保存按钮 ⊟。

③ 在工程目录下，创建文件夹，也可以建在模型的子目录中（图4-3-29）。

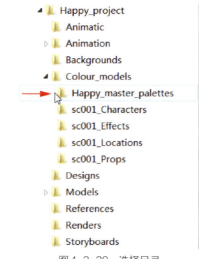

图4-3-29　选择目录

④ 命名文件夹，如：Happy_master_palettes。

⑤ 浏览Harmony场景，打开色板库文件夹（图4-3-30）。

图4-3-30　打开文件夹

⑥ 选择色板文件，并复制到主色板目录中（图4-3-31）。

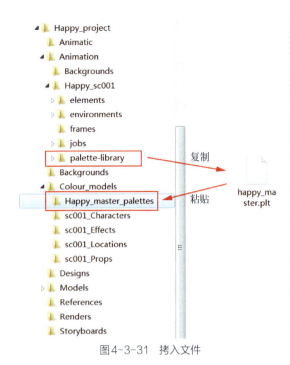

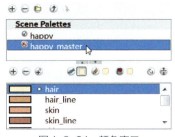

图4-3-34 颜色窗口

（4）色板状态

创建或链接一个色板时，在色板名称左侧会出现一些小图标。这些图标代表色板的链接状态。

① ⚠️色板状态异常：问题可能是在试图输出或链接色板文件时引起的。例如，一个存储在元素文件夹中的色板文件被链接到场景色板列表上，而又删除了包含色板的图层，造成场景中色板丢失。

② ✅色板状态正常：链接正确，场景输出没有问题。

③ 🅖色板文件存储在其他项目场景中：色板文件可能存储在本场景以外的目录中。这时如果主色板目录被更改，色板会丢失。

④ ➕存储的色板文件被链接到不同级别的色板列表中：例如，存储在环境文件夹中的色板文件，被链接到元素色板列表上。

（5）色板排序

有原色板的多个克隆色板时，列表中最上层的色板有效。

对色板重新排序：在颜色窗口菜单中，选择"色板>上移"或"下移"命令，也可以使用⬆️和⬇️按钮（图4-3-35）。

图4-3-31 拷入文件

⑦ 新建场景或打开需要链接色板的场景。

⑧ 在时间轴窗口中，选择要链接色板的图层（图4-3-32）。

图4-3-32 选择图层

⑨ 在颜色窗口菜单上，选择"色板>链接到外部"命令，弹出对话窗口（图4-3-33）。

图4-3-33 链接对话窗口

A. Files（文件）：点击浏览按钮，浏览主色板文件夹，选择要链接的色板文件。

B. Palette List（色板列表）：在场景级别或元素级别中，选择想要载入的色板级别。

⑩ 点击OK按钮，链接好的色板将出现在颜色窗口中（图4-3-34）。

如果链入的色板存在别的文件夹中，外部图标会标示在色板左侧。

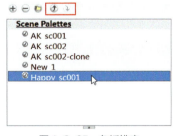

图4-3-35 色板排序

技术专题　　　　实战练习

第5章

库

本章导读

在Harmony中创建的元件和模板等元素，可以共享和重复使用。这些可重复使用的资源都存在库中，在制作过程中可随时调用，既提高效率，又统一规范，保证了动画的质量，因此了解和使用库非常重要。

5.1 库的概念

5.1.1 理解库

库可以理解为仓库，其中存储不同的元素，如角色、背景、动画和动作姿态，等等。实际上，在Harmony中创建的任何东西都可以存储在库中。

库用文件夹来管理，主要存放项目模板和元件，不同的项目可以调用这些文件夹。这些文件夹可以存储在本机或网络上。

（1）什么是元件

元件是容纳道具、角色和动作剪辑等元素的容器，包含画稿和动作片段。元件可以作为一个单一的对象进行操作（图5-1-1）。

在元件中，可以放置一系列不同的画稿，比如角色身体的每一部分。

元件从库拖到场景中，仍与库中的元件相关联。如果修改其中的一个，那么所有的元件都将更新。

元件只在本项目的使用，其他场景不能调用。如果要与其他场景共享，必须把元件转成模板。元件放置在时间轴上后，帧外观呈电影胶片样式（图5-1-2）。

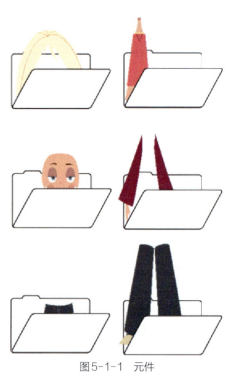

图5-1-1 元件

→ 普通帧
→ 元件帧

图5-1-2 放置元件

（2）什么是模板

模板作为一个独立的副本存储在库中，可以在不同的场景中重复使用。一旦模板存储进库后，可以从任何项目中调用（图5-1-3）。

图5-1-3 模板

模板和元件不同，拖进场景后，不再与原模板有关联，可随意修改。

5.1.2 库窗口

库窗口可以创建并管理元件和模板（图5-1-4）。

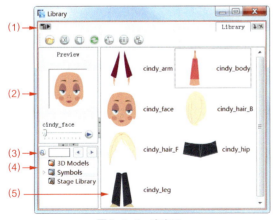

图5-1-4 库窗口

（1）库窗口菜单

菜单包括具体的库操作命令，如打开库、右键修改文件夹属性等。

（2）画稿预览和替代

预览窗口中，允许预览元件或模板的内容，替换画稿（图5-1-5）。其操作如下。

① 在库视图右侧窗口，点击元件或模板文件。

② 在预览视图窗口，点击播放按钮▶或拖拽滚动条替换帧。

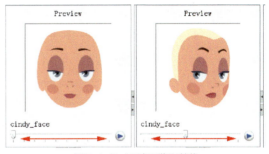

图5-1-5 画稿预览和替代

（3）库搜索栏

在制作动画时，库中会有大量的模板和元件，这就需要使用搜索工具，在库文件夹中查找模板和元件。其步骤如下。

① 在库左侧窗口，选择要搜索的库（图5-1-6）。

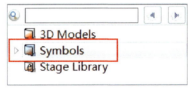

图5-1-6 选择库

② 在搜索栏中，输入元件或模板名称，可以是全名或部分名称（图5-1-7）。

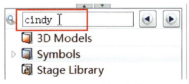

图5-1-7 输入名称

③ 点击左右键◀ ▶搜索库中元件或模板（图5-1-8）。注意，搜索引擎只会在指定的文件夹中查找。

（4）库目录

库目录允许浏览不同的库和子目录。可以打开、关闭和创建新的文件夹。

库有三个不同的文件夹（图5-1-9）。下面介绍后两种。

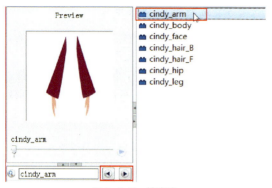

图5-1-8　搜索库

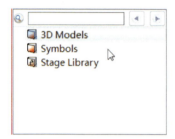

图5-1-9　库目录

① Symbols（元件）：该文件夹存储本项目元件，场景中所建的元件只能用于该场景，无法在别处使用。可以在该文件夹下添加子目录，但不能创建第二个元件文件夹。

② Stage Library（舞台库）：该文件夹可以存储模板、添加子目录，但不能存储元件。

（5）模板和元件列表

元件和模板文件显示在库的右侧窗口，有缩略图和列表等显示方式。具体有两种操作方法。

① 右键点击窗口空白处，在弹出的快捷菜单中选择视图列表、缩略图或详细信息。

② 在库窗口工具栏中，选择 📇 缩略图、📋 列表或 🔲 详细信息。

5.1.3　构建库

对于较大的元件或模板，都需要仔细规划，比如库的分类和子目录的数量，以方便使用这些资源。常见的有角色、道具、背景。

创建时，可以在元件文件夹中建立子目录，分别放置这些内容。

（1）创建库

在Harmony中创建库的步骤：

① 在硬盘上建立一个文件夹。例如在D盘下建立一个MyLibrary文件夹，注意不能使用中文

或中文路径。

② 在库窗口菜单中，选择"文件夹>打开库"命令。

③ 在弹出的浏览窗口中，设置文件夹路径（图5-1-10），新的文件夹就会出现在库里（图5-1-11）。

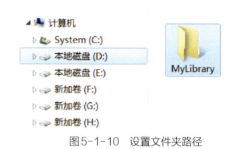

图5-1-10　设置文件夹路径

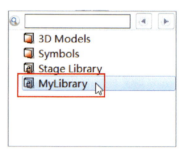

图5-1-11　新库文件夹

（2）打开和关闭库

本机硬盘或网络上的任何文件夹均可作为库文件夹。

打开库本质上就是将一个文件夹关联到库目录中。因此只需打开一次，就能建立这种链接。每次打开Harmony，都能打开新关联的库文件夹，除非取消链接。

既然库文件夹只是链接关系，那么当某个文件夹不再需要时，取消链接就可以在库目录中移除。如果需要，再次链接即可。

关闭库的步骤：

① 在库目录中，选择要关闭的库。

② 右键点击库，在弹出的快捷菜单中选择关闭库命令（图5-1-12）。

（3）库文件夹

① 创建文件夹

创建不同的子目录，组织好库，才能方便地使用各种元件和模板。默认情况下，为防止误操作，链接到库目录的任何文件夹都是锁定状态，创建子目录之前，必须解锁文件夹。

图5-1-12 关闭库

A.在库窗口左侧的库列表中，右键点击锁定的文件夹。

B.在弹出的快捷菜单中选择"授权修改"命令进行解锁（图5-1-13）。

图5-1-13 解锁文件夹

C.解锁文件夹后，在库窗口菜单中，选择"文件夹>新建文件夹"命令。

D.新建完成，展开文件夹后，就能看到新建的文件夹（图5-1-14）。

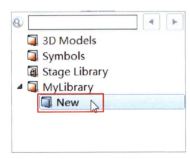

图5-1-14 完成新建

② 删除文件夹

A.在库目录中，选择要删除的文件夹。

B.右键点击，在弹出的快捷菜单中，选择"授权修改"，解锁文件夹。

C.在库窗口菜单中，选择"文件夹>删除文件夹"命令（快捷键【Delete】）。

③ 重命名文件夹

A.在库目录中，选择要重命名的文件夹。

B.右键点击，在弹出的快捷菜单中，选择"授权修改"，解锁文件夹。

C.在库窗口菜单中，选择"编辑>重命名文件夹"命令（图5-1-15）。

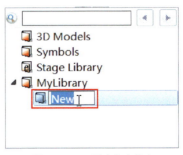

图5-1-15 重命名文件夹

④ 刷新库

如果通过操作系统进行库内容的增减，需要刷新库。具体操作如下。

A.在库目录中，选择要刷新的文件夹。

B.在库窗口菜单中，选择"文件夹>刷新"命令（快捷键【F5】）。

（4）库缩略图

① 在库列表中，选择一个模板（图5-1-16）。

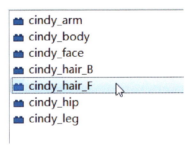

图5-1-16 选择模板

② 在库窗口菜单中，选择"视图>生成缩略图"命令。

想要取消缩略图显示，在库窗口菜单中，选择"编辑>删除缩略图"命令，所有缩略图都将删除。

5.2 元件与模板

元件有自己独立的时间轴，可以包含单张画稿或小段动画，将多个对象合并为一，有利于操作。

5.2.1 创建元件

（1）选取画稿创建

① 在工具架上，点选选择工具 🔧 或切割工具 ✏️。

② 在摄影机窗口中，选取需要创建元件的画面（图5-2-1）。

图5-2-1　选择画面

③ 在主菜单中，选择"编辑>创建元件"命令（快捷键【F8】），弹出对话窗口（图5-2-2）。

图5-2-2　创建元件窗口

④ 在 Symbol Name（元件名称）框中输入元件名。

⑤ 在图5-2-2中不勾选"从源剪切画稿"选项，创建元件后，选取的部分保留在原图中。

⑥ 点击OK确认。新建的元件会存入库中，同时会出现在时间轴图层上（图5-2-3）。

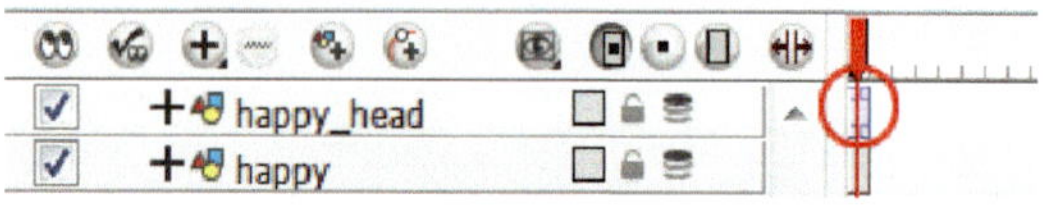

图5-2-3　新建元件

（2）在时间轴窗口创建

① 在时间轴窗口中，选择图层或部分帧。

② 在主菜单中，选择"编辑>创建元件"命令。

在时间轴上选择图层或部分帧，直接拖入库元件文件夹或列表中，也可以创建元件（图5-2-4）。

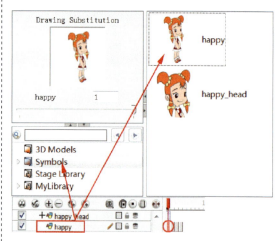

图5-2-4　拖入库

弹出创建元件窗口（图5-2-5）。

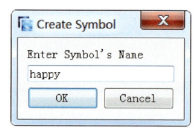

图5-2-5　创建元件窗口

③ 输入元件名称。

④ 点击OK按钮确认。

在时间轴上创建的元件，不会出现在时间轴图层中，使用时必须拖入时间轴。

（3）在网络窗口创建

① 在网络窗口中，选择相应的模块。

② 在主菜单中，选择"编辑>创建元件"命令。在网络窗口中选择模块后，将其拷贝、粘贴进库，也可以创建元件（图5-2-6）。

③ 弹出创建元件窗口，输入元件名称。

④ 点击OK按钮确认。

（4）创建空元件

① 在库目录中，选择元件文件夹。

② 右键点击右侧窗口，在弹出的快捷菜单中选择"新建元件"命令，也可以在主菜单中选择"插入>在库中创建空白元件"命令（图5-2-7）。

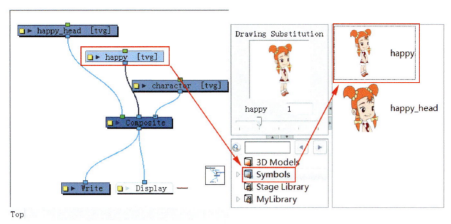

图5-2-6 拷贝模块

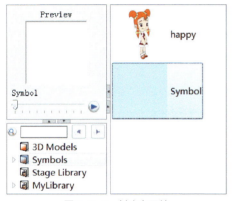

图5-2-7 创建空元件

5.2.2 编辑元件

元件创建完成后，直接拖至时间轴图层中即可使用，它与库中的元件是相关联的，修改其中一个，另一个会立即更新。想要断开这种链接，必须复制元件。

编辑元件时，轴心位于摄影机窗口中心点上，而内部画稿的轴心在画稿自身的中心点上。

（1）在时间轴窗口编辑

① 在时间轴线上，双击元件所在的单元格，或点击摄影机窗口工具栏扩展工具的编辑所选元件按钮，（快捷键【Ctrl】+【E】），如图5-2-8所示。进入元件内部进行编辑（图5-2-9）。

② 点击摄影机窗口顶部的图标，可退出元件（快捷键【Ctrl】+【Shift】+【E】）。

图5-2-8 双击元件所在的单元格

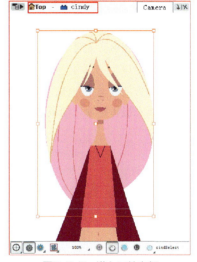

图5-2-9 进入元件内部

（2）在库窗口编辑

① 在库窗口中，选择元件模块。

② 右键点击元件，在弹出的快捷菜单中选择"Edit Symbol"命令（图5-2-10），可进入元件内部进行编辑（图5-2-9）。

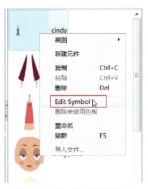

图5-2-10 选择编辑命令

③ 点击摄影机窗口顶部的⌂图标，可退出元件。

（3）删除元件

① 在库窗口中，选择要删除的元件模块，直接删除即可。

② 如果元件正在场景中使用，会弹出警告窗口（图5-2-11）。

图5-2-11　删除元件警告窗口

③ 点击Yes按钮删除元件。

（4）元件层级

在元件内可以套嵌多个元件，形成元件层级，层级的路径显示在摄影机窗口顶端（图5-2-12）。

图5-2-12　元件层级

（5）复制元件

在复制的元件上修改，不会影响到原来的元件。

① 在时间轴窗口中，点击元件层上的某一单元格（图5-2-13）。

图5-2-13　选择单元格

② 在主菜单中，选择"编辑>再制所选元件"命令。在时间轴图层上，当前单元格被新元件替代（图5-2-14）。

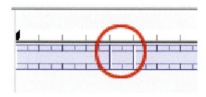

图5-2-14　新元件

 如果复制的元件内有套嵌元件，套嵌元件被修改，那么套嵌元件的原元件将被修改。

（6）共享元件

要想在其他场景中共享元件，首先要把元件转为模板，转成模板后，画稿间断开链接，成为独立的元素。

① 在库列表窗口中，选择元件，拖至摄影机窗口或时间轴图层上（图5-2-15）。

② 在时间轴窗口中，选择元件层，再拖入Stage Library（模板库）文件夹中（图5-2-16）。

③ 弹出重命名对话窗口（图5-2-17），重命名模板。

④ 点击OK按钮确认。

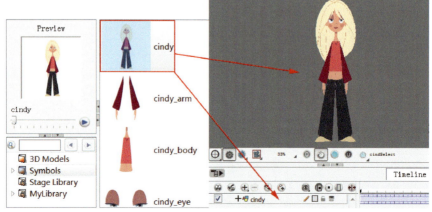

图5-2-15　拖动元件

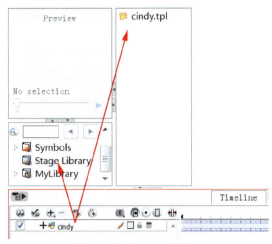

图5-2-16 拖入库文件夹中

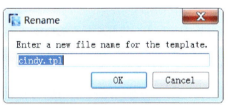

图5-2-17 重命名对话窗口

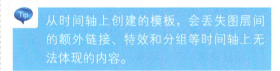

5.2.3 创建模板

模板可以在项目之间共享。

（1）从时间轴窗口创建

时间轴窗口中的一切元素，都可以创建在模板中，包括动画片段、关键姿势等。例如循环走中角色的脚步动画，可借用到别的角色上。具体操作步骤如下。

① 在时间轴窗口中，选择图层或单元格。

② 在库列表中，选择文件夹（确保文件夹呈解锁状态）。

③ 将选择的内容拖入库文件夹中（图5-2-16）。

④ 弹出重命名对话框（图5-2-17），重命名模板。

⑤ 点击OK按钮确认。

> **Tip** 从时间轴上创建的模板，会丢失图层间的额外链接、特效和分组等时间轴上无法体现的内容。

（2）从网络窗口创建

在网络窗口中创建模板和时间轴不同，它可以包含图层间复杂的信息，如各种链接、特效、合成模块以及功能模块，等等。其操作步骤如下。

① 在库窗口中，选择文件夹（确保文件夹呈解锁状态）。

② 在网络窗口中，选择要创建模板的模块。

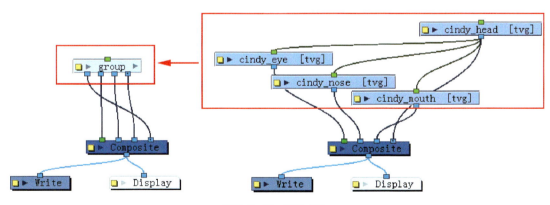

图5-2-18 模块成组

③ 在主菜单中，选择"编辑>组合>组合所选图层"命令（快捷键【Ctrl】+【G】，图5-2-18）。

④ 点击组模块左侧的黄色方块，打开层属性窗口（图5-2-19）。

⑤ 对组重命名。

⑥ 在网络窗口中，选择组模块拷贝、粘贴到库目录的模板文件夹中（图5-2-20）。

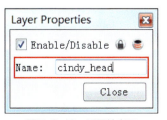

图5-2-19 层属性窗口

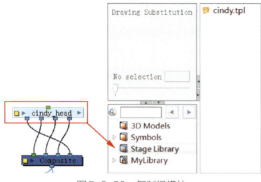

图5-2-20　复制组模块

⑦ 弹出重命名对话窗口（图5-2-17），重命名模板。

⑧ 点击OK按钮确认。

（3）编辑模板

模板就像一个小场景，可以打开并编辑。要对模板进行修改，可以使用编辑模板命令对其进行编辑。其操作步骤如下。

① 在库窗口中，选择要修改的模板。

② 右键点击模板，在弹出的快捷菜单中选择"编辑模板"命令。

③ 此时Harmony会启动一个模板编辑程序，用于编辑模板。

④ 编辑完成后，保存退出。

（4）删除模板

使用Harmony的库窗口删除模板。

① 选择模板所在的文件夹，并确保文件夹呈解锁状态。

② 在列表窗口，右键点击要删除的模板，在弹出的快捷菜单中选择删除命令。

 不要使用操作系统删除模板。

5.3　元件与模板的使用

5.3.1　导入场景

元件和模板创建完成后，有几种方式可以导入到场景。

（1）导入元件

① 在库窗口中，选择要导入的元件。

② 将元件拖入时间轴左侧窗口（元件将安放在摄影机窗口中心）或拖入摄影机窗口中（元件可以在摄影机窗口中随意安放）。

（2）导入模板

① 在库窗口中，选择要导入的模板。

② 将元件拖入摄影机或时间轴窗口中（图5-3-1）。

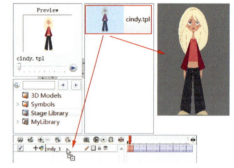

图5-3-1　拖入模板

③ 如果模板内的层结构与现有图层相同，也可以将模板拖动到时间轴窗口的右侧（图5-3-2）。

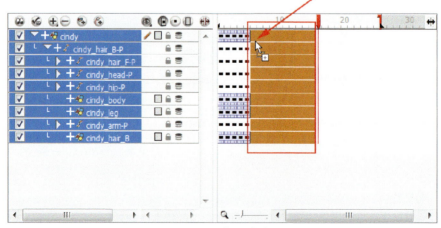

图5-3-2　拖入时间轴

（3）导入带元件的模板

导入复杂的角色模板时，例如有各种部件或关节补丁元件等的模板时，比较特殊，操作如下。

① 在库窗口中，选择包含元件的模板。

② 按住【Alt】键，将模板从库中拖到时间轴右侧窗口，弹出特殊粘贴窗口（图5-3-3）。

③ 打开高级标签。

④ 在选项部分的元件下拉列表中选择（图5-3-4）。

Copy symbols if they do not exist：默认设置。不拷贝存在的元件，防止模板中的元件被复制。

Duplicate symbols：复制模板中的元件。

（4）在网络中导入模板

① 在库窗口中，选择模板或元件。

② 拖入网络窗口中（图5-3-5）。

③ 在网络窗口中将模板连接至合成模块（图5-3-6）。

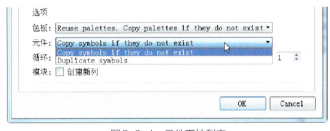

图5-3-4　元件下拉列表

图5-3-3　特殊粘贴窗口

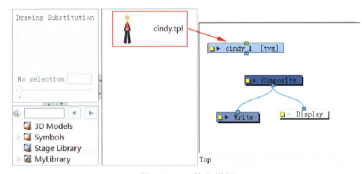

图5-3-5　拖入模板

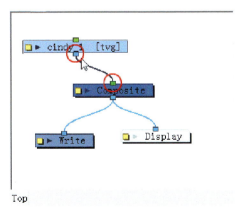

图5-3-6　连接至合成模块

5.3.2　浏览与打开

（1）在网络窗口浏览元件内部连接

对于导入到场景的元件，使用网络，可以更加清晰地查看内部连接。其操作步骤如下。

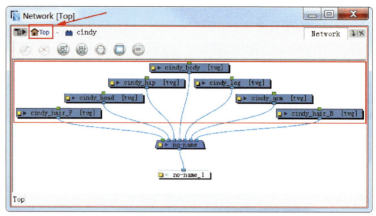

图5-3-7　元件内部

③ 点击网络窗口顶部左侧的🏠按钮退出元件（快捷键【Ctrl】+【Shift】+【E】）。

（2）将模板作为文件夹打开

模板非常类似于场景，有自己的图层、色板等文件夹，可以打开模板的文件夹进行操作。

① 在库窗口中，打开含有模板的库文件夹（请确保文件夹呈解锁状态）。

② 右键点击右侧窗口中的模板，在弹出的快捷菜单中选择"打开为文件夹"命令（图5-3-8）。

图5-3-8　右键菜单

① 在网络窗口中，选择元件并用编辑选择的元件命令（快捷键【Ctrl】+【E】）。

② 打开元件，在元件内部有三类模块（图5-3-7）：画稿、合成模块、显示模块。

③ 在库列表窗口中，展开模板文件夹的内容（图5-3-9）。图中选择的是模板内的图层文件。

图5-3-9　展开模板文件夹

5.3.3　粘贴与扩展

将元件拖入时间轴左侧窗口，默认使用元件本身的长度（图5-3-10）。如果拖入时间轴右侧窗口，还可以使用特殊粘贴，调整相应参数。图中，场景长度为17帧，导入的元件为10帧。

（1）特殊粘贴

① 在库窗口中，选择要导入的元件或模板。

② 按住【Alt】键，拖至时间线上，弹出特殊粘贴窗口（图5-3-11、图5-3-12）。

图5-3-10　导入到左侧

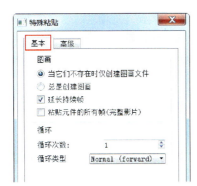

图5-3-11 特殊粘贴的基本标签

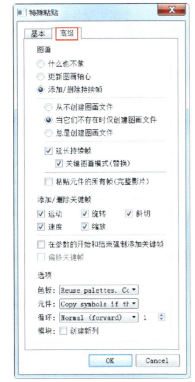

图5-3-12 特殊粘贴的高级标签

③ 设置相应选项。

④ 点击OK按钮确认。

⑤ 基本标签详解

A.图画

a.当它们不存在时仅创建图画文件：粘贴到图层时，如果图层中没有同名画稿，则进行粘贴。

b.总是创建图画：粘贴到图层时，如果图层中存在同名画稿，为避免重名，用新名称命名粘贴的画稿。

c.延长持续帧：粘贴到图层时，如果与前面帧之间有空白单元格，则延长前面帧至粘贴处。

d.粘贴元件的所有帧（完整影片）：禁用该选项，拖入的元件只有一帧，启用时，粘贴元件的完整长度。

B.循环

a.循环次数：粘贴的次数。

b.循环类型

● Normal (forward)（向前）：从第一帧顺序到最后一帧。

● Reverse（倒退）：从最后一帧倒序到第一帧。

● Forward -> Reverse（向前>倒退）：从第一帧顺序到最后一帧，再从最后一帧倒序到第一帧。

● Reverse -> Forward（倒退>向前）：从最后一帧倒序到第一帧，再从第一帧顺序到最后一帧。

⑥ 高级标签详解

A.图画

a.什么也不做：不新建或覆盖图层画稿（相当于将元件拖入时间轴左侧窗口）。

b.更新图画轴心：修改画稿轴心点，使其与第一张画稿相同。

c.添加/删除持续帧：启用该选项，激活下面各个选项。

● 从不创建图画文件：复制到图层时，不创建画稿文件。

● 当它们不存在时仅创建图画文件：粘贴到图层时，如果图层中没有同名画稿，则进行粘贴。

● 总是创建图画文件：粘贴到图层时，如果图层中存在同名画稿，为避免重名，用新名称命名粘贴的画稿。

● 延长持续帧：粘贴到图层时，如果与前面帧之间有空白单元格，则延长前面帧至粘贴处。

● 关键图画模式（替换）：用持续帧的数值替换单元格的数值时，序列帧使用原单元格的数值。

● 粘贴元件的所有帧（完整影片）：禁用该选项，拖入的元件只有一帧，启用时，粘贴元件的完整长度。

B.添加/删除关键帧

a.运动：将选择的运动关键帧属性拷贝到新的帧中。

b.速度：将选择的速度关键帧属性拷贝到新的帧中。

c.旋转：将选择的旋转关键帧属性拷贝到新的帧中。

d.缩放：将选择的缩放关键帧属性拷贝到新的帧中。

e.斜切：将选择的斜切关键帧属性拷贝到新的帧中。

f.在参数的开始和结束强制添加关键帧：粘贴函数时，在函数曲线开始和结束处添加关键帧。

g.偏移关键帧：粘贴函数时，将关键帧从函数的最后一个值偏移到粘贴函数中的值，延续函数的进展而不是重复函数值。

C.选项

a.色板

● Do nothing：不创建、覆盖、混合或链接色板。

● Reuse palettes.Copy palettes if they do not exist：如果色板不存在，拷贝色板。

● Copy and overwrite existing palettes：从原画稿文件夹中拷贝、覆盖现有的色板。

● Copy and create new palette files：创建新色板文件，放置在与原色板相同级别的文件夹中。例如，原色板文件存储在场景级别的文件夹，新建的色板会存储在新场景的场景级别的文件夹中。

● Copy and create new palette files in element folder：在元素文件夹中新建色板。

● Copy palette and merge colours.Add new colours only：添加颜色至目标色板，忽略两个色板中相同的颜色。

● Copy palette and update existing colours only：添加颜色至目标色板，用原色板中的色值更新目标色板中复制的颜色。

● Link to original palettes (colour model)：链接原色板与目标色板。该选项将画稿链接到彩色模型上。

● Copy scene palettes and merge colours.Add new colours only：添加颜色至目标场景色板，忽略两个色板中相同的颜色。

● Copy scene palettes and update existing colours：添加颜色至目标场景色板，用原色板中的色值更新目标色板中复制的颜色。

b.元件

● Copy symbols if they do not exist：默认设置。不拷贝存在的元件。可以防止模板中的元件被复制。

● Duplicate symbols：复制模板中的元件。

c.循环

循环类型，在下拉列表中有4个选项，可参考基本标签中的循环选项。

d.模块：创建新列

启用该选项，在从网络窗口或时间轴图层中拷贝、粘贴时，将创建一个新列。同时，如果拷贝的图层含有功能曲线，那么都将被一同复制。

（2）扩展元件

使用扩展元件命令提取元件内容，元件不会被删除，而内容作为元件的子层放置在主时间轴上。元件层作为父层，可以防止提取出来的图层上的运动、缩放等信息丢失。

此外，还可以在组内扩展元件，避免占用过多的时间轴图层。在组内展开后，需要进入组图层查看展开的内容。

1）扩展元件

① 在时间轴窗口中，选择元件（图5-3-13）。

图5-3-13　选择元件

② 在主菜单中选择"编辑>Expand Symbol（扩展元件）"命令（快捷键【Ctrl】+【B】），如图5-3-14所示。

图5-3-14　扩展元件

2）在组中扩展元件

① 在网络或时间轴窗口中，选择模块或元件单元格（图5-3-15）。

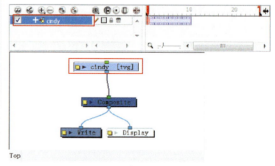

图5-3-15　选择模块或元件单元格

② 在主菜单中，选择"编辑>在组中分离所选元件"命令。

③ 在时间轴窗口中，点击组图层前面的+号，展开组（图5-3-16）。在网络窗口中，点击组模块右侧箭头，进入组模块内部。

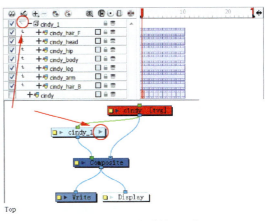

图5-3-16 在组中扩展元件

技术专题　　　　实战练习

第6章
时间轴与摄影表

要点索引

- ➤ 摄影表工具
- ➤ 时间轴
- ➤ 层和列
- ➤ 填写摄影表
- ➤ 画稿管理

本章导读

Harmony提供了两种记录动画时间的方式：Timeline（时间轴）和Xsheet（摄影表）。制作电脑动画时常用时间轴窗口，制作传统的无纸动画常用摄影表窗口。因此，对于这两种窗口，需要详细了解如何设置和修改。

在本章中，将学习如何处理绘图在摄影表上的曝光长度、元件动画路径设置等内容。

6.1 摄影表

摄影表由工具栏和多个窗口组成，以列的方式显示图层和画稿名称。摄影表更接近传统动画的制作习惯，具有比时间轴更多的细节。

摄影表分为三个部分（图6-1-1），曝光表、函数窗口和列列表窗口。默认情况下只显示曝光表。

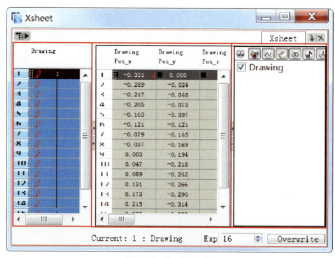

图6-1-1 摄影表

6.1.1　摄影表窗口

（1）曝光表窗口

曝光表是动画制作的重要窗口，用于调整画稿的顺序、动作的时间节奏（图6-1-2）。

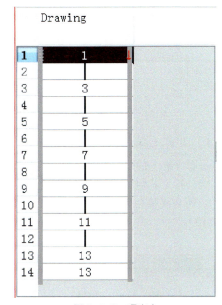

图6-1-2　曝光表

（2）函数窗口

显示选定图层的运动路径（图6-1-3）。默认状态下，此窗口关闭。

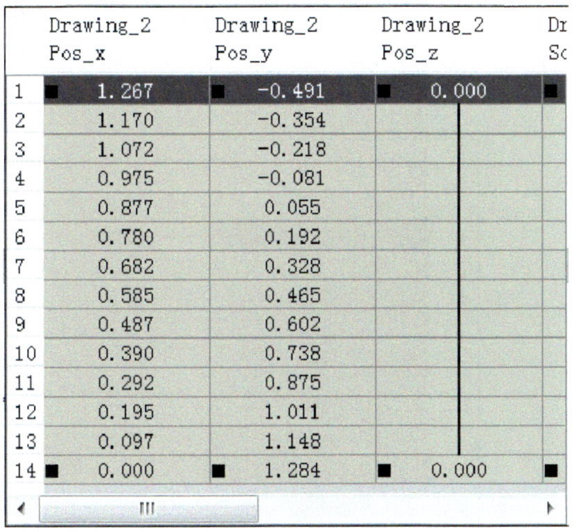

	Drawing_2 Pos_x	Drawing_2 Pos_y	Drawing_2 Pos_z	Dr Sc
1	■ 1.267	■ -0.491	0.000	■
2	1.170	-0.354		
3	1.072	-0.218		
4	0.975	-0.081		
5	0.877	0.055		
6	0.780	0.192		
7	0.682	0.328		
8	0.585	0.465		
9	0.487	0.602		
10	0.390	0.738		
11	0.292	0.875		
12	0.195	1.011		
13	0.097	1.148		
14	■ 0.000	1.284	■ 0.000	■

图6-1-3　函数窗口

（3）列列表窗口

用于显示或隐藏摄影表中图层的列（图6-1-4）。列隐藏后，时间轴上相应的图层也被禁用。

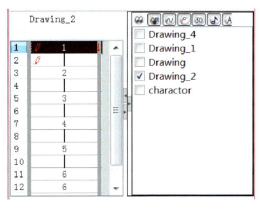

图6-1-4　列列表

6.1.2　摄影表窗口工具

（1）工具栏

摄影表的工具栏里有许多默认的命令按钮（图6-1-5），勾选主菜单中的"窗口>工具栏>Xsheet view"命令显示工具栏。

图6-1-5　摄影表工具栏

（2）显示当前帧编号

在摄影表窗口底部，显示当前帧编号及图层名称（图6-1-6）。

图6-1-6　显示当前帧编号

（3）增减帧的曝光长度

直接填写或用上下箭头 ，可更改帧的曝光长度。

（4）改写/插入模式

摄影表的填写方式，有改写或插入两种。

6.1.3　曝光表窗口元素

（1）单元格编号

在摄影表的左侧，显示单元格编号（图6-1-7），指示当前播放头所在的位置。这些内容垂直读取。

① 点击单元格编号，可选择帧（图6-1-8）。

图6-1-7　单元格编号

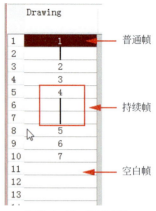

图6-1-11　曝光表列

图6-1-8　选择帧

② 框选单元格编号，可选择多个帧（图6-1-9）。

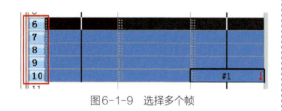

图6-1-9　选择多个帧

（2）列标题

标题显示在列的顶层（图6-1-10），与时间轴中的图层名一致。如果重命名，则两个窗口中同时修改。

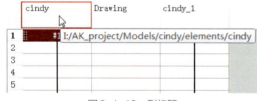

图6-1-10　列标题

当鼠标悬停在列标题上，会出现提示框，显示图层名以及图层路径。

（3）帧的定义

在曝光表的列中，有帧名称和拍摄方式（图6-1-11）。

帧可以用任何字母、数字命名，称为普通帧。

垂直线表示持续帧，代表画稿在摄影表中的持续曝光长度。

没有画稿的空单元格，称为空白帧。

（4）当前选择的帧

点击曝光表上的单元格，该单元格呈深红色显示，同一行上其他的单元格呈深灰色显示（图6-1-12）。所有画稿会显示在摄影机或绘画窗口中（图6-1-12）。

图6-1-12　当前帧

（5）函数列

显示在函数窗口中的数值，表示图层应用了移动、旋转等动画属性。函数列上的属性只影响该图层。

函数列显示每一帧的位置值或效果值。黑色方块表示关键帧。垂直的黑线表示保持相同的值（图6-1-13）。

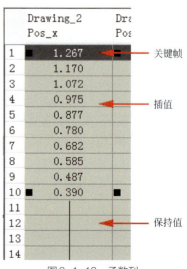

图6-1-13　函数列

6.2 时间轴

Harmony的时间轴和摄影表一样，主要用于动画时间节奏的设置，是动画制作的主要工具。

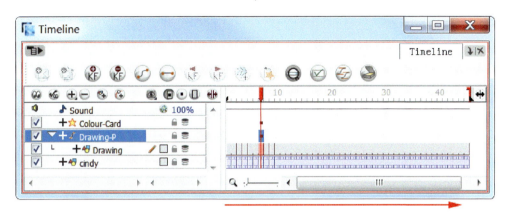

图6-2-1 时间轴窗口

（1）时间轴窗口

时间轴窗口由层列表、时间线和数据窗口组成，将鼠标悬停在时间线上，可查看画稿名称（图6-2-2）。

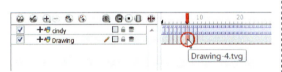

图6-2-2 查看画稿名称

① 层列表：层列表位于时间轴窗口左侧（图6-2-3），可以进行添加、删除、重命名、重新排序和子父层连接。

图6-2-3 层列表

② 时间线：时间线位于时间轴窗口右侧（图6-2-4），可以增减图稿的帧、添加空白帧等。

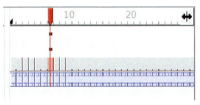

图6-2-4 时间线

6.2.1 了解时间轴

时间轴以从左到右的顺序安排画稿（图6-2-1）。

③ 数据窗口：数据窗口位于层列表和时间线中间（图6-2-5），默认情况下该窗口隐藏，点击层列表右上角的显示数据窗口按钮展开。

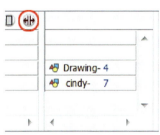

图6-2-5 数据窗口

（2）添加帧

① 设置场景长度

A.在主菜单中，选择"场景>场景长度"命令，弹出设置窗口（图6-2-6）。

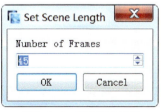

图6-2-6 设置场景长度

B.在输入框中，输入镜头时长。

C.点击OK按钮确认。

② 增加场景时长

拖动时间线标尺上的范围标记即可（图6-2-7）。

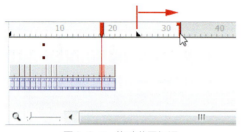

图6-2-7　拖动范围标记

③ 在选择的帧前后添加帧

时间线上任何一处都可以添加帧，步骤如下。

A.在时间线上选择帧（图6-2-8）。

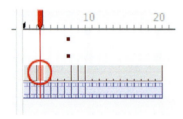

图6-2-8　选择帧

B.在主菜单中，选择"场景>帧>在所选之前添加帧"或"在所选之后添加帧"命令，弹出设置窗口（图6-2-9）。

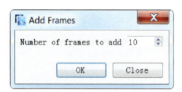

图6-2-9　设置添加帧数

C.输入需要添加的帧数。

D.点击OK按钮确认。

④ 在镜头开始或结束处添加帧

A.在主菜单中，选择"场景>帧>在开始处添加帧"或"在结束处添加帧"命令。

B.在弹出的设置窗口（图6-2-9）中输入需要添加的帧数。

C.点击OK按钮确认。

（3）删除帧

有三种方式来删除帧。

① 缩短场景长度

在时间线标尺上，把范围框往左拖动，删除帧（图6-2-10）。

 缩短时间线，时间线上的帧不会被删除。再次延长后，这些内容仍然可用。

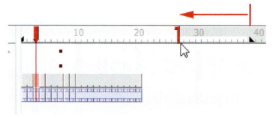

图6-2-10　缩短时间线

② 删除选择的帧

可以删除任何选择的帧，步骤如下。

A.在曝光表窗口中，选择帧（图6-2-11）。

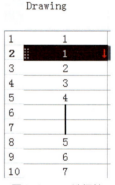

图6-2-11　选择帧

B.点击摄影表窗口工具栏上的删除帧按钮，或在摄影表窗口菜单中，选择"场景>帧>删除选择的帧"命令。

③ 删除部分帧

A. 在摄影表中，点击拖动单元格编号，选择一定范围内的帧（图6-2-12）。

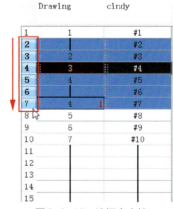

图6-2-12　选择多个帧

B.点击摄影表窗口工具栏上的删除帧按钮，或在摄影表窗口菜单中，选择"场景>帧>删除选择的帧"命令。

6.2.2 浏览帧

制作动画时，常常需要在单元格之间寻找帧，一些常用快捷键可以提高工作效率。

① 在时间轴或曝光表窗口中，选择一个单元格（图6-2-13）。

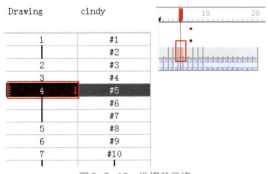

图6-2-13 选择单元格

② 在列之间浏览，可用快捷键【H】或【J】（图6-2-14）。

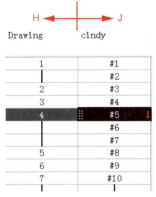

图6-2-14 在列之间浏览

③ 在普通帧之间浏览，忽略持续帧，可用快捷键【F】或【G】（图6-2-15）。

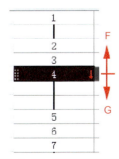

图6-2-15 在普通帧之间浏览

④ 逐帧浏览，可用快捷键【,】+【.】（图6-2-16）。

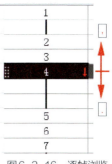

图6-2-16 逐帧浏览

6.3 层和列

在时间轴窗口中，画稿以图层形式显示；在摄影表窗口，画稿以列的形式显示；在网络窗口中，层作为一个模块显示。

6.3.1 了解层和列

Harmony中，每一层都链接一个文件夹，用来保存该图层的所有画稿，文件夹名称与图层相同（图6-3-1）。

在图层单元格中输入画稿名，系统会在文件夹中查找相应的画稿并显示。如果没有，则会创建一个新的空白画稿。因此，单元格不存储画稿而是一个链接，从单元格中删除，画稿不会被删除，仅仅不显示而已。

（1）层类型

在时间轴层列表中可以添加以下几类层。

① 摄影机层 🔒：时间轴只允许有一个摄影机层。默认情况下，创建场景时没有摄影机层，需要手动添加。摄影机层在摄影表窗口中不显示。

如果需要有几个不同的摄影机，可以添加摄影机（但层列表中只能看到一个）。在主菜单中选择"场景>摄像机"命令，可以在这些摄影机中切换。

② 色卡层 ⭐：用于添加场景的背景色。输出视频或图像序列时，默认情况下背景为黑色。在摄影表窗口中，色卡层不显示。

③ 绘画层 🎨：最常用的层。绘制矢量图形或输入元件时使用的层。

④ 组层 🗂：将其他层放置在组层中，折叠后可以减少图层显示的数量。

在时间轴中创建组层，相应的模块将出现在网络窗口中（图6-3-2）。

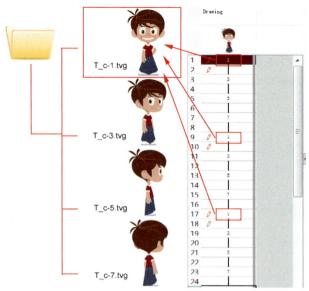

图6-3-1　单元格与文件夹

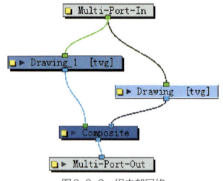

图6-3-2　组内部网络

⑤ 定位层 ♪ ：不包含绘画，只包含轨迹或运动路径的层。可以连接到任何绘画层或其他的定位层，定位层作为父层可以控制它下面的所有图层。

⑥ 位图层 ：要在项目中导入图片或位图图像，需使用位图层。

> **Tip** 导入时，如果将图像矢量化，位图对象将被放置在图画层。而将图像封装在元件中时，如果图像没有矢量化，将不能和矢量图形放在同一层。

⑦ 声音层 ♪ ：可以导入对话和音效。声音输入后，会在时间轴和摄影表窗口中出现。

在摄影表窗口中，声音层以深灰色显示。

（2）时间列

时间列是唯一可以引用外部文件夹的列。例如

第三方软件创建的多个背景，用时间列可以动态链接到本项目中，实现背景切换。具体步骤如下。

> **Tip** 使用时间列，不能改变源文件路径，否则链接失效。

① 在摄影表窗口工具栏上，点击添加列按钮 ，弹出添加列对话窗口（图6-3-3）。在下拉列表中选择Timing选项。

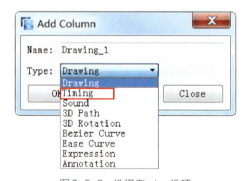

图6-3-3　选择Timing选项

② 点击OK确认，时间列将添加到摄影表中（图6-3-4）。

③ 在网络窗口菜单中选择"插入>元素"命令，添加模块。

④ 点击新建模块左侧的黄色方块，打开层属性编辑器。

⑤ 在图画标签中，选择Timing Columns选项（图6-3-5）。

图6-3-4 添加时间列

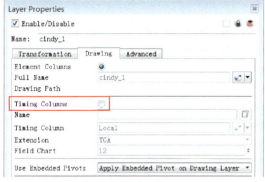

图6-3-5 选择Timing Columns选项

⑥ 在名称框中输入要引用的文件路径。如果点击右侧的浏览按钮□，在浏览窗口中选择需要的文件时，必须删除文件名的破折号和后缀。例如背景文件background-01，应改为background，否则，整个场景中只显示background-01这一张背景。

⑦ 在Timing Column框中（图6-3-6），点击下拉箭头，在下拉列表中，可以新建时间列。

图6-3-6 在Timing Column框中新建时间列

如果在Name框中选择一个路径，时间列会从这个路径中调用文件，调用过程中，在每一帧上显示的图像都基于文件名。例如文件名为Background.png，那么时间列标记为1、2和3，摄影机窗口显示图像则为Background-1.png，Background-2.png和Background-3.png。

⑧ 点击OK确认。

⑨ 回到摄影表中，在时间列的帧上输入图像后缀相对应的数字，即可在摄影机窗口中切换图像。

（3）层内容

有两类元素可以插入同一图层的单元格中：矢量图形和元件。不能把矢量图形和元件同时放在同一单元格中（图6-3-7）。

图6-3-7 同一图层的两类元素

如果要在图层中加入位图图像，必须首先将位图图像转为元件后插入时间线。

6.3.2 添加删除层和列

（1）添加新图层

默认情况下，创建一个新场景时，时间轴窗口中会自动创建一个图层。

① 在时间轴窗口添加图层

A.在时间轴窗口工具栏中，点击╋按钮（快捷键【Ctrl】+【R】）。

B.在下拉菜单中，选择Drawing选项（图6-3-8）。也可以直接点击添加图画层按钮。

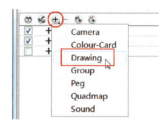

图6-3-8 选择图层

② 在对话窗口中添加图层

A.右键点击时间轴的层列表窗口，在弹出的快捷菜单中选择"插入>添加图层"命令，弹出添加图层对话窗口（图6-3-9）。

图6-3-9 添加图层对话窗口

B.在下拉菜单中，选择绘画选项。

C.在数量框中，输入数值。

D.在名称框中输入图层名。如果一次添加多个图层，这些图层名称相同，后缀不同。

E.完成以下操作：a.点击确定按钮添加图层并关闭对话框。b.点击应用按钮添加新图层，不关闭对话框。c.点击关闭按钮，取消操作。

③ 在主菜单上添加图画

在主菜单中，选择"插入>添加图画"命令，将直接在时间轴窗口添加。

④ 在摄影表中添加列

A.右键点击摄影表窗口，在弹出的快捷菜单中选择"列>添加列"命令，或在摄影表窗口工具栏中，点击添加列按钮 ⊞（快捷键【Shift】+【C】），如图6-3-10所示。按快捷键【Ctrl】+【R】，可以快速添加列。

图6-3-10　添加列

B.在列名称中，输入名称。

C.在列类型中，选择类型（图6-3-11）。

图6-3-11　选择类型

D.完成以下操作：a.点击OK按钮，添加列并关闭对话框。b.点击Apply按钮添加新列，不关闭对话框。c.点击Close按钮，取消操作。

（2）删除层

① 在时间轴窗口删除层

A.在时间轴窗口中，选择要删除的层（图6-3-12）。

图6-3-12　选择层

B.在时间轴窗口工具栏中，选择删除层按钮 ⊖。也可以右键点击选择的层，在弹出的快捷菜

单中选择删除命令，弹出删除对话窗口（图6-3-13）。勾选 Delete Drawing Files and Element Folders 选项，将删除所有画稿和图层文件夹。

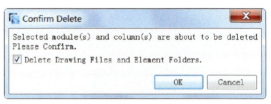

图6-3-13　删除对话窗口

C.完成以下操作：a.点击OK按钮，添加列并关闭对话框。b.点击Close按钮，取消操作。

② 在曝光表中删除层

A.在曝光表窗口中，选择要删除的列的标题（图6-3-14）。

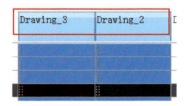

图6-3-14　选择列

B.在曝光表窗工具栏中，点击删除列按钮 ⊟。也可以在右键快捷菜单中选项删除列命令，弹出删除对话窗口（图6-3-13）。

C.完成以下操作：a.点击OK按钮，添加列并关闭对话框。b.点击Close按钮，取消操作。

6.3.3　编辑层和列

（1）排序

① 在时间轴上排序

选择一个或多个层，拖动到新的位置（图6-3-15）。

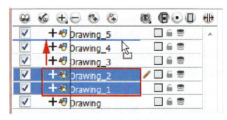

图6-3-15　移动层

> **Tip**　拖动放置时，必须位于层与层的中间位置。如果放置在层上，会产生子父层连接关系。

② 在曝光表中排序

在曝光表窗口中，点击列标题部分，用鼠标中键拖动到新的位置（图6-3-16）。

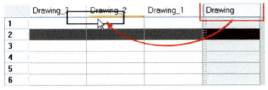

图6-3-16　移动列

（2）时间轴上显示/隐藏层

在图层众多的场景中，可以隐藏部分不需要的图层。

① 显示/隐藏全部图层

在时间轴窗口工具栏中，点击显示/隐藏所有层按钮 ，可以显示或隐藏全部图层。

② 显示/隐藏单独图层

在时间轴层列表中，勾选层前面的选择框（图6-3-17），显示或隐藏图层。

图6-3-17　显示或隐藏单独图层

③ 隐藏未选层

在时间轴窗口工具栏中，选择 按钮，将未选层隐藏（图6-3-18）。

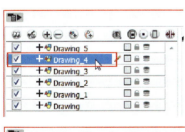

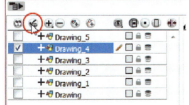

图6-3-18　隐藏未选层

④ 根据类型显示/隐藏层

A.在时间轴窗口菜单中，选择"视图>显示>显示管理器"命令，弹出管理器窗口（图6-3-19）。

勾选想要显示或隐藏的类型。

图6-3-19　层显示管理器

B.按Set As Default选项将选择好的类型设置成默认值，按Restore Default选项重置默认值。

C.点击OK按钮确认。

D.在曝光表中的列类型如图6-3-20所示。勾选想要显示或隐藏的类型。

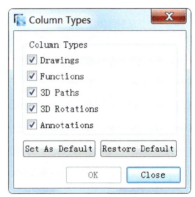

图6-3-20　列显示管理器

E.点击OK按钮确认。

（3）显示/隐藏列

摄影表的列列表窗口中包含了曝光表中的全部列，可以控制曝光表中列的显示和隐藏，使摄影表更易于管理。

① 列列表中显示/隐藏列

A.在摄影表窗口工具栏中，点击显示列按钮 。

B.在列列表顶部（图6-3-21），列出了类型按钮。

图6-3-21　列列表的类型按钮

依次为显示开关、绘画层、函数层、定位层、3D路径、3D旋转、声音和注释层。

C.点击列表中的层，可以在曝光表中显示或隐藏列（图6-3-22）。

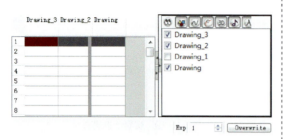

图6-3-22　显示或隐藏列

② 曝光表中显示/隐藏列

A.在曝光表中，点击列与列之间的灰色竖线（图6-3-23），弹出对话窗口（图6-3-24）。

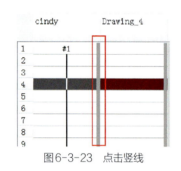

图6-3-23　点击竖线

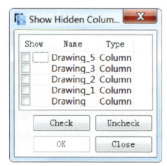

图6-3-24　对话窗口

B.可以单独勾选图层以显示，或点击标题Show、Name和Type，然后点击Check按钮全选，点击Uncheck按钮取消全选，来显示或隐藏图层。

C.点击OK按钮确认。

（4）层属性

每一类层都有相应的层属性可以修改，如名称或抗锯齿质量等（图6-3-25）。

① 在时间轴窗口中，双击层列表中的某个层（快捷键【Shift】+【E】），即可打开层属性编辑器。

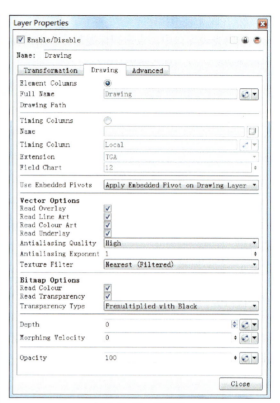

图6-3-25　层属性

② 在网络窗口中，点击模块左侧的黄色块，打开层属性编辑器。

③ 在主菜单中，选择"窗口>图层属性"命令，弹出层属性窗口（图6-3-26），然后在时间轴或摄影表窗口中选择层。

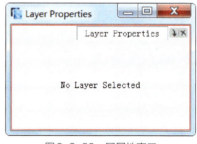

图6-3-26　层属性窗口

（5）重命名

① 在时间轴窗口中重命名

A.在时间轴窗口中，双击层名称进行重命名（图6-3-27）。

B.输入名称后，按回车键确认修改。

② 在属性编辑器中重命名

A.在时间轴窗口中，双击要重命名的层，弹出层属性窗口（图6-3-28）。

图6-3-27 双击层名称

B.输入名称,点击关闭,完成重命名。

图6-3-28 层属性窗口

③ 重命名列

A.在曝光表窗口中,双击列标题,弹出列编辑器(图6-3-29)。

图6-3-29 列编辑器

B.输入名称,点击OK按钮,完成重命名。

6.3.4 修改层和列

（1）复制

复制的层独立于原层,在复制层上的修改不会影响原层。

① 在时间轴或曝光表窗口中,点击需要复制的层(图6-3-30)。

图6-3-30 复制层

② 在主菜单中,选择"编辑>再制"命令,或在摄影表窗口工具栏和时间轴窗口工具栏中,点击再制层按钮。再制层按钮是扩展工具,需在自定义工具栏中添加。

（2）克隆

克隆层与原层的画稿有关联,一旦画稿修改,会影响克隆层和原层,但克隆层上帧的位置改变不会影响到原层。克隆的步骤如下。

① 在时间轴或曝光表窗口中,选择需要克隆的层。

② 在主菜单中,选择"编辑>克隆"命令。

（3）列表缩略图

当曝光表有大量的列时,使用缩略图可以快速找到需要的列。在摄影表窗口中,选择显示缩略图按钮,缩略图就会显示在列标题下方(图6-3-31)。

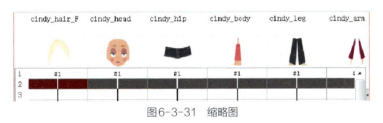

图6-3-31 缩略图

（4）修改列的标注方式

① 空白帧:在摄影表窗口菜单中,选择"视图>空白帧>显示'X'"命令(图6-3-32)。

② 帧编号:在摄影表窗口菜单中,选择"视图>列单位>帧或步"命令(图6-3-33)。

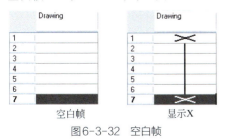

图6-3-32 空白帧

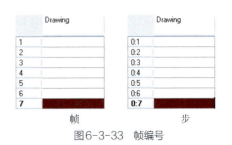

图6-3-33 帧编号

③ 持续帧：在摄影表窗口菜单中，选择"视图>保存持续帧>线或值"命令（图6-3-34）。

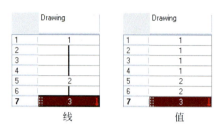

图6-3-34　持续帧

④ 列宽：在摄影表窗口菜单中，选择"视图>设置列宽度"命令（图6-3-35）。

A.点击OK按钮，修改并关闭窗口。

B.点击Apply按钮，修改后保留窗口。

C.点击Set As Default按钮，将修改值存为默认值。

图6-3-35　列宽

6.4　摄影表

Harmony 的摄影表与传统动画非常相似，也采用在图层列上填写画稿拍摄的方法。传统动画摄影表的填写，有单格拍、双格拍、停照等，在Harmony 都可以一一对应（图6-4-1）。

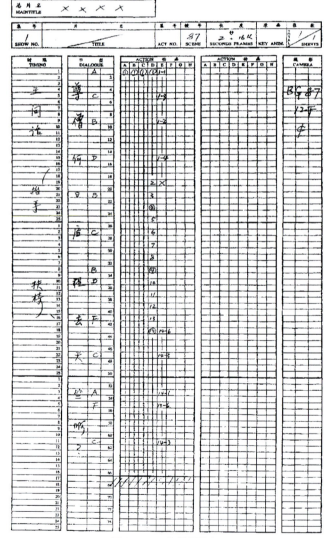

图6-4-1　传统摄影表

6.4.1 填写摄影表

（1）填写模式

在摄影表窗口中，有插入和改写两种填写模式（图6-4-2）。点击图中按钮，可进行切换。

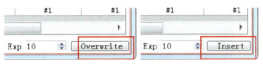

图6-4-2 填写模式

① Overwrite（改写）模式：默认模式。该模式下，新添加的帧将覆盖现有的帧，位置保持不变（图6-4-3）。比如图中在红框范围内添加"100"这张画稿，原来的帧被覆盖。

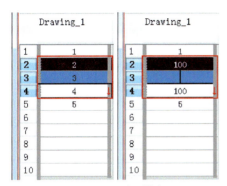

图6-4-3 改写模式

② Insert（插入）模式：插入模式与改写模式相反（图6-4-4）。比如在图中红框范围内添加"100"这张画稿，原来的帧往下移。

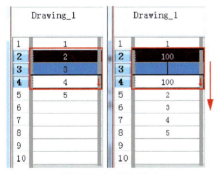

图6-4-4 插入模式

（2）填写帧

帧名称必须使用字母、数字等（a-z，0-9，下划线和中划线号）。

① 时间轴窗口中填写

在时间轴上，帧只能在数据窗口中填写。步骤如下。

A.在时间轴窗口中，点击显示数据窗口按钮，展开数据窗口（图6-4-5）。

图6-4-5 数据窗口

B.在输入框中填写帧（图6-4-6）。

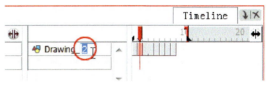

图6-4-6 填写帧

C.按回车键完成。

② 曝光表窗口填写

A.双击曝光表单元格（图6-4-7）。

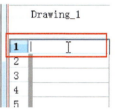

图6-4-7 双击单元格

B.输入帧数值（图6-4-8）。

图6-4-8 输入数值

C.按回车键进入下一单元格输入（图6-4-9）。

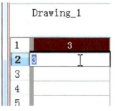

图6-4-9 进入下一单元格

D.按【Esc】键退出填写（图6-4-10）。

图6-4-10　退出

（3）持续帧

传统动画最常见的是双格拍摄，即一张画稿持续两个单元格。快速动作时会用到单格拍。慢动作时也可以三、四格甚至是五格拍。可以用持续帧命令，来设置这种拍摄方法。

① 在主菜单中，选择"动画>帧>保存持续帧>保持持续2帧"命令（图6-4-11）。

图6-4-11　双格拍

② 还可以在菜单中选择保持持续其他帧命令。
③ 该命令中还可以自定义数值（图6-4-12）。

图6-4-12　自定义数值

（4）单帧扩展

摄影表上，单帧可以自由延展。即在曝光表窗口中，选择当前帧右侧的红色箭头，在鼠标变成箭头时，上下拖动（图6-4-13）。

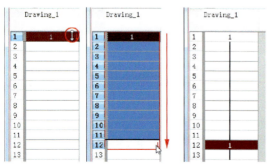

图6-4-13　单帧扩展

（5）序列帧扩展

该命令用于在一个选区中创建序列编号。选区可以是一个或多个单元格。步骤如下。

① 在曝光表或时间轴窗口中，在单元格上选择一个范围（图6-4-14）。

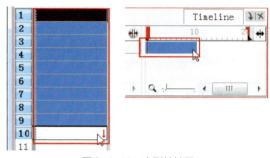

图6-4-14　序列帧扩展

② 如果单元格是在曝光表窗口选择的，在曝光表窗口主菜单中选择"持续帧>序列填充"命令，弹出序列填充对话窗口（图6-4-15）。

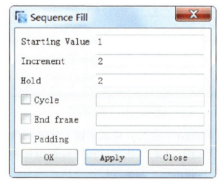

图6-4-15　序列填充对话窗口

③ 在Starting Value（起始值）框中输入起始号码。
④ 在Increment（增量）框中输入数值增量。
⑤ 在Hold（持续）框中帧输入持续数值。
⑥ 勾选Cycle（循环）选项，可以输入循环次数（图6-4-16）。

图6-4-16　循环次数

⑦ 如果选择的范围大于所需的帧数，勾选End frame（结束帧）选项，并输入所需帧数（图6-4-17）。

图6-4-17　所需的帧数

⑧ 如果帧数较多，启用Padding（填充）选项，输入#（图6-4-18），帧号码会用0填充，如图6-4-18所示输入两个#，第一帧号码显示为01。此外，还可以输入字母标注层名（图6-4-19）。

图6-4-18　填充

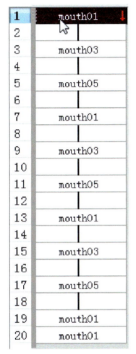

图6-4-19　添加前缀

⑨ 点击OK按钮确认。

（6）填写选定区域

在一个选区内填写相同的帧名称。选区可以是一个或多个单元格。

① 在曝光表或时间轴窗口中，选择多个单元格（图6-4-14）。

② 在右键菜单中，选择"持续帧>填充所选"命令，弹出填充对话窗口（图6-4-20）。

图6-4-20　填充对话窗口

③ 在输入框中填写帧名称

④ 点击OK按钮确认（图6-4-21）。

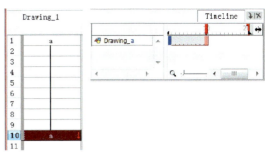

图6-4-21　填写完成

（7）随机填写

在一个选区内随机填写帧。选区可以是一个或多个单元格。

① 在曝光表中，选择多个单元格（图6-4-22）。

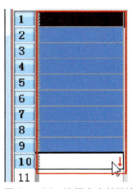

图6-4-22　选择多个单元格

② 在主菜单中，选择"动画>帧>随机填充"命令，弹出填充对话窗口（图6-4-23）。

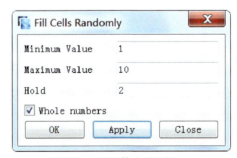

图6-4-23　填充对话窗口

③ 在Minimum Value（最小值）框中输入最小值。

④ 在Maximum Value（最大值）框中输入最大值。

⑤ 在Hold（持续）框中输入持续数值。

⑥ 勾选Whole numbers（整数）选项，将填写整数值。

⑦ 点击OK按钮确认（图6-4-24）。

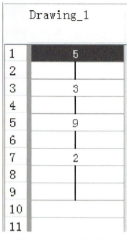

图6-4-24　随机填写

6.4.2　修改摄影表

（1）插入空白帧

要在两张画稿之间插入空白画面，可以使用插入空白帧选项。摄影表设置为插入模式时，场景会增加长度。

① 在时间轴或曝光表窗口中，选择要插入的单元格（图6-4-25）。

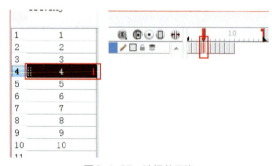

图6-4-25　选择单元格

② 在主菜单中，选择"动画>帧>插入空白帧"命令（图6-4-26）。

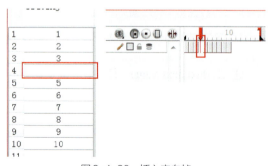

图6-4-26　插入空白帧

（2）拖动帧

拖动帧的位置，可以调整动作节奏，调换层次。

① 在时间轴上拖动

A.在时间轴窗口中，选择帧（图6-4-27）。

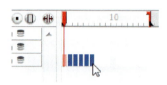

图6-4-27　选择帧

B.拖动选择的帧（图6-4-28）。

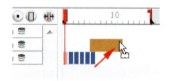

图6-4-28　拖动选择的帧

a.释放鼠标，移动帧（图6-4-29）。

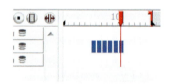

图6-4-29　移动帧

b.按住【Ctrl】按钮释放鼠标，将复制所选的帧（图6-4-30）。

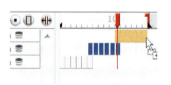

图6-4-30　复制所选的帧

c.按住【Shift】按钮释放鼠标，所选的帧将插入到现有的帧中（图6-4-31）。

图6-4-31　插入

② 在曝光表中拖动

A.在曝光表中，选择帧（图6-4-32）。

B.选择单元格左侧的小点，拖动至别处。

C.操作同在时间轴中拖动。

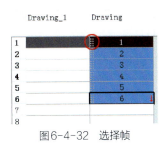

图6-4-32 选择帧

（3）设置持续帧

① 在时间轴或曝光表窗口中，框选需要扩展的帧（图6-4-33）。

② 在主菜单中，选择"动画>帧>设置持续帧"命令。该命令中有多个子命令（图6-4-34）。

③ 选择最后一个命令，弹出设置窗口（图6-4-35）。

④ 输入数值，点击OK确认（图6-4-36）。

图6-4-33 框选帧

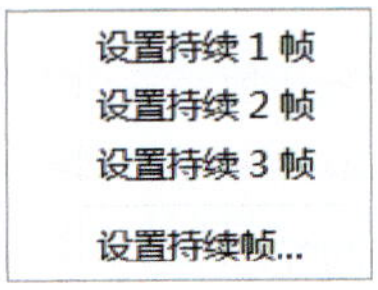

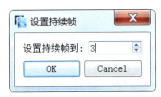

图6-4-34 设置持续帧

图6-4-35 设置窗口

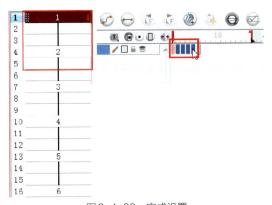

图6-4-36 完成设置

（4）增减持续帧

① 在菜单中增减

在时间轴或曝光表窗口选择帧（图6-4-37），在主菜单中，选择"动画>帧>增加持续帧"命令（快捷键【+】）或减少持续帧命令（快捷键【-】）即可。

图6-4-37 选择帧

② 在曝光表栏中增减

在曝光表右下角增加/减少持续帧栏中，直接点击上下箭头即可（图6-4-38）。

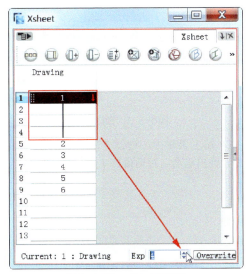

图6-4-38 点击上下箭头

③ 清除帧后缩回

A.在时间轴或曝光表窗口中，选择帧（图6-4-39）。

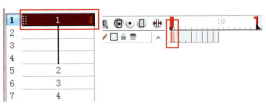

图6-4-39 选择帧

B.在主菜单中，选择"动画>帧>清除持续帧并拉回"命令（快捷键【Z】）即可。

删除帧只是在摄影表或时间轴上取消帧，并不是从链接的文件夹中删除，因此，如果需要，可以继续填入帧。

6.5　附录

6.5.1　画稿管理

Harmony中，单元格或时间轴上的帧只是一个链接，画稿的实际修改或删除是在相应的图层文件夹中进行的。

（1）重命名画稿

① 在曝光表窗口，选择要重命名的帧（图6-5-1）。

图6-5-1　选择帧

② 在主菜单中，选择"图画>重命名图画"命令，弹出重命名对话窗口（图6-5-2）。

图6-5-2　重命名对话窗口

③ 输入画稿名称，点击OK按钮确认。

（2）添加前缀

给画稿名称添加前缀，更易于辨识。

① 在曝光表窗口中，选择一个序列的画稿。

② 右键点击，在弹出的快捷菜单中，选择"图画>加前缀重命名画稿"命令，弹出重命名对话窗口（图6-5-3）。

图6-5-3　添加前缀

③ 输入画稿名称前缀，点击OK按钮确认。

（3）按帧编号命名

在手绘动画中，摄影表按原画稿顺序填写，例如1、2、3……，插入动画稿后，编号顺序被打乱，或者单格拍改为双格拍后编号对不上。解决方法如下。

① 在曝光表窗口中，选择序列画稿。

② 在主菜单中，选择"图画>以帧重命名"命令（图6-5-4）。

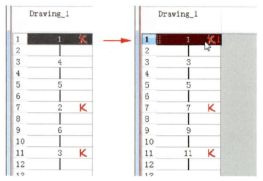

图6-5-4　按帧编号命名

重命名后，列上的号码与帧编号相同。

（4）删除画稿

删除画稿必须谨慎，该命令无法撤销。步骤如下。

① 在曝光表或时间轴窗口中，选择要删除的帧。

② 在主菜单中，选择"图画>删除所选图画"命令。

（5）复制画稿

修改复制的画稿不会影响原画稿。所选的单元格替换成复制的画稿后，原画稿不会被删除。步骤如下。

① 在曝光表或时间轴窗口中，选择要复制的帧。

② 在主菜单中，选择"图画>再制图画"命令（快捷键【Alt】+【Shift】+【D】），或在曝光表工具栏中，点击再制图画按钮◎。

（6）拷贝、粘贴画稿

在时间轴或曝光表中，拷贝、粘贴并不是针对实际画稿进行的。

想要拷贝选择的画稿并粘贴到其他层中，或将选择的画稿粘贴到同一层以复制画稿时，必须使用特殊粘贴。在特殊粘贴中主要有两种形式。

① Always Create Drawings：此选项按原样粘贴所有绘图。如果绘图与现有图形同名，则将其重命名并粘贴。

② Only Create Drawings When They Do Not Exist：此选项只粘贴与现有画稿不同名的画稿。如果画稿名称与现有的同名，则不粘贴。

在一个分层角色的模板中，含有许多画稿，在拷贝、粘贴时使用此选项非常有用。

具体请参考本书5.3.3的内容。

（7）元素管理器

Harmony中使用元素管理器来管理画稿文件夹，选择主菜单中的"场景>元素管理器"命令可以打开（图6-5-5）。

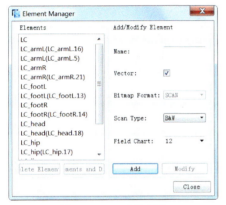

图6-5-5 元素管理器

① Elements（元素）：显示场景中的元素。

Delete Elements：删除选择的元素。

Delete Elements and Directories：删除元素及文件夹。

② Add/Modify Element（添加/修改元素）

Name：元素名称。

Vector：如果新元素是矢量图形，勾选此选项。

Bitmap Format：下拉列表中列出了可选的位图格式。

Scan Type：如果用Harmony的扫描模块扫描，在下拉列表中选择扫描类型。

Field Chart：场景安全框大小。

Add：添加当前设置好参数的元素。

Modify：应用修改好的参数。

6.5.2 注释列

注释列在摄影表中用于指示动作、绘制草稿等。

（1）添加注释列

① 在摄影表窗口菜单中，选择"列>添加列"命令，或点击摄影表窗口工具栏中的添加列按钮，弹出添加列对话窗口（图6-5-6）。

图6-5-6 添加列对话窗口

② 在Type下拉摄影表中，选择Annotation（注释列）。

③ 点击OK按钮确认。

（2）在注释列中绘制草稿、输入注解

① 绘制动画草稿

A.在摄影表窗口菜单中，选择"注释>启用图画"命令。在注释列标题右侧，有三种模式可选：选择模式、画笔模式、橡皮模式。

B.在注释列中绘制（图6-5-7）。

Annotation

图6-5-7 绘制

② 输入注解

选择注释列中的单元格（图6-5-8），输入注解文字。

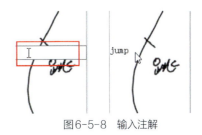

jump

图6-5-8 输入注解

③ 擦除：在注释列标题上选择橡皮模式 🧽，可在列的草稿上擦除（图6-5-9）。但输入的文字无法擦除。

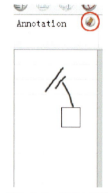

图6-5-9　草稿上擦除

（3）改变绘画设置

① 改变画笔的粗细，在摄影表窗口菜单中，选择"注释>更改笔大小"命令。也可以自定义笔的大小（图6-5-10）。

图6-5-10　自定义笔

② 改变画笔的颜色，在摄影表窗口菜单中，选择"注释>更改笔颜色"命令。在弹出的颜色拾取窗口挑选颜色。

③ 改变橡皮大小，方法同画笔的设置。

（4）导入注释文件

摄影表的注释列还可以导入扫描稿。

① 在摄影表窗口中，选择注释列的单元格（图6-5-11）。

图6-5-11　选择单元格

② 在摄影表窗口菜单中，选择"注释>导入文件"命令。

③ 在弹出的浏览窗口中选择文件。

④ 点击打开按钮导入（图6-5-12）。

图6-5-12　导入草稿

技术专题　　　实战练习

动画篇

Toon Boom Harmony
动画制作教程

第**7**章

导入

本章导读

图像可以直接在 Harmony 中绘制，或使用扫描仪扫描，作为位图导入并矢量化，还可以导入其他软件制作的图片、视频。Harmony 可导入的图像包括多层 PSD 文件以及 AI、SWF 和 PDF 文件等。

7.1 图像导入

图像有多种不同的文件格式，通常以不同规范的格式保存。某些格式能够保留透明度或透明图层，还有些是不依赖于分辨率的矢量图形。

Harmony 支持的图像格式有 JPEG、BMP、PNG、TGA、PSD、TIFF、SGI、TVG、OMF、PAL、SCAN 等。

7.1.1 导入位图

导入位图，可以 在主菜单中，选择"文件>导入>图像"命令，也可以工具栏中点击图像按钮 📷 ，还可以在摄影表窗口，右键点击任何位置，在弹出的菜单中选择"导入>图像"命令，打开图像导入对话窗口（图 7-1-1）。

（1）Files（文件）部分

点击 Browse（浏览）按钮，可以选择一个或多个图像文件导入。

图 7-1-1　图像导入对话窗口

（2）Layer（图层）部分

① 点击 Create Layer(s)（创建层单选框）可以激活下面两个选项。

A. Create Single Layer Named（创建单层并命名）：以名称框中导入的名称创建新层。

B. Create Layer(s) Based on Filenames（基于文件名创建层）：以文件名作为名称创建新层。

② 点击 Add to Existing Layer（添加到现有图层），右侧的下拉框可以选择场景中存在的图层，并把图像导入到该层中。

③ Vectorize Imported Items（矢量化导入内容）：默认为激活状态。如果禁用，在 Vectorize Imported Items（矢量化）部分，会出现 Alignment（对齐）选项和 Transparency（透明度）选项（图7-1-2）。

图7-1-2　对齐选项和透明度选项

A. Alignment（对齐）：设置图像在摄影机窗口中的大小和位置，分别有三个选项。

a. Fit：此选项以等比例缩放方式，调整图像的高度或宽度来匹配摄影机窗口。

b. Pan：此选项与Fit选项相反，竖板图像以宽度匹配摄影机窗口，横板图像以高度匹配摄影机窗口。多余的画面将超出窗口。

c. Project Resolution：项目分辨率。该选项按项目分辨率对齐，例如图像分辨率为4000×2000，而场景分辨率1920×1080，根据比例调整缩放系数，位图分辨率将改为208%（4000/1920）。如果导入的位图为960×540，则图像分辨率调整为50%（960/1920）。相当于图层属性中的"按原样"规则。

B. Transparency（透明度）：设置图像的透明方式。

a. Premultiplied with White（预叠加白色）：图像边缘处的单个像素与白色混合。

b. Premultiplied with Black（预叠加黑色）：原始图像中的半透明像素与黑色混合。

c. Straight（纯色）：图像边缘处的像素与黑、白和灰色混合。

d. Clamp Colour to Alpha（将颜色限定到Alpha）：用颜色值预叠加Alpha值。将颜色限定到Alpha时，颜色值不高于Alpha值并计算实际颜色值。用RGB值叠加Alpha值时，例如某个像素值为R=247、G=188、B=29，并且Alpha为50%，即图像透明度为50%，则输出的实际RGB值将是上述列出数字的一半。

（3）导入完成

点击OK确认，图像导入完成（图7-1-3）。

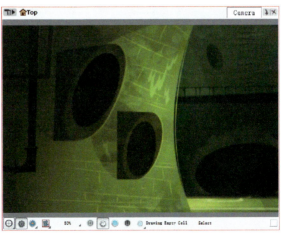

图7-1-3　图像导入

7.1.2　在位图层添加图像

（1）在现有位图层上添加更多的图像

① 在时间轴窗口中，选择要导入图像的单元格（图7-1-4）。

图7-1-4　选择单元格

② 在主菜单中，选择"文件>导入>图像"命令，或在工具栏中点击图像按钮。

③ 打开图像导入对话窗口（图7-1-5）。

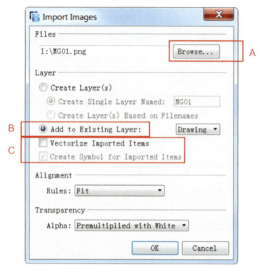

图7-1-5　图像导入窗口

A. 点击Browse（浏览）按钮，可以选择一个或多个图像文件导入。

B. 在Layer（层）部分，选择Add to Existing Layer（添加到现有层）选项，并在下拉列表中选择已经存在的图层（图7-1-6）。

图7-1-6　选择图层

C. 禁用Vectorize Imported Items（矢量化导入内容）选项。

④ 点击OK确认，导入完成。

（2）设置位图质量

如果导入的位图图像比较模糊，可以按以下步骤调整。这只是预览效果，不会对最终渲染产生影响。

① 如果位图图像是一个元件，在摄影机窗口中，双击该图像元件，进入元件内部。如果该图像不是元件，只需在时间轴上选择该图像所在的单元格。

② 在主菜单中，选择"视图>位图图像质量"命令（快捷键【Ctrl】+【Q】），如图7-1-7所示。

③ 左右拖动滑块，越往右图像质量越好。

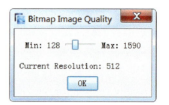

图7-1-7　图像质量窗口

④ 点击OK确认。

⑤ 如果目前窗口在元件内部，点击窗口顶部工具Top按钮　　　girl_3　　，退出元件。

7.1.3　导入并矢量化图像

将图像转换为矢量图的时，仍可保持线条的粗细变换（图7-1-8）。

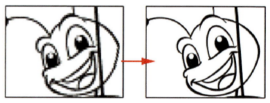

图7-1-8　转化图像

导入并矢量化图像步骤：

① 在主菜单中，选择"文件>导入>图像"命令（图7-1-9）。

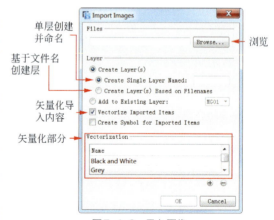

图7-1-9　导入图像

② 点击Browse（浏览）按钮，可以选择一个或多个图像文件导入。

③ Create Layer(s)（激活创建图像）选项。

A. Create Single Layer Named（单层创建并命名）：以名称框中导入的名称创建新层。

B. Create Layer(s) Based on Filenames（基于文件名创建层）：以文件名作为名称创建新层。

C. Add to Existing Layer（添加到现有图层）

选项：右侧的下拉框可以选择场景中存在的图层，并把图像导入到该层中。

④ 勾选Vectorize Imported Items（矢量化导入内容）选项。

⑤ 在Vectorization（矢量化）部分，选择矢量化类型。

A. Black and White（黑白）：纯黑线条的矢量图图形。

B. Grey（灰度）：矢量线条和带灰度填充相混合的矢量图图形。

C. Colour（彩色）：用彩色位图纹理填充的矢量图图形。

D. ⊕新建预设：创建自定义矢量化参数（参考本书7.3.2）。

E. ⊖删除预设：删除自定义的预设。

⑥ 点击OK确认。

7.1.4　链接外部图像

在大型项目中，场景会在不同的镜头中反复使用，将场景存储在一个文件夹中，使用时只需将不同的场景链接到镜头中，可以节省存储空间。此外，如果背景做过修改，使用到的镜头会自动更新，而不必重新导入。

链接外部图像，通过一定的规则将文件与镜头相连。链接后，场景文件或目录不能更改或移动，否则会引起链接断开而无法找到相应文件。

① 在主菜单中，选择"文件>导入>链接图像"命令。打开链接对话窗口（图7-1-10）。

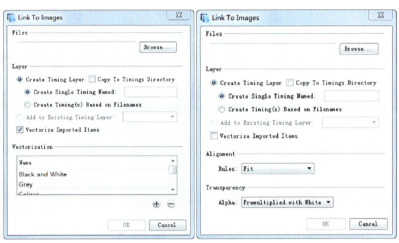

图7-1-10　链接对话窗口

② 点击Browse（浏览）按钮，选择需要链接的图像。

③ 在Layer（层）部分，点击Create Single Timing Layer（创建时间层）选项，激活下面两个选项。

A.点击Create Single Timing Named（创建单一时间层层并命名）选项：在导入框中导入文件名后创建。

B.点击Create Timing(s) Based on Filenames（基于文件名创建时间层）选项：以文件名为时间层名称创建。

④ 勾选Add to Existing Timing Layer（添加到现有时间层）选项，可以将图像插入现有的时间层。

⑤ 勾选Copy To Timings Directory（拷贝到时间层文件夹）选项：此选项链接的是场景文件夹。

⑥ 如果启用Vectorize Imported Items（矢量化导入内容）选项，参考本书7.1.3。

⑦ 如果禁用Vectorize Imported Items（矢量化导入内容）选项，会出现Alignment（对齐）和Transparency（透明度）选项，参考本书7.1.1。

⑧ 点击OK确认。

7.1.5　导出构图

导出构图，有助于场景中所有元素的对位和动画的设计，尤其是有镜头运动的场景，可以导出摄像机关键帧清晰而完整的构图。也可以创建整条片子所有的构图，再导入到每个镜头中，以帮助动画制作。这些构图还可以用来设计背景，保证人景关系及透视的准确性。

Tip

只有镜头的第一帧会被导出。

导出构图图层的步骤：

1）在主菜单中，选择"文件>导出>图层图像"命令，导出场景中所有元素；或选择"文件>导出>选择图层图像"命令，选择性地导出部分图像，打开导出对话窗口（图7-1-11）。

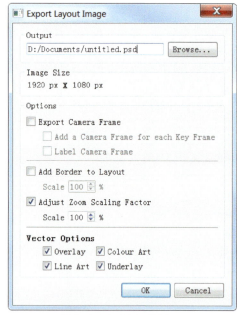

图7-1-11　导出对话窗口

① Output（输出）：选择输出路径，输出为PSD文件。

② Image Size（画面尺寸）：确定文件的宽高尺寸，分辨率为72DPI。注意，如果有推拉镜头，需要将尺寸调大。

③ Options（选项）

A. Export Camera Frame（输出镜头框），有两个选项，如图7-1-12所示。

a. Add a Camera Frame for each Key Frame：增加关键帧镜头框。

b.Label Camera Frame：添加镜头框标签，如图7-1-13所示。

B.Add Border to Layout（添加边框）：此选项在画面周围添加透明区域。

C.Adjust Zoom Scaling Factor（调整缩放）：该选项默认情况下打开。摄影机缩放移动时，图像的大小将相应调整。可以适当增加分辨率后再导出图像，防止图像在摄影机缩放时模糊。禁用此选项时，将以正常大小导出图像。

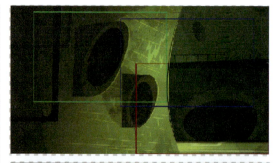

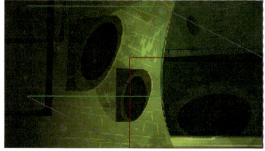

图7-1-12　关键帧镜头框

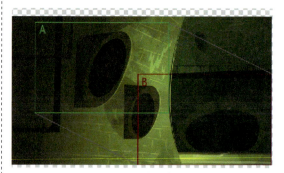

图7-1-13　镜头框标签

D.Vector Options（矢量选项）：可以选择导出画稿的层。共有4层，即顶层、线稿、色稿和底层。

④ 点击OK确认，将生成的一个PSD文件（图7-1-14），其中包含一个或两个层，每个图层都包含在相应的组中。

图7-1-14　构图文件

⑤ 如果在Options（选项）部分，勾选Export Camera Frame（输出镜头框）选项，则输出的PSD文件中将包括摄影机框（图7-1-15）。

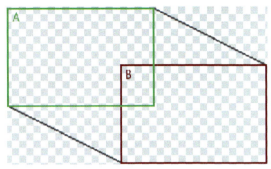

图7-1-15　PSD文件中的摄影机框

ep01_scene002.
psd

ep01_scene002.
psd.xli

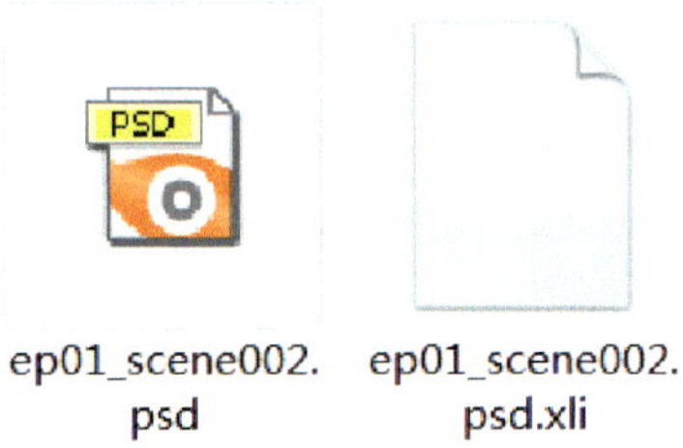

图7-1-16　输出文件

7.1.6　导入构图

导出的PSD图层文件，可以很方便地再次导入。导入PSD图层文件步骤如下。

① 在主菜单中，选择"文件>导入>图像"命令（图7-1-9）。

② 在Files（文件）部分，点击浏览按钮，查找PSD图层文件。请注意，文件夹中必须具有相应的XLI文件（图7-1-16）。

③ 一旦选择PSD图层文件后，导入文件窗口中会出现新的选项（图7-1-17）。

默认情况下启用此选项，表示在导入PSD图层文件时，会自动定位到原构图。禁用此选项，会导致图像布局信息丢失。

④ Create Single Layer Named（单层创建并命名）或Create Layer(s) Based on Filenames（基于文件名创建层）选项，参考本书7.1.3。

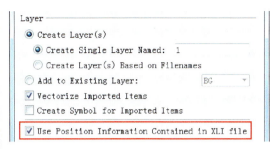

图7-1-17　新增选项

⑤ Vectorize Imported Items（矢量化导入内容），参考本书7.1.3。

⑥ 点击OK按钮确认。

如果在步骤④中选择Create Layer(s) Based on Filenames（基于文件名创建层）选项，会弹出多图像导入对话框（图7-1-18）。

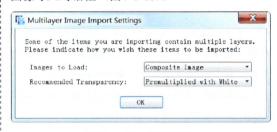

图7-1-18　多图像导入

Images to Load（图像载入）：下拉列表中有两种载入方式。

A.Composite Image（合并）：导入的摄影机层和图层合并在一起。

B.All Layer Images（分层）：摄影机层和图层保持分离。

⑦ Recommended Transparency（透明度方式），参考本书7.1.1。

⑧ 点击OK按钮确认。

7.1.7　扫描导入

Harmony支持扫描仪和数码相机设备，扫描仪和数码相机上获得的图片可以直接导入，也可以矢量化处理。

可以一次扫描单张或多张图片，扫描图片的步骤如下。

在主菜单中，选择"文件>导入>从扫描仪"命令，打开扫描窗口（图7-1-19）。详解如下。

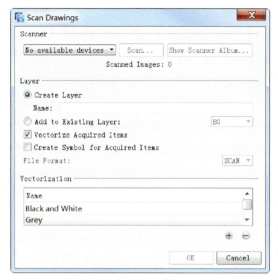

图7-1-19　扫描窗口

图7-2-1　PSD文件分层导入

① Scanner（扫描仪）：在下拉列表中选择扫描仪，如果没有选择项，表示系统没有支持的扫描仪，需要安装并重新启动 Harmony。

② Layer（图层）：将扫描稿导入到新创建的图层或导入到现有图层。

A.Create Layer（创建层），启用该选项，在名称框中导入图层名。

B.Add to Existing Layer（添加到现有图层），在右侧下拉列表中选择图层。

C.Vectorize Acquired Items（矢量化导入内容）部分，参考本书7.1.1。

设置完成后，点击扫描按钮开始扫描（图7-1-20）。

图7-1-20　开始扫描

7.2　图层处理

7.2.1　PSD文件的分层导入

PSD文件是一种多图层格式的图片文件，可以保留颜色矫正、遮罩、透明度等一系列编辑特性。PSD文件分层导入步骤：

① 组织PSD文件的图层，将所有图层都放入到相应文件夹中（图7-2-1）。

② 在主菜单中，选择"文件>导入>图像"命令，也可以工具栏中点击图像按钮 。

③ 打开图像导入对话窗口（图7-2-2）。

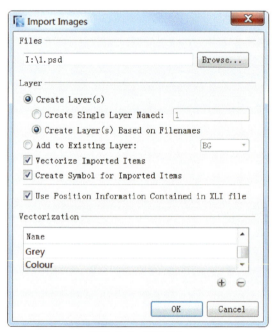

图7-2-2　图像导入

A. Browse（浏览），点击浏览按钮选择图像文件导入。

B. 点击 Create Layer(s) Based on Filenames（基于文件名创建层）选项，创建多图层。

C. 勾选 Vectorize Imported Items（矢量化导入内容）选项，请参考本书7.1.1。

D. 勾选 Create Symbol for Imported Items（为导入内容创建元件）选项，可以将图片创建成元件。

④ 点击OK确认后，会弹出多图层导入设置窗口（图7-2-3）。

A. Images to Load（图像载入）：有两种载入方式，即合并和分层。

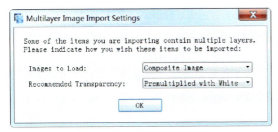

图7-2-3 多图层设置窗口

B. Recommended Transparency（透明度类型）：
透明度类型有4种，请参考本书7.1.1。

⑤ 点击OK确认，完成分层导入。

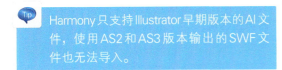

7.2.2 导入AI和PDF文件

Harmony可以导入AI和PDF文件，转换成
Toon Boom的文件格式，并根据原文件创建色盘。

> **Tip**
> Harmony只支持Illustrator早期版本的AI文件，使用AS2和AS3版本输出的SWF文件也无法导入。

导入AI和PDF文件步骤：

打开库窗口，右键点击库文件夹，在弹出的
菜单中选择"授权修改"命令，解锁文件夹（图
7-2-4）。

① 在主菜单中，选择"文件>导入>SWF，
Illustrator文件到库"命令。

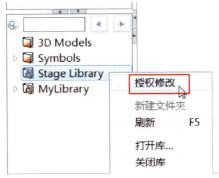

图7-2-4 解锁文件夹

或在库窗口中，右键点击解锁后的文件夹，
在弹出的菜单中选择"导入文件"命令。

② 在文件浏览窗口中选择AI文件，打开重
命名对话窗口（图7-2-5）。

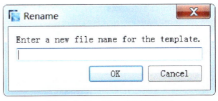

图7-2-5 重命名对话窗口

③ 为模板导入新文件名或保持原文件名。

④ 点击OK确认。

⑤ 在库窗口中，将刚导入的新模板拖动至时
间轴层列表窗口（图7-2-6）。

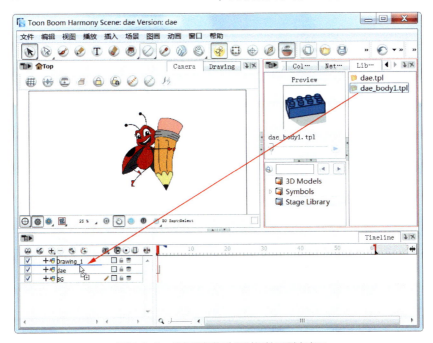

图7-2-6 将新模板拖动至时间轴层列表窗口

⑥ 弹出颜色恢复对话框（图7-2-7），单击Yes按钮确认，如果想要导入多个AI文件，可以选择Do not ask again for this session（不再询问）选项，在以后的导入中将不再出现该对话框。

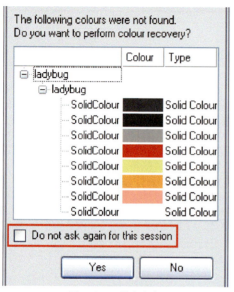

图7-2-7　恢复颜色

7.2.3　导入Flash

如果项目的部分工作在Adobe Flash中制作时，需要添加诸如摄影机运动等，可以导入到

Harmony中完成。Harmony不支持fla文件，必须先导出swf影片。

（1）导入Flash文件步骤

① 打开库窗口，右键点击授权修改菜单（图7-2-4），解锁文件夹。

② 在主菜单中，选择"文件>导入>SWF，Illustrator文件到库"命令。

或在库窗口中，右键点击解锁后的文件夹，在弹出的菜单中选择"导入文件"命令。

③ 在文件浏览窗口中选择*.swf文件，打开重命名对话框。

④ 为模板导入新文件名或保持原文件名。

⑤ 点击OK确认。

⑥ 在库窗口中，将刚导入的新模板拖动至时间轴图层窗口（图7-2-8）。

⑦ 弹出颜色恢复对话框（图7-2-7），单击Yes按钮确认。

导入后，所有Flash图层都将连接到名为GlobalFlashPeg的父定位层上，该定位层不能删除。

此外，所有动态链接到Harmony文件的图形都被组合在一个文件夹中。在库窗口中预览时，不同的部件都组合在一起。

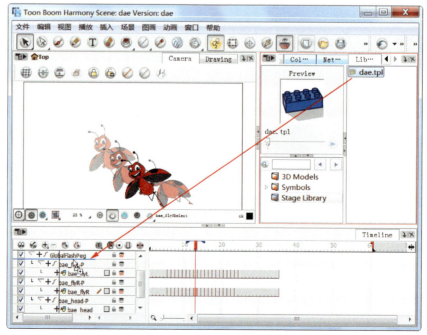

图7-2-8　新模板拖动至时间轴

（2）分散到图层

用Flash制作时，某些绘画元素，比如手和手臂，可能放在一个图层上。在这种情况下，需要将这些元素重新分配到各个图层上。分散到图层步骤如下。

① 在工具架上，点击选择工具 。

② 在摄影机窗口，选择要分散的几个图形。

③ 在主菜单中，选择"图画>分散到图层"命令，或点击选择工具属性窗口的分散到图层按钮 。

7.2.4　导入QuickTime视频

Harmony允许在项目中导入QuickTime影片，在制作动画的时候，将视频元素嵌入到动画中。步骤如下。

① 主菜单中，选择"文件>导入>影片"命令。

② 在浏览窗口，选择QuickTime影片，点击打开按钮（图7-2-9），弹出进度条。

图7-2-9　影片导入进度条

③ 设置图层的对齐和透明度选项。

④ 点击OK确认，QuickTime影片将按图像序列方式，排列在时间轴上。

7.3　矢量化参数

在Harmony中自定义矢量化设置。创建的矢量化参数可以保存和共享。

7.3.1　矢量化参数对话框

① 在主菜单中，选择"文件>导入>图像"命令。

② 浏览并选择一个文件，设定图层选项（图7-3-1）。

③ 在Vectorization（矢量化）部分，点击添加新预设按钮 ，弹出矢量化参数对话窗口（图7-3-2）。

④ Options（选项）标签部分

A.Input（导入）

One Pass / Two Passes：选择1或2种处理

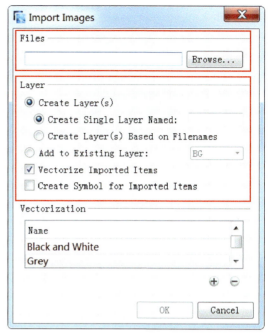

图7-3-1　设定图层选项

方式。

Threshold（阈值）：确定扫描图像中的黑白色界限值。

Expand Bitmap（扩展位图）：增加位图纹理细节，如果扫描的是灰度图像，此选项可以保留线条纹理的细微变化。

Jag Filter（粗糙度滤镜）：降低部分线条的粗糙度。

B.Output（输出）

No Colour Art（无色稿）：色稿层中不生成填充区域。

No Texture（无纹理）：线稿层中不生成纹理。此选项在线稿层中创建实线。

Generate Matte in Underlay Layer（在底层创建蒙版）：在线稿中创建不透明填色区域。

Colour as Texture（颜色纹理）：将颜色值转换为纹理图层。

C.Optical Registration（定位孔对位）

勾选Optical Registration（定位孔对位）选项后，激活下列各选项。

DPI（像素）：图像分辨率。

Peg Side（定位孔停靠边）：定位孔位置。

Strictness（精确定位）：确定定位孔位置的方式。有两个可选项，即精确和粗略。

Field Chart（规格框）：可选择12或16，表示动画纸张的大小。

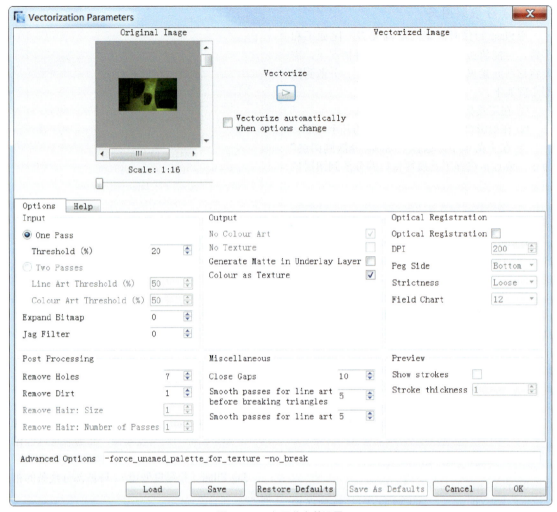

图7-3-2　矢量化参数设置

D.Post Processing（后台处理）

Remove Hole（移除孔洞）：清理画稿上无法上色的孔洞。

Remove Dirt（移除杂点）：清理指定值的杂点。

Remove Hair : Size（移除浮游线）：清理线稿上多余的小笔触。

Remove Hair: Number of Passes（移除浮游线次数）：分析、处理的次数。

E.Miscellaneous（杂项）

Close Gaps（封闭间隙）：在色稿层封闭笔触间隙。

Smooth passes for line art before breaking triangles（线条平滑次数）：如果绘图时线条出现多余的三角形拓扑线，请增加此值。

Smooth passes for line art（线条光滑次数）：进一步光滑线条。

F.Preview（预览）

Show strokes（显示笔触）：在矢量图像窗口中显示笔触。

Stroke thickness（笔触粗细）：显示笔触的尺寸。

7.3.2　创建矢量化风格

Harmony 允许创建自定义的矢量化参数并保存和重复使用，其步骤如下。

① 在矢量化参数界面中，勾选相应的选项（图7-3-2）。

② 点击Vectorize按钮，对图形矢量化（图7-3-3）。右侧窗口只是一个预览。在单击Import Images（导入图像）对话窗口的OK按钮时，图像已经矢量化了。

③ 在矢量化参数窗口底部（图7-3-4），Save

As Defaults（存为默认值）将保存参数窗口中的设置，Load（加载）用于载入保存的设置参数，Restore Defaults（重置默认值）将自定义的参数恢复到Harmony的默认状态。

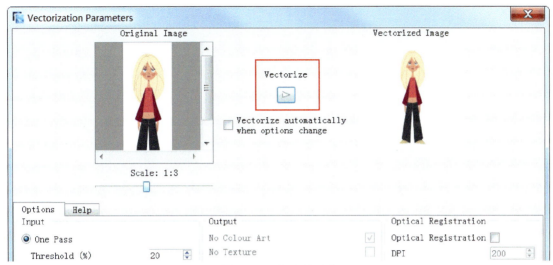

图7-3-3 将图形矢量化

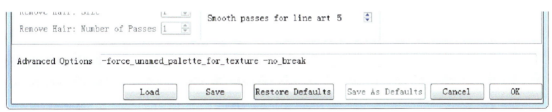

图7-3-4 保存矢量化参数

技术专题 实战练习

第**8**章
创建角色

本章导读

　　Harmony为创建角色提供了一套高效的工具，合理地安排了角色各部分层级关系，为后续动画制作打下良好的基础，只需简单地操纵层次和元件或使用正向和反向运动学即可制作高级动画。

8.1　角色造型

　　动画制作的前期准备，必须要准备好造型、场景以及各类参考。在制作造型时，首先要将造型资料收集并输入计算机。

8.1.1　创建造型

（1）造型输入

　　造型有几个途径输入，比如通过模板或通过图片等（图8-1-1）。

图8-1-1　造型转面图

将造型输入Harmony后，加载到摄影机窗口中，适当调整比例。

如果造型有多个面，请将各个面放在时间轴上的单独的单元格中并对齐，以保证在造型分解过程中，每个部件大小一致（图8-1-2）。

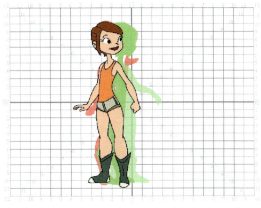

图8-1-2 造型对齐

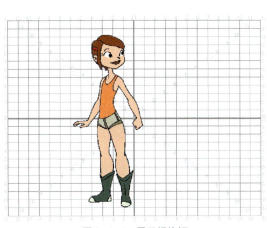

图8-1-4 显示规格框

（2）调整比例

一个动画项目中会设计多个角色、道具以及场景。每个角色之间以及角色道具之间的比例关系至关重要。角色创建时，要了解这种关系，保证这种比例结构贯穿于整个项目。

项目制作时，将角色和道具放置到场景中，按比例要求缩放到正确的大小，并排排列，这个可以称之为造型比例图（图8-1-3）。

对于角色的比例，应当在创建时就考虑进去，因为一旦一个角色或道具完成后再缩小，造型轮廓线将会变细，从而导致两个角色轮廓产生较大差异。

作为规范，应使用项目的基本角色的造型比例图作为参考（图8-1-3），进行角色和道具创建。

（3）规格框

Harmony的摄影机和绘画窗口都可以显示规格框（图8-1-4），以辅助角色和道具的创建。

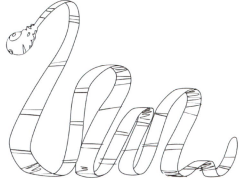

图8-1-3 造型比例图

① 在主菜单中，选择"视图>规格框>显示规格框"命令（快捷键【Ctrl】+【'】）。

② 也可以点击摄影机和绘画窗口工具栏中的显示规格框按钮⊞。

8.1.2 造型分析

下面以动画片《恶心的科学》中艾比的造型（图8-1-5）为例拆分造型。

（1）眼睛

为了增加眼睛的效果，可以将它们分成3层：眼球、瞳孔和眼睑。眼睑层用于眨眼和遮挡瞳孔（图8-1-6）。

图8-1-5　角色造型

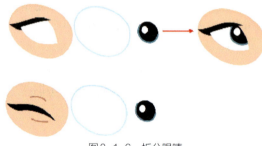

图8-1-6　拆分眼睛

（2）口型

为了使角色在说对白时，面部表情更加丰富，做口型时应该将嘴巴以及配合变形的下巴做在一起（图8-1-7）。

图8-1-7　口型

（3）手型

在拆分手的造型（图8-1-8）时要注意，为了手的完整性，手指通常不与手掌分开，只做一层，各角度的手放置在同一图层上，这能使手型更加完美自然。

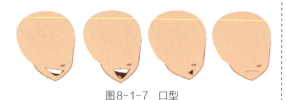

图8-1-8　手型

（4）手臂造型

像手臂这类造型，一般分为上臂和前臂，但在一定的透视角度下，会有缩短现象。上臂和前臂无法拼接出这种大透视下的变形，在这种角度下，不能拆分，需要增添附加画稿（图8-1-9）。

图8-1-9　各角度手臂

（5）标志

对于角色身上的标记等，可以单独做成造型，随角色转身而位移，但不翻转（图8-1-10）。

图8-1-10　标志

8.2　造型分解图层

8.2.1　命名规则

动画项目要有一个完善的规划。在项目开始之前，为众多的角色造型制定命名规则，可使各流程中的制作人员一目了然，便于项目的有序开展。

（1）添加图层名称前后缀

一个角色的左侧可以添加"L"表示，右侧可以添加"R"表示。例如艾比的右手臂，可以命名为：ab_armR。如果角色有转面（正面、3/4正面、侧面、背面），可以这样表示：ab_armR_f（正面右手）。

添加图层前缀步骤：

① 在时间轴窗口中，选择所有的层（快捷键【Ctrl】+【A】）。

② 在脚本工具栏中，点击添加前后缀按钮，弹出添加前后缀对话窗口（图8-2-1）。

图8-2-1 添加前后缀对话窗口

③ 可以点选Suffix（后缀）或Prefix（前缀），这取决于要添加的内容。

④ 输入前后缀名。

⑤ 点击OK确认（图8-2-2）。

图8-2-2 添加图层名称前后缀

（2）画稿编号命名

如果在一个镜头中涉及角色转面，则画稿编号最好标明所使用的每个角度（图8-2-3）。

拆分造型前，应按约定命名。例如，使用"f"表示正面，"s"表示侧面，"q"表示3/4侧面，画稿编号应该是f1、f2、f3、s1、s2等。这在画稿替换时非常有用。

添加画稿编号前缀步骤：

① 在时间轴或曝光表窗口中，框选画稿（图8-2-4）。

② 在主菜单中，选择"图画>用前缀重命名图画"命令，弹出重命名对话窗口（图8-2-5）。

③ 输入前缀。

④ 点击OK确认（图8-2-6）。

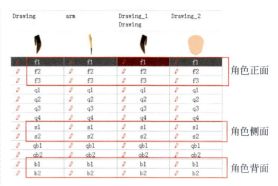

图8-2-3 各角度画稿编号的命名

图8-2-4 框选画稿

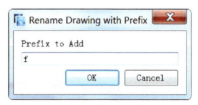

图8-2-5 重命名对话窗口

Drawing_3

1	f1
2	f2
3	f3
4	f4
5	5
6	6
7	7
8	8
9	

图8-2-6 添加前缀

8.2.2 创建新图层

（1）主要部分的拆分

首先，将造型做个简单的规划（图8-2-7），粗略划分各个主要部件。

图8-2-7　粗略划分

> Tip
> 在拆分造型之前，首先要确定好角色之间的比例。

拆分造型步骤：

① 在时间轴窗口中，选择要拆分的造型所在的单元格（图8-2-8）。

图8-2-8　选择单元格

② 在工具架上，选择切割工具 。

切割工具折叠在选择工具中，默认为框选模式，可以在切割工具属性窗口中改为套索模式 。

③ 在摄影机窗口中，用切割工具将手臂选中（图8-2-9）。

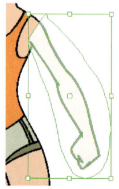

图8-2-9　切割手臂部分

④ 在主菜单中，选择"编辑>从选择区域创建图画"命令（快捷键【F9】），打开创建对话框（图8-2-10）。

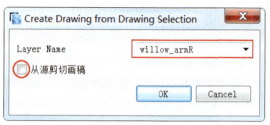

图8-2-10　创建对话框

⑤ 在Layer Name（层名称）输入框中，按之前建立的命名规则，输入创建的图层名称。

⑥ 禁用从源剪切画稿选项，使剪切的内容继续留在原造型上。

⑦ 点击OK确认。

此时，新图层创建完成并在其中复制剪切内容（图8-2-11）。画稿在和原造型相同的帧中创建（图8-2-12）。

图8-2-11　新图层上创建剪切内容

图8-2-12　在相同帧中创建画稿

⑧ 重复第①～⑦步，完成造型其他部分的创建（图8-2-13）。

⑨ 将拆分出来的造型补充完整（图8-2-14）。

（2）次要部分的分解

主要部分完成后，应该对造型的每一部件再次细分（图8-2-15）。

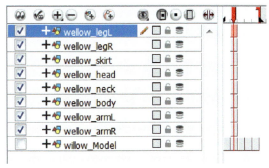

图8-2-13 拆分完成

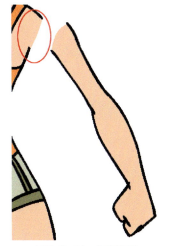

图8-2-14 补齐造型

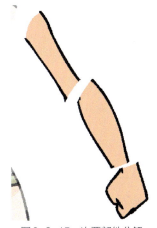

图8-2-15 次要部件分解

拆分次要部分类似于主要部分，但此时应该从它所选的图层中剪切掉图稿。

8.2.3 加入现有图层

转面造型中，第一个面的造型拆分完成后，其他面的拆分和上一节的相似，但此时不必创建新图层。拆分过程图层要按一定顺序排列，如果不正确，可以重新排序。

在造型其余角度上拆分的步骤如下。

① 在时间轴窗口中，选择造型其他面所在的单元格（图8-2-16）。

图8-2-16 选择单元格

② 在工具架上，选择切割工具 ✎。

③ 在摄影机窗口中，用切割工具将头部选中（图8-2-17）。

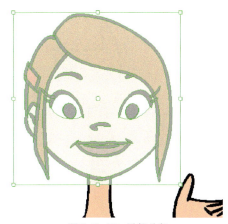

图8-2-17 选择头部

④ 在主菜单中，选择"编辑>从选择区域创建图画"命令，打开创建对话框（图8-2-18）。

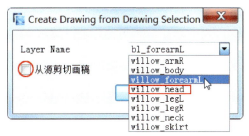

图8-2-18 创建对话框

⑤ 在Layer Name（层名称）的下拉列表中，选择现有的图层名称。

⑥ 禁用从源剪切画稿选项，使剪切的内容继续留在原造型上。

⑦ 点击OK确认，切割的内容将复制到现有的图层上，并且和原造型在同一帧上（图8-2-19）。

⑧ 重复第①～⑦步，完成拆分。

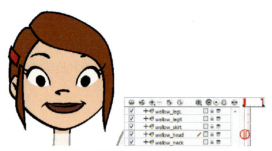

图8-2-19　加入到现有图层

8.2.4　连接造型

造型拆分完成后，每个造型部件基本如图8-2-20所示，有很多关节穿帮、结构紊乱的地方需要清理。

图8-2-20　关节穿帮

清理造型部件步骤如下。

① 在工具架上，选择一种绘画工具（图8-2-21）清理造型部件。

图8-2-21　绘画工具

② 在时间轴或摄影表窗口中，选择相应的单元格（图8-2-22），也可以使用橡皮工具。

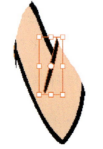

图8-2-22　使用工具开始清理

③ 用画笔工具修补缺失的线条（图8-2-23），建议在工具属性中打开自动压平选项。

图8-2-23　修补缺失的线条

④ 重复所有步骤，清理其他造型部件。

> **Tip**　小臂的旋转轴心点必须设置在添加的半圆的圆心。

调整关节

8.3　造型拼接

有多种方式可以将各个部件拼接成一个完整的造型（图8-3-1），这里介绍最基本的拼接。更多的高级拼接技巧请参见本章二维码内容。

图8-3-1　图层顺序

8.3.1 子父层

最常见的就是图层的子父连接（图8-3-2）。

图8-3-2 子父连接

子父层的优点是子图层可以顺利地跟随父图层（图8-3-3），而不必为子层创建一系列关键帧。要将一层连接到另一层上，只需在时间轴窗口中，将该层拖拽到另一层上。

缺点是不能独立变换父图层，因为子图层始终跟随父图层。

8.3.2 用定位层拼接

对于要求更高的造型，需使用定位层。定位层不包含绘画，用于控制整个造型部件或高级层次结构的运动路径。

一个图层作为子图层连接到定位层后，允许

将一个操作分为两个层次。例如可以直接缩小身体图层而不影响该图层下面的子图层，然后再对身体图层的定位层（父图层）做移动或旋转操作，使所有定位层的子图层按相同轨迹运动（图8-3-4）。

图8-3-3 子层跟随父层

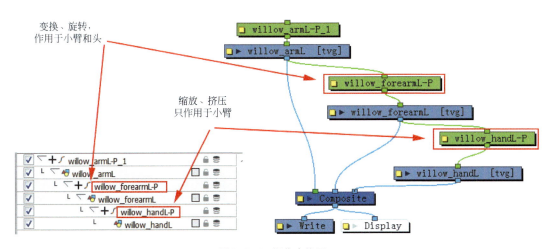

图8-3-4 操作定位层

拼接头部

8.3.3 连接合成模块

在网络窗口中，对于没有连接到合成模块的图层（图8-3-5），时间轴上就不会显示该图层（图8-3-6）。连接合成模块的步骤如下。

① 在主菜单中，选择"窗口>模块库"命令，显示模块库窗口（图8-3-7）。

② 在模块库窗口中，打开Filters（过滤器）标签，选择Composite（合成）模块。

③ 将Composite（合成）模块拖拽至网络窗口（图8-3-8）。

④ 在时间轴上全选图层（图8-3-9）。

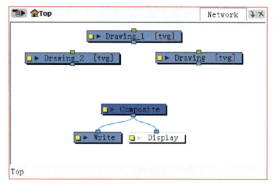

图 8-3-5　断开连接

图 8-3-6　不显示图层

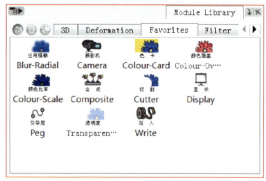

图 8-3-7　模块库窗口

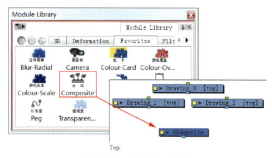

图 8-3-8　拖入合成模块

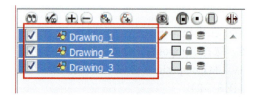

图 8-3-9　全选图层

⑤ 右键点击图层打开快捷菜单，选择"连接到模块>Composite（模块）"命令。

在网络窗口中，可以看到所有图层已经连接（图8-3-10）。

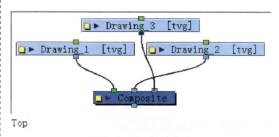

图 8-3-10　连接完成

8.3.4　创建层级

创建角色的局部层次结构（图8-3-11），例如手臂的上臂、前臂和手，腿部的大腿和小腿，可以给动画制作带来更多的自由。

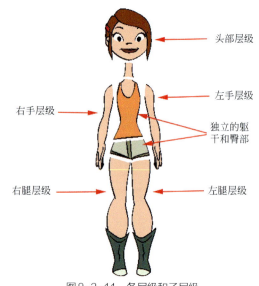

图 8-3-11　各层级和子层级

（1）在时间轴上创建层级

拖动子层至父层上，释放鼠标完成子父连接，重复拖动，继续完成子父连接（图8-3-12）。

图 8-3-12　连接子父层

（2）在网络窗口中创建层级

选择父层模块的输出端，直接拖拽到子层模

块的输入端（图8-3-13）。

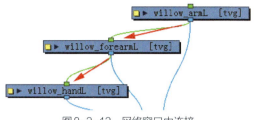

图8-3-13 网络窗口中连接

8.3.5 图层排序

制作造型时，如果部件图层的顺序有错误（图8-3-14），有三种方法可以解决此问题。

图8-3-14 错误的顺序

可以在时间轴窗口，通过拖动图层，调整位置来重新排序，或在网络窗口中，调整合成模块的输入端口的顺序来重新排序，也可以对图层使

用Z轴微移（向前和向后）来排序。

（1）在时间轴上排序

在转面造型中，图层的顺序会有跳动，排序时，要以最常用的面为基准，如3/4面。不必担心在正面时出现层序错误。方法为，在时间轴窗口中，拖动图层至恰当位置，释放鼠标（图8-3-15）。

图8-3-15 拖动图层

> Tip 拖动图层，一定要在两个图层之间释放鼠标，如果在图层上释放，会变成子父连接。

（2）在网络窗口中排序

网络窗口排序的优点在于，重新排序而不破坏图层的层次结构。例如，如果希望脸图层排在五官图层后面，在时间轴窗口中，简单地下移图层，可能会打乱头部图层的子父关系，但在网络窗口中调整，不会出现这种错误。

合成模块上的端口顺序，连接最左侧端口的图层，在显示窗口中排在最上面（图8-3-16）。

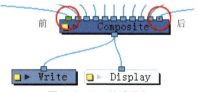

图8-3-16 前后顺序

在网络窗口中，选择合成模块的一个输出端，拖至别处（图8-3-17），在时间轴窗口中，图层顺序不变（图8-3-18）。

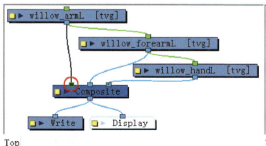
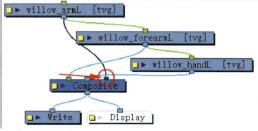

图8-3-17 重新排序

图 8-3-18 图层顺序不变

（3）图层的 Z 轴

排好造型各图层后顺序后（图 8-3-19），可能会发现，换个面顺序仍错误（图 8-3-20），如果调整该面顺序，又会影响到其他的面（图 8-3-21）。

图 8-3-19 排序完成

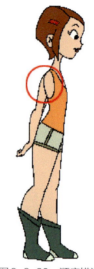

图 8-3-20 顺序错误

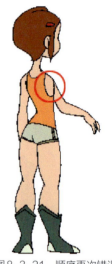

图 8-3-21 顺序再次错误

Harmony 中的图层，默认情况下，Z 轴值都为 0，对图层 Z 轴进行微移，可使图层即便位于其他图层后面，一样可以靠前显示。图层 Z 轴调整步骤如下。

① 在工具架上，选择变换工具，同时确保打开动画模式。

② 在摄影机窗口中，选择要排序的图层（图 8-3-22）。

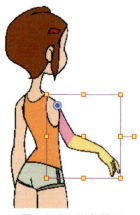

图 8-3-22 选择图层

③ 按快捷键【Alt】+向下箭头，增加 Z 轴值，按快捷键【Alt】+向上箭头，减少 Z 轴值。

8.3.6 添加主定位层和关键帧

制作动画时，需要调整角色大小并确定其位置。使用定位层约束角色的比例和动作轨迹，能提高动画制作的灵活性。操作角色的某些部件不会影响到其他，这使动画更容易修改和控制。

（1）添加主定位层步骤

① 在时间轴窗口中，点击 Add Peg（添加定位层）按钮。

② 重命名定位层，并以角色名作为名称前缀（图 8-3-23）。

③ 在时间轴窗口中，全选绘画层。

④ 将这些图层拖至新建的定位层上，释放鼠标，加入到定位层中。

（2）创建关键帧步骤

主定位层和各图层子父关系建立完成后，需要在每个单元格上插入关键帧，创建动画的功能曲线并建立关键姿势。其步骤如下。

① 在时间轴窗口中，点击主定位层前的扩展按钮，将所有图层折叠起来（图 8-3-24）。

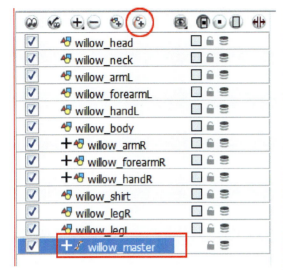

图8-3-23 添加定位层并重命名

图8-3-24 折叠图层

② 选择第一个单元格（图8-3-25）。

图8-3-25 选择单元格

③ 在主菜单中，选择"插入>关键帧"命令（快捷键【F6】）。

也可以在时间轴窗口工具栏中点击添加关键帧按钮 （图8-3-26）。

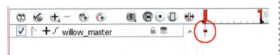

图8-3-26 添加关键帧

8.3.7 增添附加画稿

造型拆分完成后，还只是一个基本造型，需要增添附加画稿，如各种手型和口型。

Tip 附加画稿必须添加在同一图层上。

增添附加画稿步骤：

① 在时间轴窗口上，确保粘贴模式为All Drawing Attributes（全部属性）模式 ，该模式

允许用拖放操作来拷贝和扩展画稿的帧长和关键帧（图8-3-27）。

图8-3-27 设置粘贴模式

Tip Keyframes Only选项 表示仅拷贝和扩展关键帧，Exposures Only选项 表示仅拷贝和扩展画稿的帧长。

② 点击主定位层前的展开按钮 ，将所有图层折叠起来（图8-3-28）。

图8-3-28 折叠图层

③ 选择需要扩展的关键帧（图8-3-29）。

图8-3-29 选择关键帧

④ 拖动关键帧加以扩展（图8-3-30）。

图8-3-30 扩展关键帧

⑤ 为每个关键帧扩展（图8-3-31）。

图8-3-31 重复扩展操作

⑥ 点击主定位层前的展开按钮 ，展开折叠的图层（图8-3-32）。

⑦ 选择需要添加新画稿的单元格（图8-3-33）。

⑧ 在主菜单中，选择"图画>再制图画"命令（快捷键【Alt】+【Shift】+【D】，图8-3-34）。

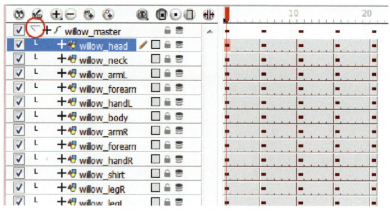

图8-3-32 图层延长并加关键帧

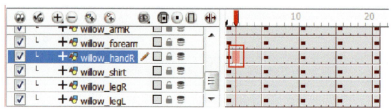

图8-3-33 选择单元格

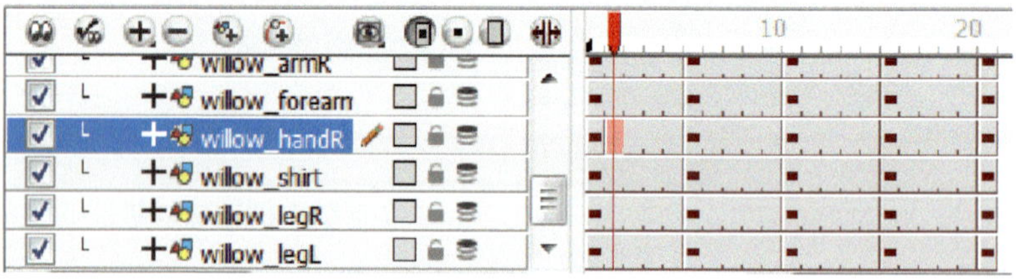

图8-3-34 再制图画

⑨ 在工具架上选择绘画工具，在摄影机或绘画窗口绘制额外的画稿（图8-3-35）。

图8-3-35 绘制额外画稿

⑩ 用压平工具，将所有笔触合并在一起。

8.4 设置轴心点

存储角色之前的最后一步，是为不同的部件设置轴心点（图8-4-1）。

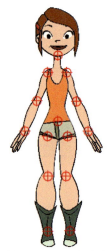

图8-4-1 设置轴心点

Harmony 中有两类轴心点：画稿轴心点和元件轴心点。

8.4.1 轴心点工具

轴心点工具⊕用于设置画稿和元件的枢轴。在轴心点工具属性窗口中（图8-4-2），有多个选项可供设置。

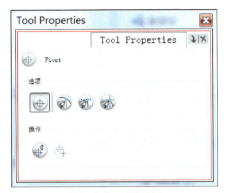

图8-4-2 属性窗口

（1）选项

在所有帧上设置元件轴心点⊕：在给元件设置时，可以在元件的所有帧上设置统一的轴心。只需设置一次，即可应用在其他帧上。如果想给一系列帧设置不同的轴心，可以禁用该选项。

 如果已经设置了几个不同的轴心点，激活该选项，则所有的轴心点都将重置，并使用新设的轴心。

（2）操作

① 重设轴心点⊕：点击该选项，被选画稿或元件的轴心会设在摄影机窗口的中心。

② 复制父元件轴心点⊕：点击该选项，新增添的附加画稿，如手型或口型，使用画稿父层轴心。

8.4.2 设置轴心点

（1）轴心点设置步骤

① 在工具架上，选择轴心工具⊕。

② 在摄影机或时间轴窗口中，选择要设置轴心的画稿（图8-4-3）。

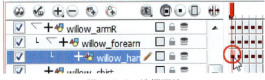

图8-4-3 选择画稿

③ 在摄影机窗口中，移动轴心至正确位置（图8-4-4）。

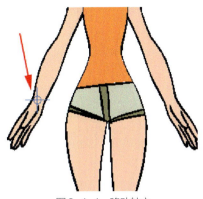

图8-4-4 移动轴心

（2）统一多帧轴心点

统一画稿的轴心，如对于图8-4-5中的各种手型，可以选择该图层所有画稿，同时设置。如果第一张已正确设置，可以复制该轴心，粘贴到其他的画稿上。这样做的好处就是，这些手型在动画过程中相互替换时，不会因为轴心的不同而突然脱离运动轨迹。

图8-4-5 统一设置轴心点

① 设置第一帧轴心

A. 在时间轴窗口中，选择多个帧（图8-4-6），这些帧必须在同一图层上。

图8-4-6 选择多个帧

B.在摄影机窗口中，将第一帧轴心设置准确（图8-4-7）。

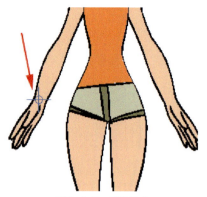

图8-4-7　拖动轴心

② 拷贝、粘贴轴心

A.在时间轴上，右键点击设置好轴心的帧（图8-4-8）。

图8-4-8　点击设置好轴心的帧

B.在弹出的快捷菜单中，选择"拷贝"命令（快捷键【Ctrl】+【C】）。

C.在时间轴上，右键点击未设置轴心的帧（图8-4-9）。

图8-4-9　选择未设置轴心的帧

D.在弹出的快捷菜单中，选择"特殊粘贴"命令（快捷键【Ctrl】+【Shift】+【B】），弹出特殊粘贴对话窗口（图8-4-10）。

图8-4-10　特殊粘贴对话窗口

E.选择高级标签，点选更新图画轴心选项。

F.点击OK确认，完成轴心设置。

8.4.3　设置主定位层轴心

默认情况下，主定位层轴心放置在摄影机窗口的中心，需要移动到角色的脚的位置（图8-4-11）。

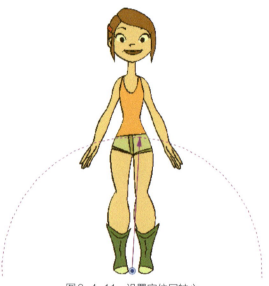

图8-4-11　设置定位层轴心

制作动画时，轴心可以用变换工具临时移动到别处。变换工具也可用于临时更改定位层轴心。要永久移动定位层轴心点，使用旋转工具和缩放工具。其步骤如下。

① 在高级动画工具栏中（图8-4-12），选择旋转工具和缩放工具。

图8-4-12　高级动画工具栏

② 在时间轴窗口中，选择主定位层（图8-4-13）。

图8-4-13　选择主定位层

③ 在摄影机窗口中，拖动定位层轴心并移动至脚底处（图8-4-14）。

 如果在角色图层中存在其他定位层，必须使用同样方法移动轴心。

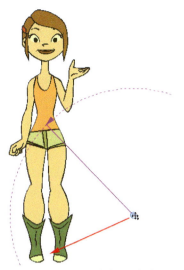

图8-4-14　移动定位层轴心

8.5　将角色存入模板

角色必须存储为模板，才能在不同的场景中共享。

模板可以从时间轴窗口和网络窗口中创建，两个窗口各有特点。时间轴窗口以线性和简单的方式安排图层，网络窗口可以创建时间轴窗口无法显示的各种复杂连接。

8.5.1　创建角色转面模板

① 在库目录窗口中，右键点击库文件夹解锁（图8-5-1）。

② 在时间轴窗口中，点击主定位层左侧的 ▷ 按钮，收起图层（图8-5-2）。

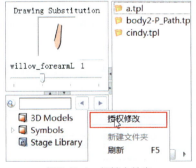

图8-5-1　解锁文件夹

图8-5-2　展开主定位层

③ 如果时间轴窗口中有空白单元格，也将被做进模板，因此，需要缩短场景长度减少空白单元格。

打开重命名对话窗口，重命名模板（图8-5-3）。

图8-5-3　重命名模板

④ 输入名称，点击OK确认。

8.5.2　创建角色单面模板

① 在库目录窗口中，右键点击库文件夹解锁（图8-5-1）。

② 在时间轴窗口中，点击展开按钮 ▷，收起图层（图8-5-2）。

③ 选择只包含转面图中一个面的单元格，比如角色侧面（图8-5-4），拖入库文件夹中。

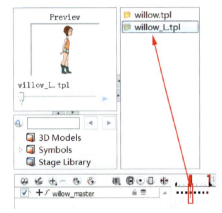

图8-5-4　将一个单元格拖入库文件夹

打开重命名对话窗口，重命名模板（图8-5-3）。

④ 输入名称，点击OK确认。

> **Tip**　从时间轴窗口中创建的模板，只复制图画和关键帧，不复制网络中的高级连接和合成模块，且在使用时，模板中的图层顺序可能会出错。

8.5.3　创建角色头部模板

① 在库目录窗口中，右键点击库文件夹解锁。

② 在时间轴窗口中，找到头部图层，并将头部各子层折叠（图8-5-5）。

图8-5-5　收起图层

③ 在时间轴窗口右侧，选择单元格并拖拽至库窗口中（图8-5-6）。

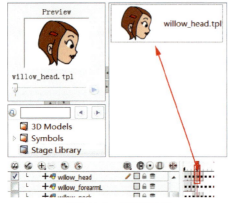

图8-5-6　拖拽单元格

打开重命名对话窗口，重命名模板。

④ 输入名称，点击OK确认（图8-5-7）。

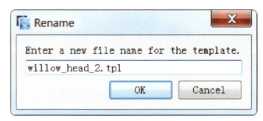

图8-5-7　确认

角色创建技巧　　技术专题　　实战练习

第9章 场景设置

本章导读

　　场景设置就是为动画制作构建场景，在镜头放置各个元素，如摄影机、人物及背景等，设置显示方式、渲染网络等。

9.1 添加并设置摄影机

　　场景动画在摄影机框中展现，因此正确设置摄影机非常重要。

9.1.1 添加摄影机层

（1）以层的方式添加摄影机

　　摄影机层是一种静态层，如果需要动画，必须添加定位层。

　　添加摄影机步骤：在时间轴窗口中，点击添加层按钮❶，在下拉菜单中，选择Camera（摄影机），或选择主菜单中的"插入>摄影机"命令，新摄影机层被添加到时间轴窗口中（图9-1-1）。

图9-1-1　新摄影机层

 不能在元件中添加摄影机，可以在网络和模块库窗口添加摄影机层。

（2）摄影机列表

　　场景可以添加多个摄影机，但在时间轴窗口只能看到一个摄影机层，如需切换，可在主菜单中，选择"场景>摄影机"命令，切换摄影机。

　　如果没有增加摄影机，那么在列表中就只能看到一个默认的摄影机（图9-1-2）。

图9-1-2　摄影机列表

9.1.2 设置摄影机

（1）使用变换旋转工具

　　可以用变换工具❖和旋转工具◎，直接在摄

影机窗口中调整摄影机框。

① 在主菜单中，选择"动画>工具>变换"命令（快捷键【Alt】+【Q】）。

② 在摄影机窗口中，点击摄影机框，也可以在时间轴窗口中选择摄影机层，摄影机框呈高亮显示（图9-1-3）。

图9-1-3　高亮显示摄影机框

③ 调整摄影机框至合适位置（图9-1-4）。

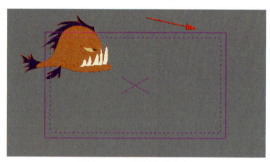

图9-1-4　调整摄影机框

④ 在主菜单中，选择"动画>工具>旋转"命令（快捷键【Alt】+【3】）。

⑤ 在摄影机窗口中，旋转摄影机框（图9-1-5）。

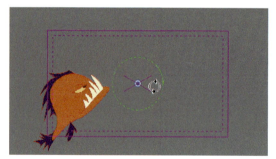

图9-1-5　旋转摄影机框

（2）重置摄影机位置

摄影机框位置改变后，使用重置命令即可还原到初始位置。

① 在工具架上，选择变换工具 （快捷键

【Alt】+【Q】）。

② 在时间轴窗口选择摄影机层，或直接在摄影机窗口点击摄影机框。

③ 在主菜单中，选择"动画重置"命令（快捷键【Shift】+【Ctrl】+【Z】）。

如果选择旋转工具 ，将还原变换角度。

（3）使用摄影机层属性

使用摄影机层属性对话框，也可以设置摄影机框。

在时间轴窗口，双击摄影机层，弹出摄影机层属性对话框（图9-1-6）。

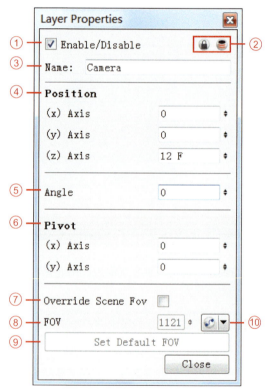

图9-1-6　摄影机层属性对话框

① 该选项为是否禁用摄影机层。

② 锁定、 洋葱皮按钮。

A.摄影机框位置设置完成后，可以将图层锁定以防被误操作。

B.点击洋葱皮按钮可以在摄影机或绘画窗口中使用洋葱皮功能。

③ 名称框显示摄影机名称，可以输入名称，重命名摄影机。

④ 显示当前摄影机层位置的X轴（左右）、Y轴（上下）、Z轴（前后）坐标。可以直接输入数值以确定摄影机层的坐标，或用右侧的上下箭

头调整。

⑤ 显示当前摄影机层的旋转角度。操作同坐标轴。

⑥ 显示当前摄影机层的平移和旋转轴心位置。摄影机围绕位置轴心点进行旋转。默认情况下，轴心点在摄影机框中心。

⑦ 勾选更改场景视场选项，可以激活视场选项。

⑧ 显示当前摄影机框的视场。激活后可以更改摄影机框的缩放值。

⑨ 重置视场，按钮被激活后，点击可以重置。

⑩ 函数按钮用于摄影机的动画，设置运动镜头。

9.1.3 动画模式

摄影机设置完成后，在对场景中各元素操作前，应确保动画模式是禁用状态，否则任何操作都会在图层上产生关键帧。

在工具架上点击动画模式按钮 ，模式被激活，取消则为禁用。

9.2 定位图层

9.2.1 选择图层

在摄影机窗口中，有多种方式选择要定位的图层。

（1）使用变换工具选择图层

① 在工具架上，选择变换工具 （快捷键【Alt】+【Q】）。

② 在变换工具属性窗口中，禁用引导层选择模式 。

③ 在摄影机窗口中，选择要定位的元素，可多选。

时间轴和摄影表窗口中的相应层、列会高亮显示。

（2）在时间轴窗口中确定选择的图层

如果时间轴窗口中图层众多，要找到被选元素所在的图层，可以使用中心显示所选 功能，元素所在的图层即会在时间轴窗口中显示出来（图9-2-1）。具体步骤如下。

① 在摄影机窗口中，选择需要的画稿。

② 使时间轴窗口为当前窗口，即窗口周围有红框显示。

③ 在时间轴窗口的菜单中，选择"视图>中心显示所选"命令（快捷键【O】）。如果所选元

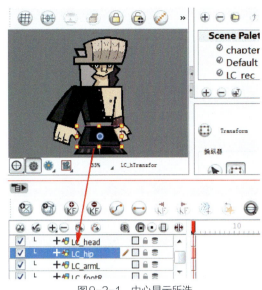

图9-2-1 中心显示所选

素包含在组中或是其他元素的子层，继续按【O】键，直至图层显示。

也可以点击时间轴窗口工具栏上的中心显示所选按钮 。

（3）在网络视图中确定选择的图层

在网络窗口中，有时也会有大量的图层模块存在，要迅速找到相关图层，同样可以使用中心显示所选选项。其步骤如下。

① 在摄影机窗口中，选择需要的画稿。

② 使网络窗口为当前窗口，即窗口周围有红框显示。

③ 在网络窗口菜单中，选择"视图>中心显示所选"命令（快捷键【O】）。

也可以点击网络窗口工具栏上的中心显示所选按钮 。

9.2.2 使用变换工具定位图层

（1）临时改变轴心点

缩放、旋转或倾斜等操作，是以轴心点为依据进行的。轴心点可以临时改变位置。

① 在工具架上，选择变换工具 。

② 在变换工具属性窗口中，关闭引导层选择模式 。

③ 在摄影机窗口中，选择图形后，会显示轴心点（图9-2-2）。

④ 移动轴心点（图9-2-3），当前的变换操作将使用新的轴心点，取消图形选择后，轴心点将会恢复原位。

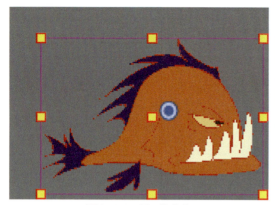

图9-2-2　显示轴心点

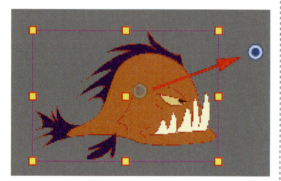

图9-2-3　改变轴心点

 临时移动轴心点后，原轴心点将用浅色显示，取消后再选择时，轴心点位置恢复。

（2）变换图层

① 移动图层

A.在工具架上，选择变换工具⊞，并关闭引导层选择模式🐾。

B.在摄影机窗口中，移动图形（图9-2-4）。

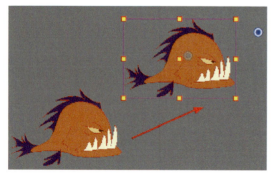

图9-2-4　平移

② 旋转图层

A.在工具架上，选择变换工具⊞，并关闭引

导层选择模式🐾。

B.在摄影机窗口中，旋转图形（图9-2-5）。

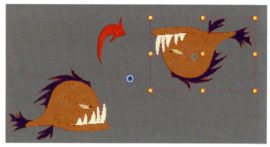

图9-2-5　旋转

在首选项的摄影机标签中，勾选添加旋转手柄选项，可以给变换框添加旋转手柄（图9-2-6），默认为关闭。

图9-2-6　旋转手柄

③ 缩放图层

A.在工具架上，选择变换工具⊞，并关闭引导层选择模式🐾。

B.在摄影机窗口中，选择图形，拖拽变换框周围的控制点进行缩放（图9-2-7）。

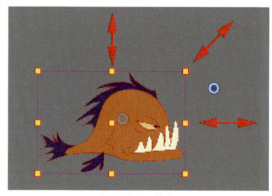

图9-2-7　缩放

按【Shift】键拖拽，可等比例缩放。

④ 倾斜图层

A.在工具架上，选择变换工具⊞，并关闭引

导层选择模式。

B.在摄影机窗口中，选择图形，拖拽变换框边线（图9-2-8）。

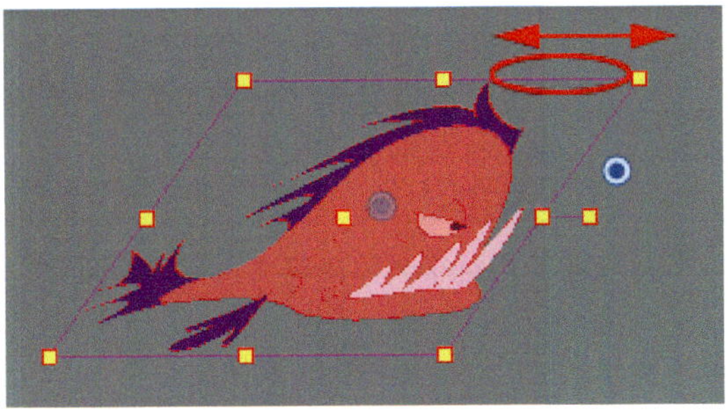

图9-2-8 倾斜

（3）锁定图层

图层选择后，为防止被意外移动，可以在时间轴窗口中锁住。

① 锁定：按锁按钮，锁定一个或多个图层。

A.在时间轴窗口中，选择一个或多个图层（图9-2-9）。

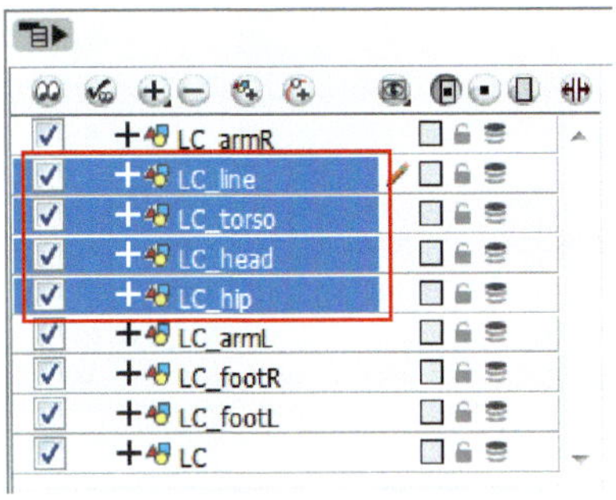

图9-2-9 选择图层

B.在主菜单中，选择“动画>锁定>锁定”命令。也可以点击图层上锁按钮（快捷键【Ctrl】+【Alt】+【L】)，如图9-2-10所示。

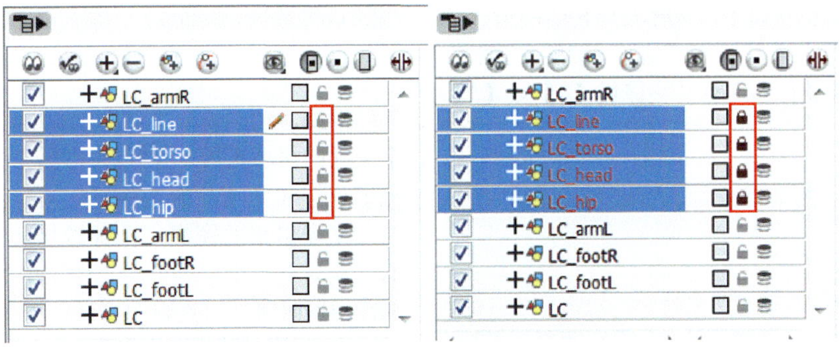

图9-2-10 锁定图层

② 解锁：操作和锁定相同（快捷键【Ctrl】+【Shift】+【K】)。

③ 全部锁定：即一次锁定全部图层。步骤为，在主菜单中，选择“动画>锁定>锁定所有”命令（快捷键【Ctrl】+【Shift】+【L】，图9-2-11)。

④ 全部解锁：操作和全部锁定相同（快捷键【Ctrl】+【Shift】+【Alt】+【L】)。

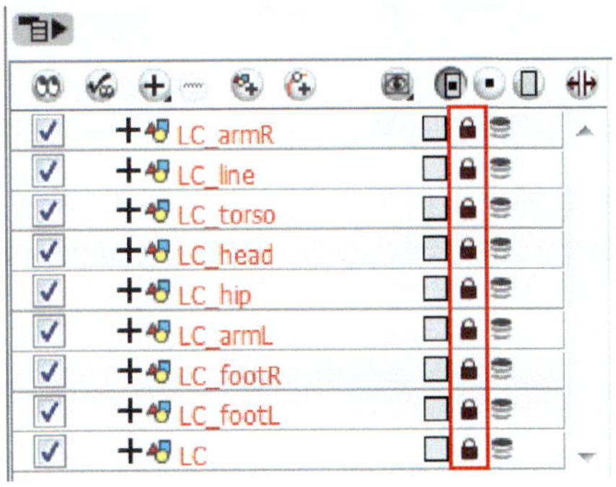

图9-2-11 锁定全部图层

⑤ 锁定选择之外的图层：锁定除选择的图层之外的全部图层。

A.在时间轴窗口中，选择不需要锁定的图层（图9-2-12)。

B.在主菜单中，选择“动画>锁定>锁定其他图层”命令（快捷键【Ctrl】+【Shift】+【Alt】+【O】，图9-2-13)。

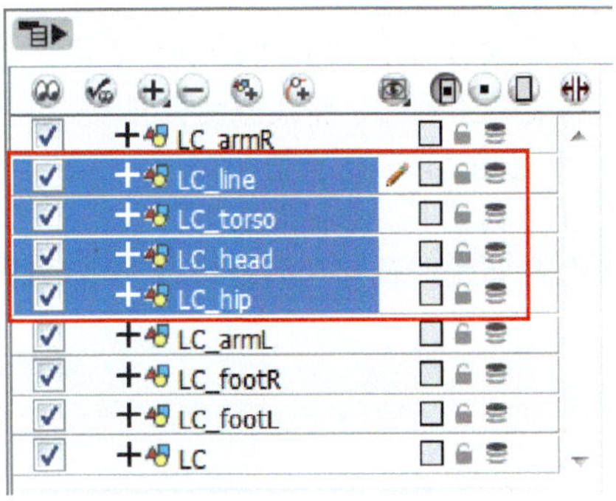

图9-2-12 选择图层

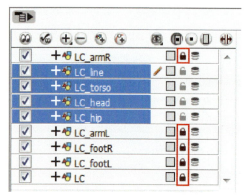

图9-2-13　锁定其他图层

（4）翻转图层

有两种不同的图层翻转选项：垂直翻转和水平翻转，具体操作如下。

① 在工具架上，选择变换工具，并关闭引导层选择模式。

② 在摄影机窗口中，选择要翻转的图形。

③ 在主菜单中，选择"动画>翻转>水平翻转"或"垂直翻转"命令（快捷键【4】或【5】，图9-2-14）。

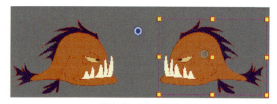

图9-2-14　翻转

（5）重置变换

图层移动后，使用重置命令可将所选图层复位。图层重置和摄影机重置类似。

① 重置图层位置

A.在工具架上，选择变换工具。

B.在时间轴或直接在摄影机窗口中，选择要重置的图层，可多选。

C.在主菜单中，选择"动画>重置"命令。如果选择旋转工具，将还原变换角度。

② 重置除Z轴外所有值

A.在工具架上，选择变换工具。

B.在时间轴或直接在摄影机窗口中，选择要重置的图层，可多选。

C.在主菜单中，选择"动画>重置所有除Z轴"命令。

9.2.3　克隆与复制图层

电脑动画的一个优势就是可以方便地克隆或复制图层，减少大量繁杂重复的劳动。

（1）克隆图层

克隆的图层链接到原画稿文件夹。如果修改了原画稿，则克隆层也将更新（图9-2-15）。但是调整克隆层的时间节奏不影响原图层。

图9-2-15　克隆图层

例如，动画为一个队列的循环走，在完成一个士兵的循环走后，克隆该图层，比如50次，避免了制作50个士兵的走路。

克隆出来的图层，全部链接相同的文件夹，而画稿只有一个，因而更正图层中的画稿，链接的图层同时更新。克隆图层设置步骤如下。

① 在时间轴或网络窗口中，选择要克隆的图层（图9-2-16）。

② 在时间轴窗口菜单中，选择"图层>克隆所选图层"命令。

在网络窗口菜单中，选择"模块>克隆所选模块"命令。

> **Tip** 在网络窗口克隆图层后，如果没有连接到合成模块上，克隆图层不会出现在时间轴窗口中（图9-2-17）。

（2）复制图层

复制图层不同于克隆，一旦复制，将不再关联原画稿，可以独立修改、调整（图9-2-18）。

图9-2-16　选择图层

图9-2-17 时间轴窗口中不显示克隆图层

图9-2-18 复制图层

复制图层步骤：

① 在时间轴或网络窗口中，选择要复制的图层。

② 在时间轴窗口菜单中，选项"图层>再制所选图层"命令。

在网络窗口菜单中，选择"模块>再制所选模块"命令。

9.3 定位图形

9.3.1 使用高级动画工具定位图形

永久改变轴心点步骤：

① 选择高级动画工具栏上的旋转工具◎、缩放工具◻或倾斜工具◰。

② 在摄影机窗口中，点击图形，显示轴心点（图9-3-1）。

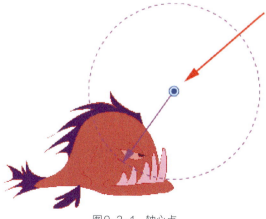

图9-3-1 轴心点

③ 移动轴心点（图9-3-2）。完成后，再使用变换工具◈时，就会以新轴心为准。

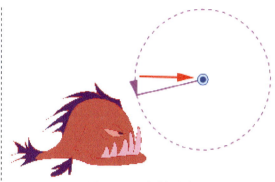

图9-3-2 移动轴心点

9.3.2 使用图层属性定位图形

在时间轴窗口中，右键点击图层，在弹出的快捷菜单中选择图层属性命令（快捷键【Shift】+【E】），或双击图层打开图层属性对话窗口（图9-3-3）。

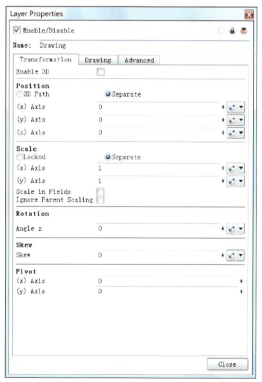

图9-3-3 图层属性对话窗口

（1）Transformation（变换）标签

勾选 Enable 3D 选项可以在层属性中打开3D
参数。

① Position（位置）：有两项选择（图9-3-4）。

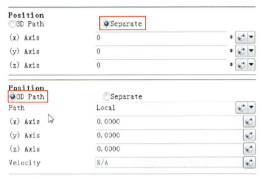

图9-3-4　位置选项

A.激活Separate选项，可在三个轴向上设置值。

B.激活3D Path选项，可在动画中使用3D路
径功能。

C.函数按钮，可在动画中创建函数曲线。

② Scale（缩放）：有两项选择（图9-3-5）。

图9-3-5　缩放

A.激活激活Separate选项，可独立设置X轴
和Y轴上的缩放值。

B.激活激活Locked选项，可固定缩放时的长
宽比例，即等比例缩放。

③ Rotation（旋转）：在输入框中输入–360°～
360°之间的旋转角。

④ Skew（倾斜）：在输入框中输入–90°～ 90°
之间的倾斜角。

⑤ Pivot（轴心）：在输入框中输入轴心点坐
标值，该设置将永久改变轴心位置。

（2）Drawing（绘画）标签（图9-3-6）

① Full Name（名称）：显示当前所选图形的
名称。

② Drawing Path（图形路径）：显示当前所选
图形的路径。

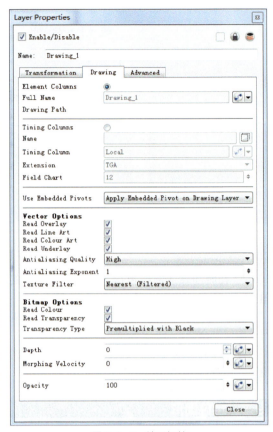

图9-3-6　绘画标签

③ Use Embedded Pivots（使用轴心）

A. Don't Use Embedded Pivot（不使用轴心）：
忽略图形自身轴心，以摄影机窗口的中心为轴
心。如果应用了轴心变换操作，则将偏移轴心。

B. Apply Embedded Pivot on Parent Peg（应用
父定位层轴心）：如果图层有父定位层，则图形
的变换操作使用父定位层的轴心点。

C. Apply Embedded Pivot on Drawing Layer
（应用图层自身轴心）：默认值。

④ Vector Options（矢量部分）

A. Read Overlay（读取顶层画稿）：在场景和
最终导出时显示和渲染顶层画稿。

B. Read Line Art（读取线稿）：在场景和最终
导出时显示和渲染线稿层。

C. Read Colour Art（读取色稿）：在场景和最
终导出时显示和渲染色稿层。

D. Read Underlay（读取底层画稿）：在场景
和最终导出时显示和渲染底层画稿。

E. Antialiasing Quality（抗锯齿品质）

a. Low：无抗锯齿。

b. Medium Low：基本抗锯齿。

c. Medium：改进的抗锯齿（纹理有模糊）。

d. High：改进的抗锯齿（纹理无模糊）。

高品质的图像渲染需要消耗更多时间和系统内存。测试渲染效果时，请选择较低质量。

F. Antialiasing Exponent（抗锯齿数）：控制在抗锯齿过程中使用的线条和色稿边缘的锯齿数。值越高，边缘越清晰。如果抗锯齿质量值设置为"低"（无消除锯齿），则忽略此值。

G. Texture Filter（纹理过滤器）：根据不同的渲染精度，选择不同的纹理着色的方式。

a. Bilinear（线性）：4个像素一组，并在它们之间进行双线性插值（中等质量）。

b. Nearest（近似）：接近的像素颜色（质量较低）。

c. Nearest (Filtered)（过滤近似）：改进的双线性插值，提高了纹理缩放的质量（质量最好）。

⑤ Bitmap Options（位图选项）

A. Read Colour（读取颜色）：是否从位图图像中生成颜色信息。

B. Read Transparency（读取透明度）：是否从位图图像中生成Alpha信息。

C. Transparency Type（透明度类型）：请参考本书7.1.1的内容。

⑥ Depth（深度）：根据网络节点Z轴值确定图层的渲染顺序。

⑦ Morphing Velocity（变形速率）：两个帧之间的融合变形的速率。

⑧ Opacity（不透明度）：快速更改所选元素的不透明度。此处的不透明度设置将反映在OpenGL预览和完整渲染中。

（3）高级标签（图9-3-7）

① Animation（动画）

A. Animate Using Animation Tools（使用动画工具）：该选项默认打开，图层可以设置动画。禁用后，图层只能修改，不能设置动画。

B. Angle Limit Values（角度限定值）：设置图形的最大和最小旋转角度。例如肘部的弯曲，可以使用这个选项加以限制。

a. Enable Min/Max Angle（启用角度选项）：启用最小/最大角度选项。

b. Min Angle（最小角度）：输入最小角度。

c. Max Angle（最大角度）：输入最大角度。

② Spline Offset（偏移引导线）

默认情况下，引导线显示在摄影机窗口中心。

图9-3-7 高级标签

输入偏移的坐标值进行操作，也可以使用高级动画工具栏中提供的偏移引导线工具。

要在摄影机窗口中显示引导线，选择图形，在主菜单中选择"视图>显示>控制"命令。

③ Alignment（对齐）

A. Alignment Rule（对齐规则）：在对齐规则下拉列表中列出了多个对齐方式，用于图层的对齐（"场景设置"的"对齐"标签中设置了场景网格）或输入的位图图像的对齐。注意，对齐规则指的是对齐场景网格而不是摄影机框。

Left：图层对齐场景网格左侧，并缩放图层匹配场景网格的高度。

Right：图层对齐场景网格右侧，并缩放图层匹配场景网格的高度。

Top：图层对齐场景网格顶部，并缩放图层匹配场景网格的宽度。

Bottom：图层对齐场景网格底部，并缩放图层匹配场景网格的宽度。

Centre Fit：图层中心对齐场景网格中心。

Centre Fill：图层中心对齐场景网格中心。缩放图层至场景网格的宽度或高度。

Centre LR：图层对齐场景网格左右边框。

Centre TB：图层对齐场景网格上下边框。

Stretch：拉伸图层，匹配网格大小，图像会变形失真。

As Is：图形保持原样。

Centre First Page：图层中如果是长画稿，画稿起始部分的中心与场景网格中心对齐。

B. Turn Before Alignment（对齐前旋转）：对齐前先将图层旋转90°，然后根据对齐规则对其进行缩放和对齐。

C. Flip Horizontal（水平翻转）：沿图形X轴翻转。

D. Flip Vertical（垂直翻转）：沿图形Y轴翻转。

④ Clipping（裁剪）

A. No Clipping（无裁剪）：裁剪应用于大图像，勾选该选项，图像将保留超出摄影机框的部分。

B. Clipping Factor (X)/(Y)（裁剪尺寸）：输入数值确定图像大小。该选项对于模糊效果很有用，不会出现图像中间模糊而边缘清晰的问题。

⑤ Line Thickness（线条粗细）

A. Adjust Pencil Lines Thickness（调整铅笔线粗细）：此选项控制铅笔线条的粗细，勾选该选项，激活相关参数（图9-3-8）。调整后的效果只能在摄影机窗口的渲染模式下观察。

a. Proportional（比例）：输入要增加线条粗细的倍数。输入1，没有变化，输入零，将隐藏线条。

b. Constant（固定）：以像素为单位输入固定值（基于740×540屏幕分辨率），保持线条粗细。

图9-3-8　铅笔线粗细参数

c. Minimum（最小值）：输入线条最细的值（基于740×540屏幕分辨率）。

d. Maximum（最大值）：输入线条最粗的值（基于740×540屏幕分辨率）。

B. Normal Thickness（正常粗细）：勾选该选项，才能显示调整参数后线条的变化。

C. Zoom Independent Thickness（独立缩放粗细）：勾选该选项，线条不会随摄影机的推入或拉出而改变粗细。

9.4　设置网络节点

网络窗口用连接线将场景中的每个元素有序连接起来，使整个工作流程可视化（图9-4-1）。在这个网络图中，允许插入元素、效果，形成一个比时间轴或摄影表更复杂的结构。

9.4.1　网络模块和导航

（1）网络窗口内容详解（图9-4-2）

① 模块

网络中的每个元素也称为模块或节点，有以下几类。

A. 画稿元素：图形图像。

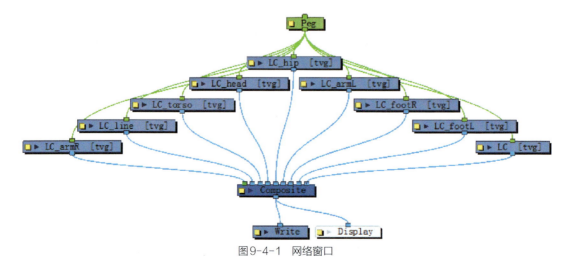

图9-4-1　网络窗口

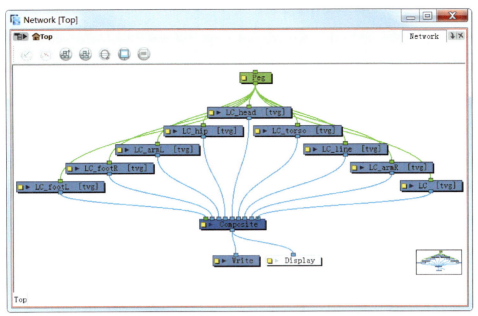

图9-4-2 网络窗口

B.  输出模块：显示。

C. Peg 定位层模块：控制摄影机和其他元素运动。

D. Composite 合成模块：合并多个图像。

E. Write 输出模块：渲染输出。

② 输入输出端

A.模块带有输入和输出端口（图9-4-3）。

图9-4-3 输入输出端

B.输入输出端的亮绿色显示，表示带有位置和移动信息（图9-4-4）。

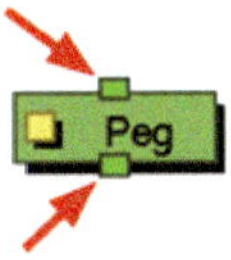

图9-4-4 高亮显示

（2）网络窗口操作

① 添加模块

模块库中的模块都可用于网络的构建，此外，在时间轴或摄影表窗口中创建图层时，都会在网络窗口中创建相应的模块。

在模块库中，选择需要的模块，拖至网络窗口中即可使用（图9-4-5）。

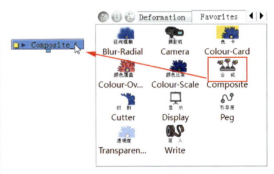

图9-4-5 添加模块

② 管理模块

在网络窗口中添加了多个模块后，可能看起来比较凌乱（图9-4-6）。为此，Harmony提供了许多命令，来组织和管理这些模块。

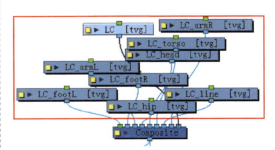

图9-4-6 多个模块的网络窗口

A.在网络窗口中选择几个或全部模块。

B.在主菜单中，选择"窗口>工具栏>脚本"命令，显示脚本工具栏，点击排序工具或。

打开排序对话窗口（图9-4-7），设置横向重叠、横向距离和纵向距离（图9-4-8）。

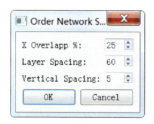

图9-4-7　排序对话窗口

③ 连接和断开模块

只需拖拽模块间连线即可完成模块的连接或断开。

A.在网络窗口中，点击模块输出端并拖至另一模块的输入端，完成连接。按住【Alt】键，将模块拖至模块的连线上释放（图9-4-9），可插入模块。

B.按住【Alt】键，点击模块拖离连线，可去除模块连接（图9-4-10）。

（3）网络导航

导航器是网络视图中显示当前网络缩略图的方形小窗口。拖动此框，可以移动当前的网络显示（图9-4-11）。

显示/隐藏导航器：在网络窗口菜单中，选择"视图>导航器>隐藏"命令。

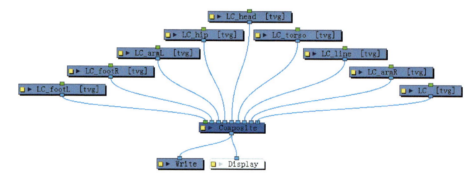

图9-4-8　完成排序

图9-4-9　加入模块　　　　图9-4-10　断开模块

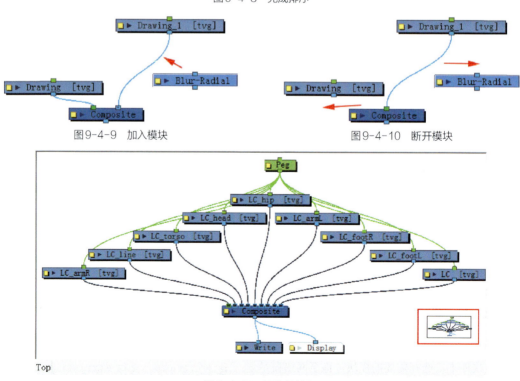

图9-4-11　网络导航器

9.4.2 合成模块属性

点击合成模块左侧的黄色方块，弹出模块的属性窗口（图9-4-12）。属性参数详解如下。

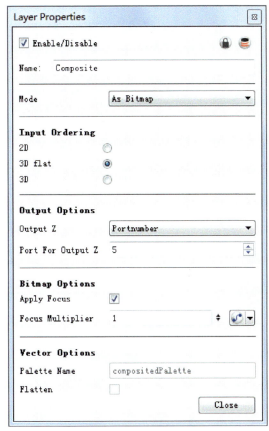

图9-4-12 属性窗口

（1）Mode（模式）

① As Bitmap（位图）：所有图像合成为单个位图图像。最终图像的Z值将基于输出选项中的Output Z。

② As Vector（矢量图）：所有图像合成为单个矢量图形。最终图像的Z值将基于输出选项中的Output Z。

③ As Seamless Bitmap（无缝位图）：所有图像合成为单个无缝位图图像。和位图区别在于，它与相连图像之间没有拼接接缝，这对于剪切动画非常有利。注意，无缝位图图像模式不支持阴影、发光、混合和聚焦特效。

④ Pass Through（直通）：不进行任何合成，每个独立的图像保留自身属性。

（2）Input Ordering（输入）

① 2D：模块中连接的元素将根据其端口排序进行组合。忽略图层的Z轴信息（图9-4-13）。常用于创建效果的合成中。

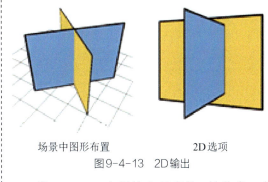

场景中图形布置　　　　　2D选项

图9-4-13 2D输出

② 3D Flat：启用接入元素的Z轴信息，在摄影机窗口中能显示景深。输出为平面图像（图9-4-14）。

③ 3D：启用Z轴信息，摄影机窗口中正确显示景深。图像不会被拼合。元素的3D信息将被保留。

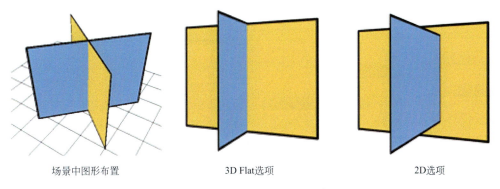

场景中图形布置　　　　　3D Flat选项　　　　　2D选项

图9-4-14 2D及3D平面区别

（3）Output Options（输出）

① Output Z（输出Z轴值）：确定当前合成中哪个元素的Z轴值用于下一步合成（可选最左、最右、最前和最后）。

② Portnumber：选择该选项后，激活Port For Output Z选项，输入适当的端口编号，使用的端口编号在合成模块的输入端口上显示为亮绿色。默认情况下，最左边的端口最前显示，最右边的端口最后显示。

（4）Bitmap Options（位图选项）

在选择As Bitmap（位图）模式后，该选项被激活。

① Apply Focus：在合成中激活此模块的焦点效果。

② Focus Multiplier：输入作焦点或焦点乘数的半径值。

（5）Vector Options（矢量选项）

在选择As Vector（矢量）模式后，该选项被激活。

① Palette Name：渲染时将使用此名称的色板文件。

② Flatten：合并矢量图形。合并时，任何透明度都将丢失。能创建较小的矢量文件，但可能会增加合成所需的时间。在图形重复使用时很有用。

9.4.3　成组

随着模块的增多，网络连接将变得十分复杂。可以使用成组工具，对网络进行有效管理。

（1）选择内容成组

① 在网络窗口中，框选需要成组的模块（图9-4-15）。

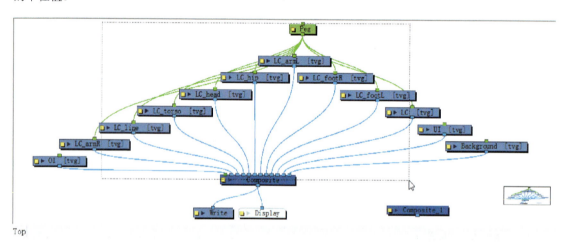

图9-4-15　框选模块

② 在主菜单中，选择"编辑>组合>组合所选图层"命令，如图9-4-16所示（快捷键【Ctrl】+【G】）。

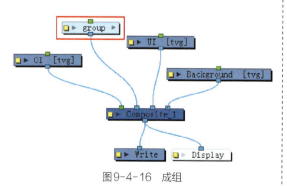

图9-4-16　成组

> **Tip**　要想使组只通过一个输出端口与主合成模块相连接，建议在成组之前，将合成模块也包括在内。

（2）带合成模块成组

带合成模块的组，优点在于只有一个端口输出，否则，组中有多少模块，就有多少连接线（图9-4-17）。

① 网络窗口中的带合成模块成组步骤

A.在网络窗口中，选择要成组的元素（图9-4-18）。

B.右键点击元素，在弹出的快捷菜单中选择"组合所选并添加模块"命令（图9-4-19）。

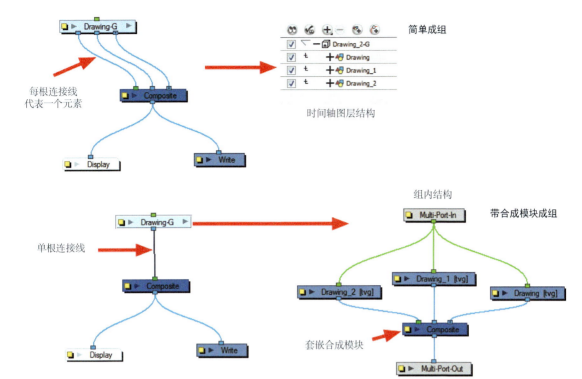

图9-4-17 简单成组与带合成模块成组比较

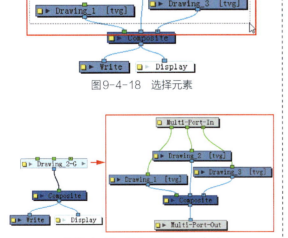

图9-4-18 选择元素

图9-4-19 带合成模块成组（1）

② 时间轴窗口中的带合成模块成组步骤

A.在时间轴窗口中，选择要成组的图层。所选图层之间的任何图层都将自动划入组中，因此不需要的图层应移到要成组的图层上方或下方。

B.右键点击选择的图层，在弹出的快捷菜单中选择"组合所选并添加合成模块"命令（图9-4-20）。

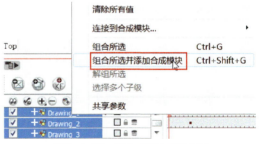

图9-4-20 带合成模块成组（2）

（3）解散组

① 在网络窗口中，选择要解散的组（图9-4-21）。

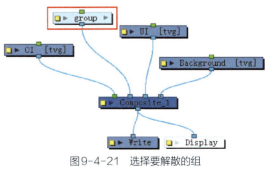

图9-4-21 选择要解散的组

② 选择网络窗口菜单中"模块>解组"命令，解散组（图9-4-22）。

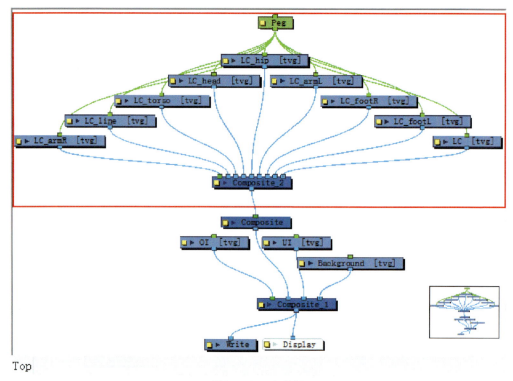

图9-4-22　解散组

（4）进入与退出组模块

① 在网络窗口中，点击组模块右侧箭头
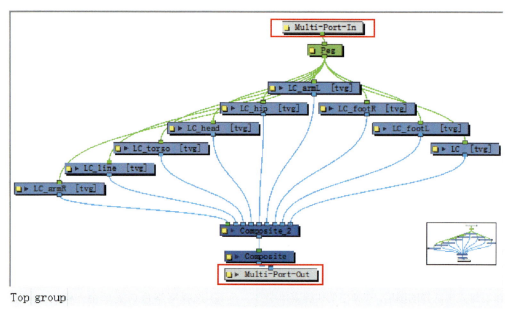即可进入。

在组模块中，Multi-Port-In 和 Multi-Port-Out
模块用于组模块外部的连接（图9-4-23）。

② 在网络窗口中左下角的模块路径中，点击
Top标签，即可退出组（图9-4-24），也可以选择
网络窗口菜单中的"模块>退出组合"命令，按
【Shift】键并点击Multi-Port-Out模块，同样可以
退出组。

图9-4-23　组的输入输出端口

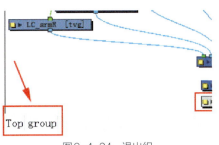

图9-4-24 退出组

9.4.4 激活与禁用模块

时间轴窗口中的图层，可以在网络窗口中显示或关闭，关闭后，模块以红色显示（图9-4-25），时间轴窗口中该图层将不会显示。

图9-4-25 禁用模块

（1）激活模块

① 在网络窗口中，选择一个模块（图9-4-25）。

② 在网络窗口菜单中，选择"模块>启用"命令，或者右键点击要激活的模块，在弹出的快捷菜单中选择"启用"命令（图9-4-26）。

图9-4-26 激活模块

对于组，使用该命令，只能激活组，对组内的下一层级无效。

（2）禁用模块

① 在网络窗口，选择一个模块（图9-4-26）。

② 在网络窗口菜单中，选择"模块>禁用"命令，或点击网络窗口工具栏中禁用按钮 。该选项仅对同层级模块有效。

（3）禁用所有其他模块

① 在网络窗口，选择一个模块（图9-4-27）。

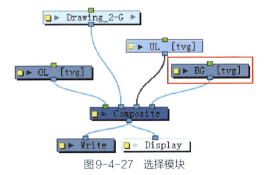

图9-4-27 选择模块

② 在网络窗口菜单中，选择"模块>禁用所有其他模块"命令（图9-4-28）。

选择以外的所有模块被禁用。该选项仅对同层级模块有效。

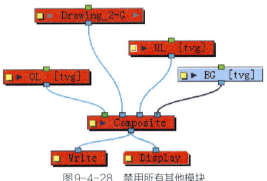

图9-4-28 禁用所有其他模块

9.4.5 模块缩略图

在网络窗口中，有些模块具备缩略图选项，可以点击箭头按钮查看（图9-4-29）。

图9-4-29 缩略图选项

（1）显示缩略图

① 显示模块缩略图：在网络窗口中，点击缩略图查看箭头（图9-4-30）。如果没有出现缩略图，点击摄影机窗口下部工具栏中的渲染按钮 ，刷新窗口。

图9-4-30 查看缩略图

② 显示所选模块缩略图：在网络窗口中，框选模块（图9-4-31），在网络窗口菜单中，选择"视图>显示所选缩略图"命令（图9-4-32）即可。

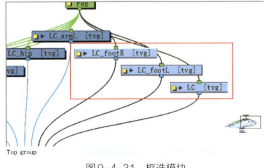

图9-4-31 框选模块

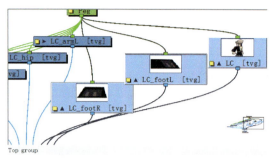

图9-4-32　查看所选模块缩略图

（2）隐藏缩略图

操作与显示缩略图相同。

（3）隐藏所有缩略图

在网络窗口菜单中，选择"视图>隐藏所有缩略图"命令（图9-4-33），即可隐藏。

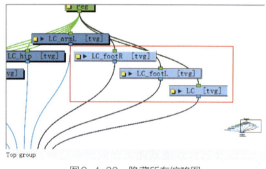

图9-4-33　隐藏所有缩略图

9.5　显示

Harmony的显示模块是非常重要的模块，用于连接其他窗口，例如时间轴和回放窗口等。显示模块存放在模块库中，在网络窗口中负责连接合成模块、输出显示。

9.5.1　显示模块

网络窗口中允许有多个显示模块，用于查看场景的不同部分，而不必断开模块间的连接（图9-5-1）。这对于在有多个角色的场景中，需单独查看某个角色动画时非常有用（图9-5-2）。显示模块还可以在合成过程中单独查看效果。

直接把模块库中的显示模块拖入网络窗口，即可添加显示模块。

（1）全局显示

显示工具栏的下拉列表，列出各种不同的显示内容。在列表中选择显示名称，摄影机窗口就会显示该模块连接的内容（图9-5-3）。该工具栏称为全局显示工具栏。

（2）显示全部

新建场景后，系统会自动添加显示模块，显示所有内容，即系统的默认显示。

9.5.2　窗口显示

显示模式有两种：基本显示和高级显示。默认为基本显示模式。

（1）基本显示模式

基本显示模式创建的场景，显示模块自动添加到网络中，并连接到最终合成模块上，表示在摄影机窗口中只显示连接到合成模块上的元素。

在网络中添加的显示模块，都会显示在列表中。

（2）高级显示模式

高级显示模式下，每个窗口可以添加不同的显示模块。使用这种模式，首先要在首选项高级标签中启用高级显示选项（图9-5-4）。

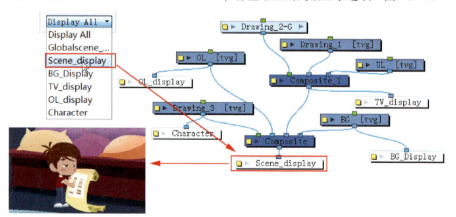

图9-5-1　显示全部

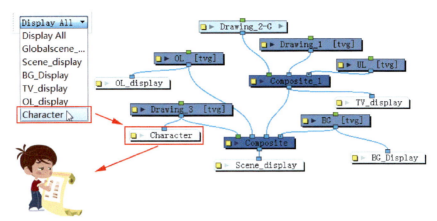

图9-5-2 显示角色

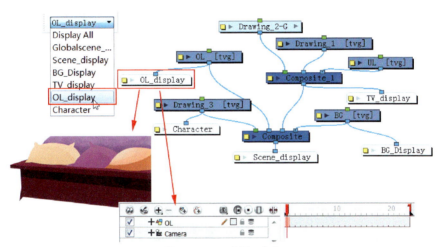

图9-5-3 更改显示内容

图9-5-4 启用高级显示选项

设置成高级显示模式后，显示模块会出现在摄影机和时间轴窗口工具栏上。默认情况下，它们和全局显示工具栏一样。

可以对每个窗口单独进行设置。例如，用一个摄影机窗口显示场景所有内容，用另一个摄影机窗口显示角色动画，那么第一个摄影机可以设置为场景显示（图9-5-5），另一个可以设置为角色显示（图9-5-6）。

图9-5-5 场景显示

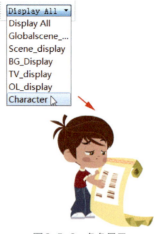

图9-5-6　角色显示

9.5.3　时间轴窗口显示

一个复杂场景会有大量的图层，为方便操作，时间轴窗口可以选择3种不同的模式来显示或隐藏图层（图9-5-7）。

图9-5-7　选择显示模式

（1）正常视图模式 📷

默认显示模式。显示所有图层。没有链接到全局显示的图层，不会在时间轴上显示。

（2）仅显示所选图层模式 📷

选择该模式，时间轴窗口仅显示在摄影机和网络窗口中选中的元素，减少图层显示。

（3）仅显示已加标签图层模式 🔴

添加图层标签，右键点击图层，在弹出的快捷菜单中选择"标签"命令，标签共有4个选项：标签、取消标签、取消所有标签、取消所有其他标签。

添加标签后，图层显示星号（图9-5-8）。

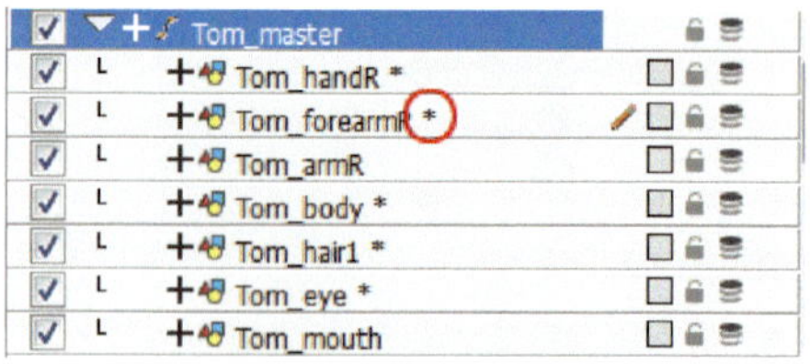

图9-5-8　标签图层

启用该选项后，时间轴窗口中仅会留下带标签的图层并用红色竖线标注（图9-5-9）。

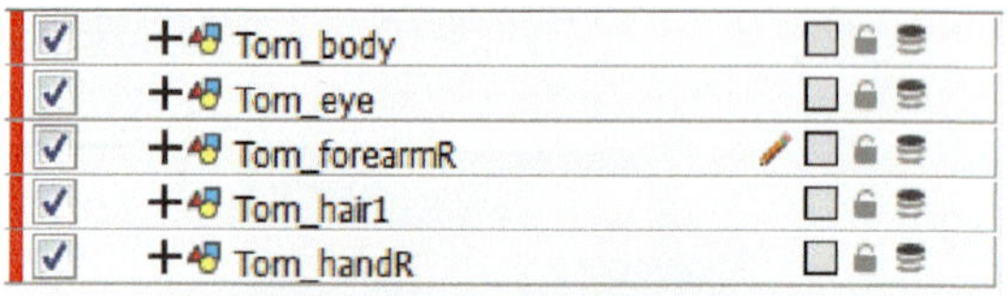

图9-5-9　显示标签图层

9.6　创建多视图

Harmony中，沿Z轴方向设置多个的平面，能创建出场景的景深效果。调整这些平面与摄影机之间的距离，移动摄影机时，可以创建一个令人印象深刻的透视错觉（图9-6-1）。

图9-6-1　多层背景

9.6.1 透视图

在场景设置过程中，透视图主要用于查看多个图层的排列位置，类似于3D显示；也可以旋转场景，了解图层之间的间距、定位和旋转图层，实现一些3D设置和摄影机移动（图9-6-2）。

透视图详解：

① 蓝色圆圈表示X和Y轴平面的旋转。

② 红色圆圈表示Y和Z轴平面的旋转。

③ 绿色圆圈表示X和Z轴平面的旋转。

④ 透视网格参考。

⑤ 坐标轴，在透视图中的方向参考。

⑥ 三个视图的显示按钮。

A.📷显示/隐藏摄影机：在透视图中显示或隐藏摄影机框。

B.⚙重置视图：在透视图中重置平移、旋转或缩放。

C.✎重置旋转：在透视图中重置旋转。

⑦ 在透视图中显示当前的缩放值，下拉菜单中可以选择固定的缩放值或选择适合窗口来自动调整缩放值（图9-6-3）。

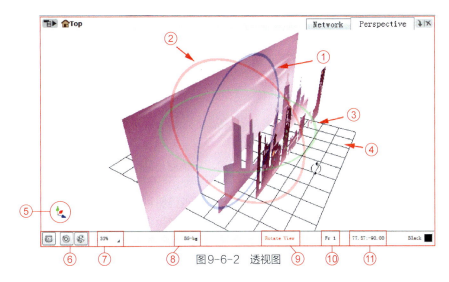

图9-6-2　透视图

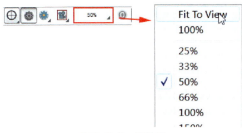

图9-6-3　缩放值

⑧ 当前选择的层和画稿名。

⑨ 当前使用的工具名。

⑩ 当前帧号。

⑪ 当前鼠标位置坐标。

在透视图中旋转窗口的步骤：

① 在工具架上，选择旋转工具（图9-6-4）。

图9-6-4　旋转工具

② 打开透视窗口，拖动鼠标旋转窗口。

9.6.2 顶视图和侧视图

（1）顶视图和侧视图

顶视图和侧面视图主要用于在多个背景层和3D空间中定位元素（图9-6-5）。

从顶部或侧面查看场景的舞台，可以看到摄影机角锥和排列的图层元素缩略图。

① 摄影机角锥代表摄影机的视场。

② 场景中每个图层的缩略图。缩略图的顺序表示每个图层在场景空间中的前后位置，这可以在摄影机角锥中看到。

（2）多图层设置

要构建多平面，必须想象一下真实的环境，思考背景图片在空间内的移动。摄影机运动时，图片会以不同的速度移动，具体取决于它们相对于摄影机镜头的位置。例如，在图9-6-6所示的背景中，从前到后依次为，①蕨类植物，②前塔楼，③第二座塔楼，④月亮，⑤星星，⑥天空。

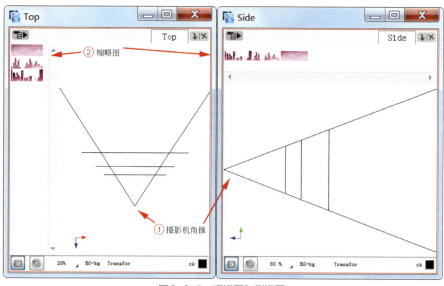

图9-6-5　顶视图和侧视图

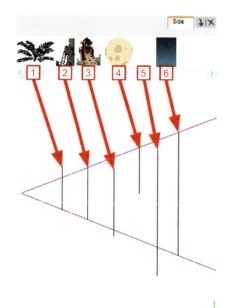

图9-6-6　不同图层的位置

9.6.3　Z轴上分布元素

将多个图层沿Z轴分布，通过顶视图和侧视图，调整图层间以及图层与摄影机的距离，可以制造景深。

靠近摄影机的图层会比远离摄影机的图层显示得大。使用保持大小按钮，可以在拖动图层时，保持图层在摄影机中的大小。此工具可在高级动画工具栏中找到。

> **Tip** 在顶视图和侧视图中调整图层时，可以打开摄影机视图，随时观察效果。

在顶视图和侧视图中定位元素的步骤如下。

① 在高级动画工具栏中，选择保持大小按钮（快捷键【Alt】+【6】）。

② 在侧视图的缩略图中，选择一个图层，也可以在时间轴窗口中选取。在高级动画工具栏中选择位移工具。被选图层呈高亮显示（图9-6-7）。

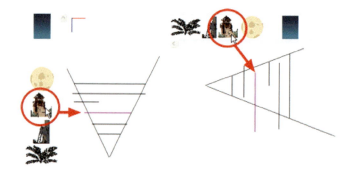

图9-6-7　选择的图层

③ 点击拖动图层至需要的位置。图层在前后拖动时，摄影机窗口中的大小始终保持不变（图9-6-8）。

④ 在顶视图中左右拖动，图层将水平移动。

在侧视图中上下拖动，图层将垂直移动。

⑤ 按【Shift】键拖动图层，可以锁住轴向，确保在单个轴上移动。

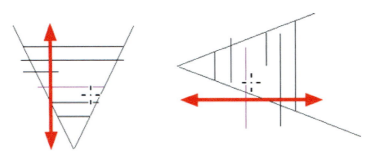

图9-6-8 拖动图层

技术专题　　　实战练习

第**10**章
传统动画

🎮 **本章导读**

　　传统动画的无纸化是动画发展的趋势，这种用计算机辅助处理的动画，第一步也是从构建草稿，即动画的大致框架开始的。

　　要实现令人满意的动画效果，首先完成主要动作的绘制，再添加所有细节。如果先制作细节，那么会浪费大量时间进行修正，并且动画看起来也会太过死板。

10.1　传统动画无纸化工具

　　使用传统动画技术进行数字动画创作时，需要掌握一些工具以便能有效工作，如同传统动画需要动画桌、铅笔、纸张一样。

10.1.1　洋葱皮工具

　　洋葱皮工具🛢️用于预览画稿。当设计或制作动画时，能够看到前后的画稿图纸。默认情况下，前面的画稿为红色，后面的画稿为绿色，可以在首选项面板中改变显示（图10-1-1）。使用洋葱皮工具步骤如下。

　　① 启用洋葱皮工具。有以下几种方式。

　　A. 在工具架上，点击洋葱皮按钮🛢️。

　　B. 在时间轴上点击洋葱皮图标🛢️后，图标显示为🛢️（图10-1-2）。

　　C. 在主菜单上选择"视图>洋葱皮>显示洋葱皮"命令（快捷键【Ctrl】+【Alt】+【O】）。

图 10-1-1　洋葱皮显示

图 10-1-2 洋葱皮图标

② 选择前后画稿预览的数量。

在时间轴窗口中点击洋葱皮图标后，播放头前后会出现蓝色的范围标记（图10-1-3）。

图 10-1-3 洋葱皮范围

在主菜单中进行如下操作。

A. ⬤选择"视图>洋葱皮>无前一图"命令（快捷键【～】）。

B. ⬤选择"视图>洋葱皮>前一图"命令（快捷键【！】）。

C. ⬤选择"视图>洋葱皮>前二图"命令（快捷键【@】）。

D. ⬤选择"视图>洋葱皮>前三图"命令（快捷键【#】）。

E. ⬤选择"视图>洋葱皮>无后一图"命令（快捷键【Ctrl】+【'】）。

F. ⬤选择"视图>洋葱皮>后一图"命令（快捷键【Ctrl】+【1】）。

G. ⬤选择"视图>洋葱皮>后二图"命令（快捷键【Ctrl】+【2】）。

H. ⬤选择"视图>洋葱皮>后三图"命令（快捷键【Ctrl】+【3】）。

③ 前后画稿出现在摄影机和绘画窗口中（图10-1-4）。

图 10-1-4 前后画稿预览

10.1.2 透光台

透光台💡用浅色显示上下图层，能观察到其他图层的画稿，便于制作动画或清稿。

在摄影机窗口中，激活透光台功能后，除了当前图层外，所有图层均以浅色显示。当使用选择工具🖱时，返回到正常模式显示。

默认状态下，绘画窗口中仅显示当前选定的图层。启用透光台后，其他图层的画稿的颜色减淡显示，用作参考，不能选择或操作。

透光台的使用步骤如下。

① 打开透光台。

A. 在主菜单中选择"视图>透光台"命令。

B. 在绘画窗口工具栏中，点击透光台按钮💡（快捷键【Shift】+【L】）。

② 在摄影机或绘画窗口中，其他图层以浅色显示（图10-1-5）。

图 10-1-5 透光台显示

③ 在时间轴窗口中，把不希望显示的图层关闭（图10-1-6）。

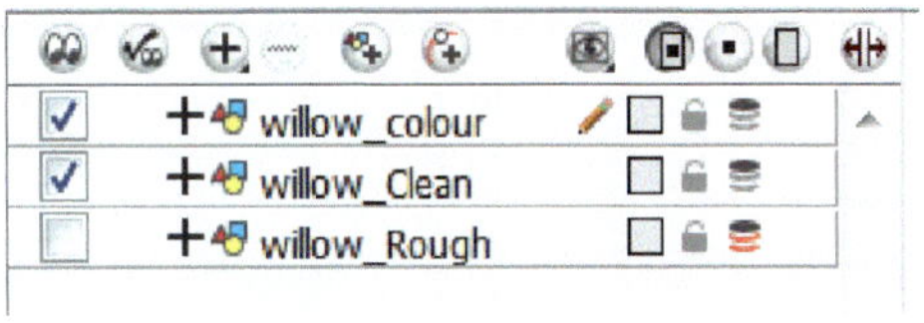

图 10-1-6 关闭图层

10.1.3 帧标识及空白帧

在曝光表窗口中，可以将画稿标定为原画、小原画或动画。在动画制作过程中，这样的曝光表看起来更有条理。这在多名动画师、导演或其他部门人员协同工作时尤为重要。

（1）帧标识

标记原画、小原画或动画的步骤：

① 在主菜单中，选择"窗口>工具栏>Mark Drawing"命令，显示画稿标识工具栏（图10-1-7）。

图10-1-7　画稿标识工具栏

② 在摄影表窗口，选择要识别的帧。

③ 在画稿标识工具栏中，点击原画按钮、小原画按钮或动画按钮。在摄影表工具栏中，也可以也可以找到相同命令（图10-1-8）。

A. 如果选择设为原画，单元格内会出现 K 图标。

B. 如果选择设为小原画，单元格内会出现 B 图标。

C. 如果选择设为动画，单元格内不会出现图标。

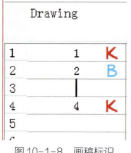

图10-1-8　画稿标识

（2）空白帧

使用空白帧命令，在时间轴和曝光表窗口中新建空白帧。

创建空白帧步骤：

① 在时间轴或曝光表窗口中，选择要创建空白画面的单元格。在摄影表窗口工具栏上，点击创建空白画面按钮（快捷键【Alt】+【Shift】+【R】）。

② 在曝光表或时间轴上产生新的帧（图10-1-9）。

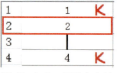

图10-1-9　创建空白帧

10.1.4　调整画稿位置

画稿完成后，该选项可以将图层内所有画稿整体移动、缩放、旋转或倾斜（图10-1-10）。

调整画稿步骤：

① 在工具架上选择重新放置所有图画位置工具，该工具隐藏在选择工具内，这样在绘画视图中，会自动全选图层内所有画稿（图10-1-11）。

图10-1-10　整体调整画稿位置

图 10-1-11 全选图层内所有画稿

② 移动或变形所选内容。

A.位移，点击拖动至需要的位置（图10-1-12）。

图 10-1-12 移动画稿

B.旋转，点选选择框控制点旋转（图10-1-13）。

图 10-1-13 旋转画稿

C.缩放，拖动控制点缩放（按住【Shift】键锁定长宽比），如图10-1-14所示。

图 10-1-14 移动画稿

D.倾斜，拖动边框线倾斜（图10-1-15）。

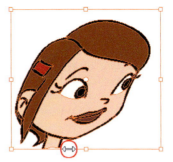

图 10-1-15 倾斜画稿

③ 释放鼠标后，图层内每张画稿会应用到相同的变化工具所执行的位移、缩放、旋转或倾斜等操作（图10-1-16）。

图 10-1-16 应用变换操作

10.2 无纸动画基础

Harmony可以应用在传统动画中，实现全数字化工作。其所提供的许多工具和功能使传统动画的制作变得更加高效。

10.2.1 动画设置

绘制原画张时，第一步，绘制主要动作。例如，躯干的姿势。第二步，添加头部、手臂和衣服等细节。要制作一个令人满意的动画，原画张是非常关键的（图10-2-1）。动画设置的步骤如下。

① 在首选项面板的摄影表标签部分，勾选使用当前帧号作为图画名称选项（图10-2-2）。

图 10-2-1　动画草图

图 10-2-2　设置首选项

② 在工具架上，选择画笔工具 🖌。

③ 在颜色窗口中选择颜色。在草稿中使用淡颜色有助于后续工作，如清稿等（图 10-2-3）。

图 10-2-3　选择颜色

④ 在时间轴或曝光表窗口中，选择单元格。

⑤ 在摄影机窗口中开始绘制（图 10-2-4）。

图 10-2-4　绘制画稿

⑥ 在曝光表窗口菜单中，选择"图画>标记图画为>原画"命令，将画稿标注为原画（图 10-2-5）。

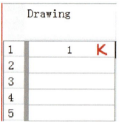

图 10-2-5　标注画稿

⑦ 在工具架上，点击洋葱皮工具 。

⑧ 在时间轴上，点击拖动蓝色范围标记，扩展前后画稿预览的数量（图 10-2-6）。

图 10-2-6　扩展预览范围

⑨ 在时间轴或曝光表窗口，选择下一个单元格（图 10-2-7）。

图 10-2-7　选择单元格

⑩ 在摄影机窗口中绘制第二张画稿（图 10-2-8）。

图 10-2-8　绘制第二张画稿

⑪ 在曝光表窗口上，标注为原画（图 10-2-9）。

⑫ 在时间轴或曝光表窗口上，选择两张原画之间的单元格（图 10-2-10）。

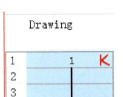

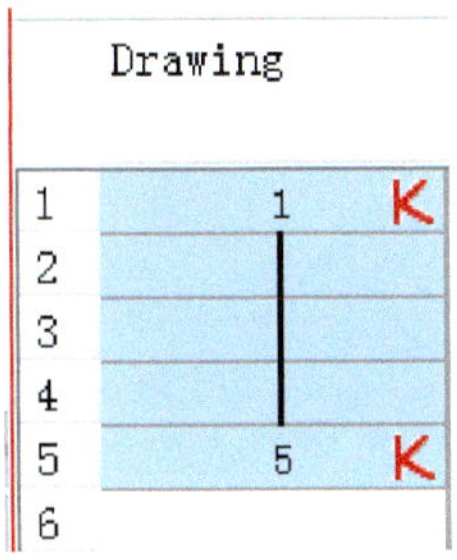

图 10-2-9　标注画稿

图 10-2-10　选择单元格

⑬ 创建空白图画（快捷键【Alt】+【Shift】+【R】）。

⑭ 继续绘制（图10-2-11）。

图 10-2-11　继续绘制

⑮ 有必要的话，可以在曝光表窗口中，将该帧标识为原画、小原画或动画（图10-2-12）。

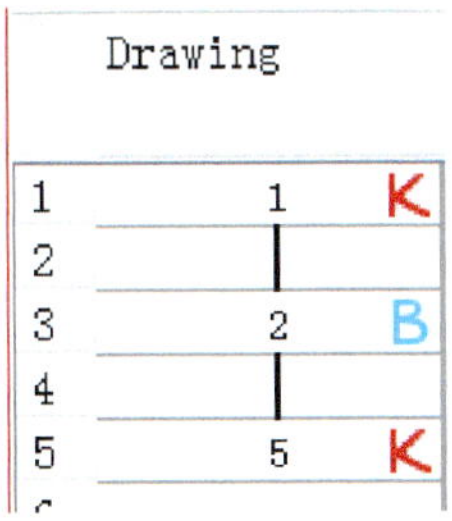

Drawing

图 10-2-12　画稿标注

⑯ 在时间轴或曝光表窗口，重复⑬到⑮步。

⑰ 在时间轴上隐藏不需要的层。

⑱ 在回放工具栏上，点击播放按钮 ▶，预览动画。

10.2.2　清稿

动画草稿完成后，就可以开始清稿。清稿也被称为描线（图10-2-13），在草稿中画出准确的结构和干净的线条，得到封闭的上色区域。

图 10-2-13　描线

添加新图层来清稿。这相当于在动画圆盘上添加一张纸。

> Tip　如果在绘画窗口中清稿，需要启用透光台功能，显示所有图层。

在新图层描线步骤：

① 在时间轴窗口工具栏上，点击添加图层按钮 。

② 锁定草稿图层（图10-2-14），以防草稿层被误操作。

图 10-2-14　锁定图层

③ 选择新图层，新图层的单元格要对应草稿层的单元格。

④ 在工具架上选择绘画工具。

⑤ 在颜色窗口选择颜色，如黑色，以便区分草稿层。

⑥ 在摄影机窗口清稿（图10-2-15）。

⑦ 关闭无关的图层显示，在摄影机窗口中只显示草稿层和清稿层。

⑧ 在工具栏上，点击洋葱皮按钮 🧅，扩展洋葱皮预览范围（图10-2-16）。

图10-2-15　清稿

图10-2-16　扩展预览范围

⑨ 在时间轴上 选择下一张草稿。

⑩ 在摄影机窗口清稿（图10-2-17）。

图10-2-17　继续清稿

⑪ 重复⑨～⑩步。

10.2.3　扫描稿处理

　　传统动画制作中，设计稿、原画习惯画在动画纸上。对于纸质的画稿，需要进行扫描输入电脑。扫描画稿时，可能会有杂点和多余的铅笔标记（图10-2-18）需要清除。Harmony提供了不同的功能来快速删除它们。

图10-2-18　画稿杂点

（1）清除杂点

　　该工具用来清除画稿上的杂点（图10-2-19）。清除时，要注意不能丢失画稿的细节。选定删除级别后，可以对当前的画稿或者是画稿序列进行清除。清除杂点步骤如下。

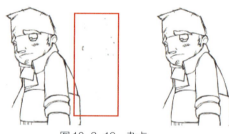

图10-2-19　杂点

① 在时间轴或摄影机窗口上，选择需要清理的画稿。

② 在主菜单中，选择"图画>清理>删除杂点"命令（快捷键【Shift】+【D】）。

弹出删除杂点对话窗口（图10-2-20）。

图10-2-20　删除杂点对话窗口

③ 滑块往右，增加删除级别。杂点高亮显示，表示已在所选范围内。

④ 勾选Apply to all drawings（应用到所有画稿）选项，可以把删除操作应用到图层的所有画稿。

⑤ 点击OK确认。

（2）清除线框外部

该选项用于删除线框外部的内容（图10-2-21）。在绘制过程中，遗留的笔迹（可能是看不见或没擦净的标记），也会导致输出文件变大。清除步骤如下。

图10-2-21 选择线框

① 在工具架上，点选选择工具。

② 在曝光表或绘画窗口中，框选画稿。

③ 在主菜单中，选择"图画>清理>删除所选之外的画稿"命令，删除未选择的部分内容。

> **Tip** 如需应用到整个画稿序列，在工具属性窗口中激活固定选择，尽可能扩大选择框范围，以便涵盖全部画稿序列，然后在主菜单中，选择"图画>清理>删除所选之外的画稿在所有图画上"命令（图10-2-22）。

图10-2-22 清除线框外部

（3）清除线框内部

该选项用于删除线框内部的内容。

① 在工具架上，点选选择工具。

② 在曝光表或绘画窗口中，选取要删除的内容。

③ 在主菜单中，选择"图画>清理>删除所选之内的画稿"命令，删除选择的部分内容。

（4）清除浮游线

该选项用于删除在绘制过程中产生的细小笔触（图10-2-23）。其步骤如下。

图10-2-23 删除细小笔触

① 在时间轴或曝光表窗口，选择画稿。

② 在主菜单中，选择"视图>显示>显示笔触"命令，显示不可见线条。

③ 在主菜单中，选择"图画>清理>删除浮游线"命令，弹出删除浮游线对话窗口（图10-2-24）。

图10-2-24 删除浮游线对话窗口

④ 向右移动滑块，增加删除的浮游线的数量和长度。

⑤ 勾选 Apply to all drawings（应用到所有画稿）选项，可以把删除操作应用到图层的所有画稿。

⑥ 点击OK确认。

10.3 无纸动画工具

Harmony还有其他动画工具，如翻看工具、增强的洋葱皮工具、额外绘画层、自动蒙版等。

10.3.1 翻看、简易翻看工具

该工具能像翻看纸质的图稿一样迅速浏览。可以单独翻看原画、小原画或一起查看。

> **Tip** 此功能仅对绘画视图有效。

① 在主菜单中，选择"窗口>工具栏>Easy Flipping"和"Flip"命令（图10-3-1）。

图10-3-1 翻看工具

② 简易翻看工具栏，点击向前按钮或向后按钮，查看前后画稿。

③ 勾选循环选项，循环翻看（图10-3-2）。

图10-3-2 循环选项

④ 拖动滚动条，可以向前或向后翻看（图10-3-3）。

图10-3-3　拖动滚动条

⑤ 如果标注了原画、小原画、动画的画稿，还可以只在这些标注过的画稿中翻看。在翻看工具栏上，点击相应的按钮（图10-3-4）。

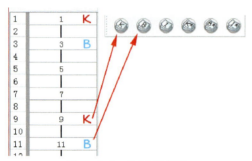

图10-3-4　点击标注按钮

10.3.2　洋葱皮工具

设置洋葱皮工具的显示方式，只显示标注的画稿（图10-3-5）。

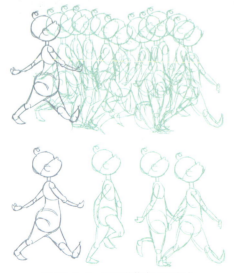

图10-3-5　设置洋葱皮显示方式

Tip　洋葱皮工具显示仅对绘画视图有效。

（1）洋葱皮工具使用步骤

① 在主菜单中，选择"窗口>工具栏> Onion Skin"命令（图10-3-6）。

图10-3-6　洋葱皮工具

② 在工具架上，激活洋葱皮功能🐚。

③ 在时间轴上，拖动蓝色的范围框，扩展显示范围（图10-3-7）。

图10-3-7　扩展显示范围

④ 在洋葱皮工具栏中，选择需要预览的标记按钮（图10-3-8）。

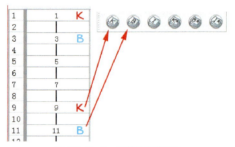

图10-3-8　选择标记按钮

（2）在其他图层上使用洋葱皮工具步骤

如果要参考其他图层中的前后图稿，可以启用相应图层的洋葱皮选项，在透光台模式下查看其他可见图层上的前后画稿。

① 在主菜单中，选择"窗口>工具栏> Onion Skin"命令。

② 在工具架上，激活洋葱皮功能🐚。

③ 在绘画窗口工具栏上激活透光台选项💡。

④ 在时间轴上，拖动蓝色的范围框，扩展显示范围。

⑤ 在洋葱皮工具栏上，激活为其他元素启用洋葱皮选项💡（图10-3-9）。

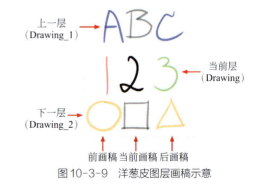

图10-3-9　洋葱皮图层画稿示意

10.3.3 对位中割

对位中割是传统动画中很重要的概念，是在两张画稿中间绘制过渡张的一种技巧。

动画制作中很重要的一点就是保证造型的准确。绘制过程中很容易造成比例和造型错误。对位中割功能将画稿临时移动，对位到另一张画稿上，以这两张画稿为依据，保证了造型的统一。该选项在对画稿进行变换操作时，并不会改变画稿的实际位置。

（1）中割步骤

① 在工具架上，激活洋葱皮功能🔴。

② 打开绘画窗口。

③ 在曝光表窗口中，框选要对位中割的范围（图10-3-10）。至少应包含两张画稿和新的空白帧。

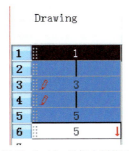

图10-3-10 选择中割范围

④ 在摄影表窗口📷▶上，选择"图画>发送图画至图画视图"命令。

选择的画稿会出现在绘画窗口右侧的缩略视图中（图10-3-11）。

图10-3-11 缩略视图

⑤ 点击清稿图标✅，画稿底部显示定位孔（图10-3-12）。

⑥ 选择操纵器工具🔘。

⑦ 在主菜单选择"视图>洋葱皮>显示洋葱皮"命令。

图10-3-12 显示定位孔

⑧ 勾选需要对位的画稿复选框（图10-3-13）。

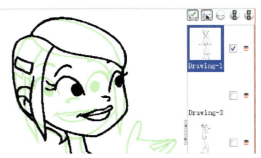

图10-3-13 勾选复选框

⑨ 选择画稿（图10-3-14）。

图10-3-14 选择画稿

⑩ 在绘画窗口中，移动画稿，最大限度地对准另一张画稿。

A.调整位置，点击画稿拖动至新的地方（图10-3-15）。

图10-3-15 移动画稿

B.旋转定位孔，点击矩形定位孔并旋转（图10-3-16）。

C.缩放，拖动最外侧的三角形控制点（图10-3-17）。

图 10-3-16　旋转画稿

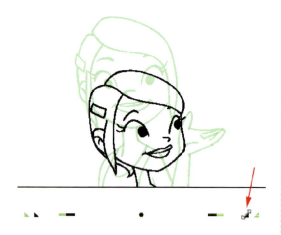

图 10-3-17　缩放画稿

D. 按住【Alt】键显示画面的旋转轴心点，围绕该轴心点旋转（图 10-3-18）。

图 10-3-18　显示轴心点

E. 按住【Shift】键显示画面的移动轴心点，并围绕该轴心点移动。

F. 轴心点还可以重新定位，按住【Shift】或【Alt】出现轴心点后，移动轴心点至需要的位置。移动后，旋转或缩放操作都会围绕新轴心点进行。

⑪ 画稿对好位置后，选择需要中割的中间张画稿（图 10-3-19）。

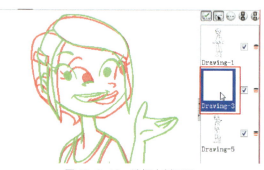

图 10-3-19　选择中割画面

⑫ 将中间张画稿的定位孔放置在前后画稿定位孔中间（图 10-3-20）。

图 10-3-20　对位定位孔

浅红色和浅绿色分别为前后画稿。

⑬ 在绘画窗口中进行中割（图 10-3-21）。

图 10-3-21　中割

⑭ 点击对位中割重置按钮，可以重新设置对位。

⑮ 完成后，在画稿列表中，右键点击空白处，在弹出的快捷菜单中，选择"删除所有图画"命令（图 10-3-22），关闭列表。

图10-3-22　删除所有图画

（2）画稿链接

在中割过程中，可以将不同的画稿链接起来一起缩放或移动。链接画稿步骤如下。

① 在绘画窗口的缩略图中，显示需中割的图稿。

② 按住【Ctrl】键，加选要链接的画稿。

③ 在缩略图工具栏上点击链接图标。链接的图层如图10-3-23所示。

④ 此时，两个链接图层便可以一起移动或缩放。

⑤ 想要解除链接关系，只需点击解除链接图标。

（3）显示和关闭画稿

在使用中割功能时，洋葱皮可能会显示大量的绘图。此时需要控制洋葱皮显示的画稿数量。

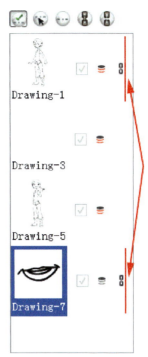

图10-3-23　图层链接

① 在工具架上，启用洋葱皮功能。

② 在绘画窗口的中割面板中（图10-3-24），点击洋葱皮按钮，可以显示或关闭画稿。

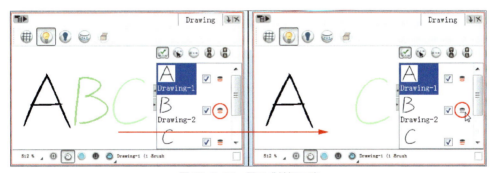

图10-3-24　显示或关闭画稿

10.3.4　画稿的层

（1）画稿层详解

Harmony的画稿包含四层（图10-3-25）：顶层、线稿层、色稿层、底层。

每一层都可以用于传统动画。这些层有助于项目的组织，以便更高效地工作。

在摄影机和绘画窗口底部工具栏中，分别点击顶层、线稿层、色稿层或底层，即可在该层上绘制。

图10-3-25　画稿分层

如果顶层和底层上有内容而未显示，点击预览按钮，在下拉菜单中勾选 Overlay 和 Underlay 选项，即可显示全部四个层。

① 顶层 ⓞ：顶层有许多不同的作用，比如高光色调（图 10-3-26）、备注和轨目（图 10-3-27）。

图 10-3-26　高光

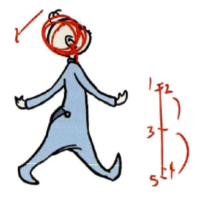

图 10-3-27　备注和轨目

② 线稿层 ⓛ：主要使用线稿层来中割和清稿（图 10-3-28）。轮廓线画在线稿层。

图 10-3-28　线稿层

③ 色稿层 ⓒ：用色稿层上色（图 10-3-29）。轮廓线画在线稿层，在色稿层上色时，需生成和轮廓线相同的不可见线。

图 10-3-29　色稿层

④ 底层 ⓤ：底层主要用于打稿（图 10-3-30），绘制动画草稿，生成彩色蒙版用于线拍。

图 10-3-30　草稿

（2）生成动画蒙版

动画草稿完成后，需要输出给带片导演检查通过，然后进入下一个环节。有时草稿会比较潦草或不清楚，比如画面有重叠，如图 10-3-31 左侧。Harmony 可以在底层生成蒙版，通过蒙版对草稿区域填色加以区分，如图 10-3-31 右侧 。这样就更易于理解。

生成蒙版步骤：

① 在工具架上，点选择工具 🖱（快捷键【Alt】+【V】）。

② 在摄影机或绘画窗口中，选择要创建蒙版的画稿。

> Tip 生成动画蒙版操作可以一次性应用到层上所有画稿。

图10-3-31 重叠画面

③ 在主菜单上选择"图画>生成自动蒙版"命令。也可以在摄影机或绘画窗口菜单上选择该命令。自动蒙版窗口如图10-3-32所示。

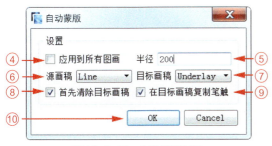

图10-3-32 自动模板窗口

④ 创建蒙版时，勾选应用到所有图画复选框，为图层上所有画稿创建蒙版。

⑤ 根据草稿的精细程度，适当增加或减少半径值。较低的值，形成的蒙版更接近线稿轮廓，较高的值则相反，效果见图10-3-33。

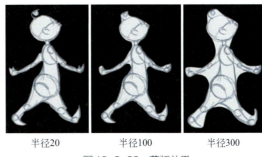

半径20　　　半径100　　　半径300

图10-3-33 蒙版效果

⑥ 在源画稿下拉列表中，选择想要创建蒙版的源层（线稿层、色稿层、顶层和底层）。

⑦ 在目标画稿下拉列表中，选择想要创建蒙版的目标层（线稿层、色稿层、顶层和底层）。

⑧ 如果目标画稿上已经存在画稿，想要删，勾选首先清除目标画稿选项。

⑨ 如果想要把轮廓线也复制，勾选在目标画稿复制笔触选项。

⑩ 点击OK确认。

10.3.5 多画稿操作

（1）发送图画到图画视图命令

如果只需在部分画稿或不同层上的画稿操作，那么可以在曝光表或时间轴窗口中选择那部分画稿，然后点击"发送图画到图画视图"命令或"添加图画到图画视图"命令。

① 在曝光表和时间轴窗口中，可选连续的单元格。在曝光表窗口中，按【Ctrl】还可加选分散的单元格（图10-3-34）。

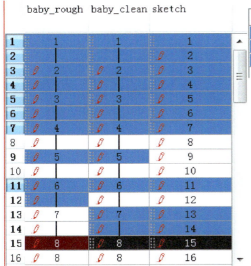

图10-3-34 曝光表、时间轴窗口

② 在摄影表或时间轴窗口菜单中，选择"图画>发送图画到图画视图"命令。

所选的画稿加入到绘画窗口右侧（图10-3-35）。

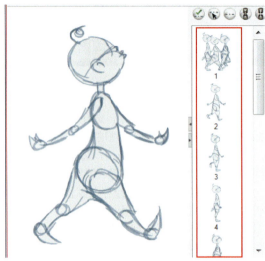

图10-3-35　添加画稿

③ 如果绘画窗口侧面板被隐藏，可点击箭头按钮打开（图10-3-36）。

图10-3-36　窗口隐藏箭头

④ 如果想继续添加画稿，在曝光表窗口上，选择所需的画稿。

⑤ 在摄影表窗口菜单中，选择"图画>添加图画到图画视图"命令。

⑥ 想要选择新的画稿放到绘画窗口中，需先删除当前的画稿，然后重复第①步。

⑦ 要改变侧面板中缩略图的大小，右键单击侧面板空白处，在弹出的快捷菜单中有4种尺寸的缩略图可选。

⑧ 要清空图画窗口右侧列表中存在的画稿，右键点击侧面板，在弹出的快捷菜单中选择"删除所有图画"或"删除所选图画"命令。

（2）预览选择的画稿

检查动画的线条和颜色，可以在摄影表窗口菜单中，选择"视图>预览所选画面"命令。

① 保存场景，在主菜单中选择"文件>保存"或点击保存按钮（快捷键【Ctrl】+【S】）。

② 在曝光表窗口中，选择画稿范围或整列进行预览。

③ 在播放窗口，点击播放按钮▶进行预览。

技术专题　　　　实战练习

第11章
路径动画

要点索引

▶ 定格关键帧与运动关键帧
▶ 摄影机运动
▶ 动画路径修改
▶ 共享函数
▶ 调整函数速度

本章导读

设置图形的运动轨迹和图形运动的时间，这种方式的动画称为路径动画。在Harmony中集成了非常强大的设置工具。

本章还会介绍摄影机运动，摄影机作为一个特殊的元素，结合运动路径，能产生令人惊叹的动画效果。

11.1 动画图层

首先从最简单的图层处理来了解运动轨迹，并通过制作案例学习路径动画。

11.1.1 图层设置

（1）动画模式

激活**Harmony**的动画模式，移动图层，就可以制作简单的动画。请注意，变换工具操作针对整个图层，而选择工具的操作针对当前帧。

在工具架上，点击动画模式按钮，激活状态时，图标呈高亮显示。未激活时，图标正常显示。

（2）动画图层

① 在工具架上，选择变换工具。在工具属性窗口中，确保引导层选择模式关闭，避免误选定位层。

② 点击在工具架上的动画模式按钮。

③ 在时间轴窗口中，选择第一帧（图11-1-1）。

图 11-1-1 选择第一帧

④ 在摄影机窗口中，选择图形，移动到动画起始位置（图11-1-2）。

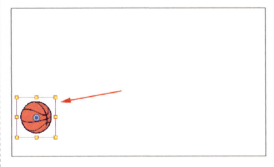

图 11-1-2 移动位置

⑤ 在时间轴图层中，选择最后一帧（图11-1-3）。

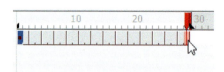

图 11-1-3　选择最后一帧

⑥ 移动图形至最终位置（图 11-1-4）。

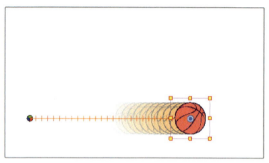

图 11-1-4　最终位置

⑦ 在播放工具栏中，点击播放按钮▶，观察动画。

（3）播放设置

为了能在顶视图、侧视图或透视图中观察动画，需要设置播放选项。

在主菜单中，选择"播放>启用回放"命令。分别勾选该命令中三个子命令。

11.1.2　图层与定位层

对图层进行动画，需要设置运动路径，图形依附于路径，用关键帧记录关键位置。

（1）图层

① 图层动画

直接在图层上创建运动路径。该图层上可以是图形，也可以是元件。同一图层中，使用关键帧创建运动路径后（图 11-1-5），该图层上的所有画稿都将跟随运动。

控制图层运动轨迹的参数：X，Y 和 Z 轴位置；角度；倾斜；X 和 Y 轴缩放。

图 11-1-5　创建关键帧

每个参数都有自己的函数曲线，用于添加关键帧和控制缓进缓出。Harmony 有一套很方便的工具，可以直观地在摄影机窗口中使用。

② 禁用图层动画

默认情况下，图层可以进行动画。但该功能可以禁用，禁用后图层不再具备各项动画参数，无法设置关键帧，成为静态图层，静态图层可以使用图形替代功能。

A. 在时间轴窗口中，双击图层，打开图层属性编辑器（图 11-1-6）。

B. 在 Advanced（高级）标签中，禁用 Animate Using Animation Tools（使用动画工具设置动画）选项。

（2）定位层

定位层不含图形，主要用于设置运动轨迹，定位层可以有一个或多个子层。

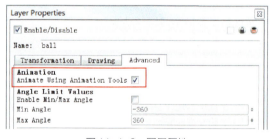

图 11-1-6　图层属性

① 使用定位层

定位层可自定义的参数：X，Y 和 Z 轴位置；角度；倾斜；X 和 Y 轴缩放；3D 旋转（图 11-1-7）。

定位层可以控制一系列图层，比如把一个角色的各个部分都放到定位层的子层，就可以控制整个角色，使整个角色沿着一个轨迹进行动画。

图11-1-7 定位层参数

② 定位尺

传统动画制作中，所使用的定位工具（图11-1-8）由定位尺和圆盘组成。圆盘可以旋转，定位尺用于固定和左右移动动画纸。

定位尺由三个销钉组成，两边为长方形，中间为圆形，对应动画纸上的三个孔，在绘制动画中间张时起到对位作用。定位尺根据动画的镜头运动方向，有上下定位和侧定位，常见的是下定位。

在数字合成替代传统拍摄前，定位尺也作为摄影机的支架，做镜头的推拉摇移等效果。

图11-1-8 传统动画的定位尺

③ 在时间轴窗口中添加定位层

A.在时间轴的层窗口中，选择图层（图11-1-9）。

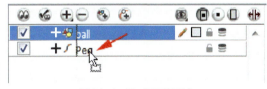

图11-1-9 选择图层

B.点击添加定位层按钮，或右键点击图层，在弹出的快捷菜单中，选择"插入>父级引导层"命令。

C.原图层变为定位层的子层。

新建的定位层名称默认为子层名称，并在其后添加后缀-P。

原图层缩进显示，并在名称前添加子层标记（图11-1-10）。

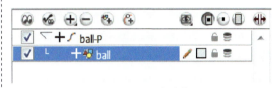

图11-1-10 添加定位层

双击定位层名称，可以更改名称（图11-1-11）。

图11-1-11 更改名称

创建定位层后，如果图层没有子层（图11-1-12），可以将图层拖拽至定位层上。

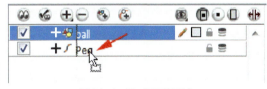

图11-1-12 图层子父化

④ 在网络窗口中添加定位层

在模块库中，将定位模块拖入网络窗口，也可以添加定位层。定位层会立即出现在时间轴窗口中。

A.打开模块库窗口，在Move标签中找到引导层Peg模块。

B.将Peg模块拖拽至网络窗口中（图11-1-13）。

C.在网络窗口中，链接定位层（图11-1-14）。链接完成后，时间轴窗口中同样会链接（图11-1-15）。

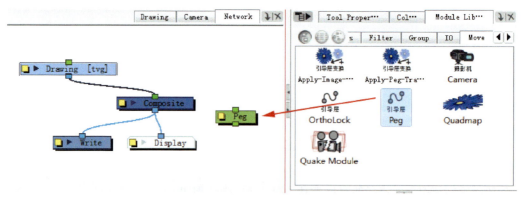

图 11-1-13　添加定位层

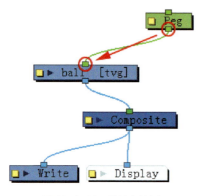

图 11-1-14　链接定位层

图 11-1-15　在时间轴窗口中链接

在时间轴或网络窗口中，使用快捷键【Ctrl】+【P】，可快速添加定位层。

⑤ 自动连接父定位层

在网络窗口中，选择一个或多个图层模块（图 11-1-16），使用快捷键【Ctrl】+【P】，即可添加父定位层。

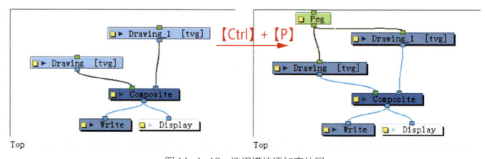

图 11-1-16　选择模块添加定位层

⑥ 定位层选择模式

变换工具 属性窗口中的引导层选择模式，在摄影机窗口中能自动选择定位层。激活该模式，可在动画中保证只选定位层。

A. 在工具架上，选择变换工具。

B. 在变换工具属性窗口中，激活引导层选择模式。

C. 在摄影机窗口中，选择图层。

D. 在时间轴窗口中，自动选择到定位层上（图 11-1-17）。

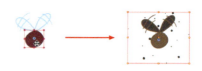

图 11-1-17　图左选择图形，图右自动选择到定位层

11.1.3　层参数

层有许多可自定义的参数，用于控制位置、旋转和缩放等，并用函数曲线表示，因此熟悉函数曲线非常重要（图 11-1-18）。

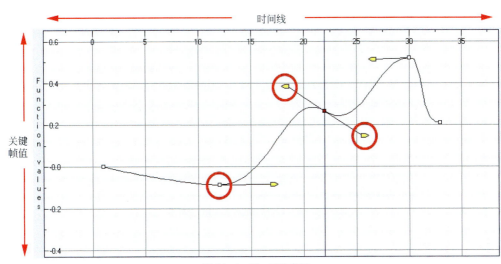

图11-1-18　函数曲线

（1）时间轴窗口展开参数

在时间轴图层窗口中，点击层名称前的展开参数按钮➕（图11-1-19）。

（2）位置关键帧

Harmony可以创建3D路径。图层具备三个轴向上的位置，当它们锁定时，设置的关键帧在同一帧上，这对于长而平滑的轨迹非常有用（图11-1-20）。

三轴解锁时，可以对每个轴设置关键帧，而不影响其他轴（图11-1-21）。

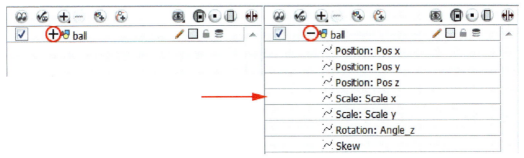

图11-1-19　展开参数

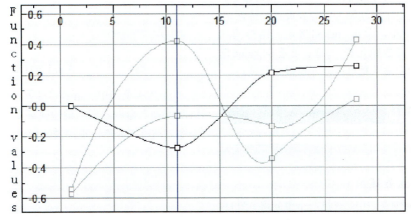

图11-1-20　三个轴向锁定的关键帧

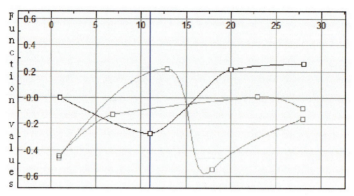

图 11-1-21　三个轴向解锁时的关键帧

（3）缩放关键帧

缩放只有 X 和 Y 轴，两个轴锁定时，图形等比例缩放。解锁时图形能够挤压、伸展。

（4）参数设置

双击层，打开层属性编辑器（图 11-1-22）。

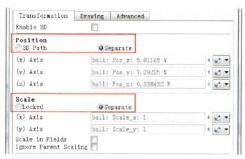

图 11-1-22　层属性编辑器

进入 Transformation 标签，分别点击锁定或分开选项。

选择 Transformation 标签，在 Position 栏中，单选 3D Path 选项，图形的运动轴 X、Y、Z 轴将被锁定在一起，简化关键帧的设置；单选 Separate 选项，图形的三个运动轴可以分开设置关键帧。

在 Scale 栏中，单选 Locked 选项，图形的缩放轴 X、Y 轴将被锁定在一起；单选 Separate 选项，图形的两个缩放轴可以分开设置关键帧。

11.2　关键帧

11.2.1　添加/删除关键帧

（1）设置关键帧

① 在时间轴窗口中，选择一个单元格（图 11-2-1）。

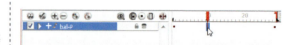

图 11-2-1　选择单元格

② 在主菜单中，选择"插入>关键帧"命令（图 11-2-2）。或右键点击单元格，在弹出的快捷菜单中选择"插入关键帧"命令。还可以在摄影机窗口中移动图形（在动画模式下）。

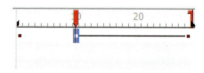

图 11-2-2　单元格出现关键帧标记

（2）添加关键帧与复制图形

前面讲述的方法是在定位层上放置关键帧，而图层上图形位置没有改变。想要在不改变原图形的基础上修改，可以复制该图形。

① 在时间轴窗口中，选择包含图形的单元格（图 11-2-3）。

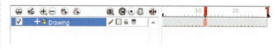

图 11-2-3　在图层上选择单元格

② 在主菜单中，选择"插入>插入关键帧并再制图画"命令。在右键快捷菜单中也能找到该命令。这时单元格出现关键帧标记（图 11-2-4）。

图 11-2-4　单元格出现关键帧标记

（3）位置关键帧

层的所有参数都能设置关键帧，也可以单独为该层的某个参数设置关键帧。

① 在时间轴窗口中，选择一个单元格。

② 在主菜单中，选择"插入>位置关键帧"命令。该命令仅设置层的位置关键帧。

（4）删除关键帧

在时间轴窗口中，选择要删除的关键帧，右键快捷菜单中选择"删除关键帧"命令（快捷键【Shift】+【F6】）。

 删除快捷键不能直接按【Delete】键，这样会连同单元格上的帧一起删除。

11.2.2　定格关键帧与运动关键帧

关键帧之间的动画，可以由计算机生成，也可以手工绘制，这种通过计算机插值的关键帧称为运动关键帧（图11-2-5），手工绘制的称为定格关键帧（图11-2-6）。

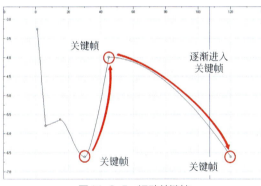

图11-2-5　运动关键帧

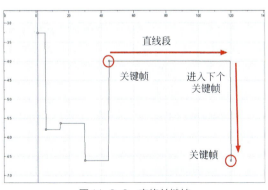

图11-2-6　定格关键帧

（1）定格关键帧与运动关键帧的切换

时间轴窗口和函数编辑器中都可切换这两种关键帧。

① 时间轴窗口切换

在时间线窗口中，右键点击一个或多个关键帧，在弹出的快捷菜单中选择"设置运动关键帧"或"设置定格关键帧"命令（快捷键【Ctrl】+【K】，或【Ctrl】+【L】）。

或者，点击时间轴窗口工具栏中的运动关键帧按钮或定格关键帧按钮。

② 函数编辑器中切换

A.打开函数编辑器。在时间轴窗口中双击层，打开层编辑器（图11-2-7）。

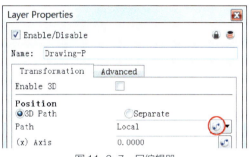

图11-2-7　层编辑器

B.点击函数编辑器按钮，弹出编辑器（图11-2-8）。

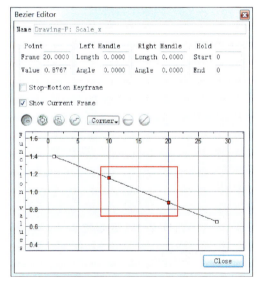

图11-2-8　函数编辑器

C.选择一个或多个关键帧。

D.勾选Stop-Motion Keyframe选项，关键帧切换为定格状态（图11-2-9）。

（2）设置定格和运动关键帧颜色

设置颜色，区分这两个关键帧（图11-2-10）。

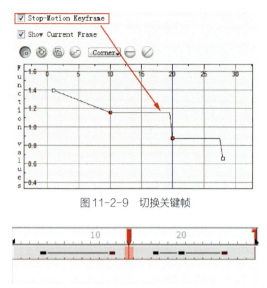

图11-2-9　切换关键帧

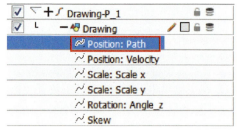

图11-2-12　双击位置路径参数

图11-2-10　设置颜色

① 打开首选项面板（快捷键【Ctrl】+【U】），在常规标签中的颜色部分，选择"编辑颜色"按钮。

② 在颜色编辑窗口的摄影表标签中（图11-2-11），找到定格关键帧的色样，更换颜色。

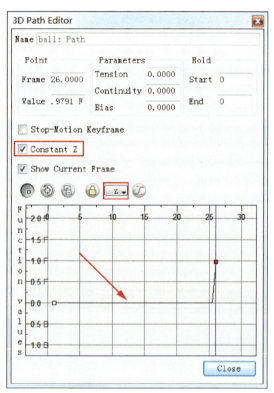

图11-2-13　勾选Constant Z选项

11.2.3　拷贝、粘贴关键帧

在时间线上，只需拖动或拷贝、粘贴关键帧，就可以很容易改变动画节奏。对这些位置关键帧的操作，可以使用特殊粘贴功能。

（1）特殊粘贴

① 在时间线上，选择关键帧（图11-2-14）。

图11-2-11　更换颜色

（3）固定Z轴

在一些不需要3D运动的动画中，可以将Z轴固定，设置关键帧时，Z轴不会插值。此功能仅适用于3D路径。具体步骤如下。

① 在时间轴窗口中，展开层参数。

② 双击位置路径参数（图11-2-12）。

③ 弹出函数编辑器窗口，设置如图11-2-13所示。

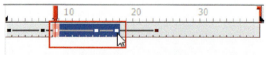

图11-2-14　选择关键帧

② 在主菜单中，选择"编辑>Copy cells from the Timeline"命令。

③关键帧操作（图11-2-15）：

A.复制。选择一个单元格作为粘贴的起始帧，在主菜单中，选择"编辑>特殊粘贴"命令。

B.特殊粘贴。按住【Ctrl】+【Alt】键，拖动选择的关键帧到需要的位置。

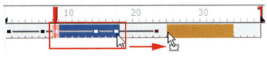

图11-2-15　选择关键帧

弹出特殊粘贴窗口（图11-2-16），设置参数。

图11-2-16　特殊粘贴窗口

C.点击OK按钮确认。

（2）特殊粘贴对话窗口

关于特殊粘贴的参数设置，请参考本书5.3.3的内容。

（3）粘贴循环

完整动作可以复制粘贴成循环动作，粘贴循环有顺向和反向两种。

①在摄影表或时间轴窗口中，选择循环的关键帧。

②在主菜单中，选择"编辑>Copy cells from the Timeline"命令。

③选择一个单元格作为粘贴的起始帧（图11-2-17），在主菜单中，选择"编辑>特殊粘贴"命令。

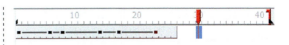

图11-2-17　选择起始帧

④在主菜单中，选择"编辑>粘贴循环"命令（快捷键【Ctrl】+【/】），弹出循环粘贴窗口（图11-2-18）。粘贴循环命令有多种粘贴方式，用法类似，这里不再赘述。

图11-2-18　循环粘贴窗口

11.3　摄影机动画

动画除了角色运动，还包括摄影机运动。Harmony中，摄影机动画非常自由，作为一个元素，可以在三个轴向上运动。

摄影机默认位置在画面中心（图11-3-1）。

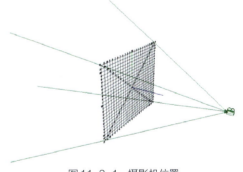

图11-3-1　摄影机位置

11.3.1　摄影机运动

摄影机动画和其他图层处理方式相同，也需要依附于定位层（图11-3-2）。

图11-3-2　摄影机层

通过定位层的运动函数曲线，对摄影机进行可视化处理，会使摄影机的操作更加简便。

（1）添加带定位层的摄影机

① 在主菜单中，选择"插入>摄影机"命令，或在时间轴窗口工具栏中点击添加层按钮 ⊕，在下拉菜单中选择摄影机。

② 给摄影机添加定位层，选择摄影机层，然后在时间轴窗口工具栏中，选择 ⊛ 按钮（图11-3-3）。定位层自动命名为Camera-P。

图11-3-3　摄影机定位层

③ 完成子父连接后，可以开始为摄影机添加动画。

制作摄影机动画时，建议打开顶视图或摄影机视图。在摄影机窗口标签右侧，点击下拉箭头 ⬇，在下拉列表中选择Top（顶视图），打开顶视图窗口（图11-3-4）。

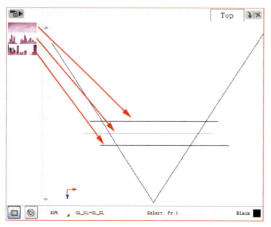

图11-3-4　顶视图

（2）动画摄影机

① 打开动画模式 ⊛，选择变换工具 ▦。

② 在顶视图窗口中，选择代表摄影机的V型折线，选中时，摄影机呈黄色线显示（图11-3-5）。

③ 在时间轴窗口中，选择摄影机定位层上的单元格，设置动画的开始帧。

④ 在右键快捷菜单中，选择"插入关键帧"命令（图11-3-6）。

此关键帧前的任何帧将与此关键帧保存相同位置。

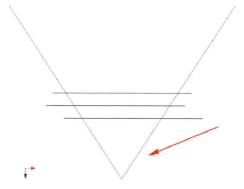

图11-3-5　选择摄影机

图11-3-6　插入关键帧

⑤ 选择动画结束的单元格。

⑥ 在顶视图窗口中，选择摄影机并移动到新位置。

⑦ 插入第二关键帧（图11-3-7）。

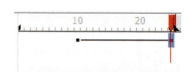

图11-3-7　插入第二关键帧

⑧ 点击播放按钮，在摄影机窗口中观察动画结果。

11.3.2　摄影机震动

镜头抖动在动画中比较常见，常用来表现地震等不规则的、随机的位移效果。Harmony中用震动模块来模拟这种效果，无需手动插入关键帧。使用摄影机震动的步骤如下。

① 从库模块窗口中，拖拽Quake模块至网络窗口中。

② 连接Quake模块和Camera模块（图11-3-8）。

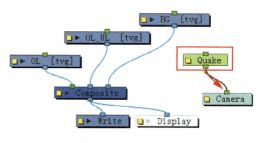

图11-3-8　连接模块

③ 点击Quake模块左侧的黄色方块，打开模块属性面板（图11-3-9）。

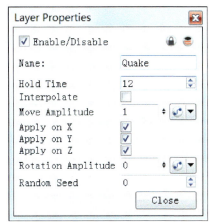

图11-3-9 Quake属性面板

④ 调整模块的主要参数

A. Hold Time（持续时间）：输入所需的震动帧数。震动特效常用单格拍。

B. Interpolate（插值）：启用该选项，系统在关键帧之间插入中间张，可以减缓动作的剧烈程度。

C. Move Amplitude（振幅）：震动幅度，值越高，震动越强烈，该值为0，则没有震动。要使震动在特定帧开始和停止，可以创建函数曲线，在一段时间内对振幅进行动画处理（图11-3-10）。

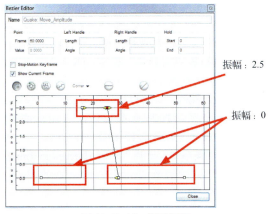

图11-3-10 设置振幅

D. Apply on X（X轴）：应用在X轴上。

E. Apply on Y（Y轴）：应用在Y轴上。

F. Apply on Z（Z轴）：应用在Z轴上。

G. Rotation Amplitude（转动幅度）：Move Amplitude值大于0时，设置转动幅度，值越高，震动越强烈。

H. Random Seed（随机种子）：生成不同的随机模式。如果连接两个震动模块或在不同的轴上应用不同的振幅（图11-3-11），更改随机种子值以生成不同的随机模式，会产生更自然的效果。

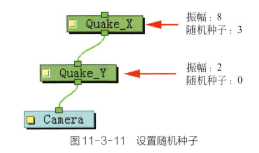

图11-3-11 设置随机种子

11.4 动画路径修改

11.4.1 在摄影机窗口中修改路径

上节讲述的摄影机动画比较简单，这一节介绍在3D空间中，比较复杂的摄影机运动，在平面和透视空间来观察和调整摄影机的动画路径。

（1）显示路径

要显示对象运动的轨迹线，首先激活相应的首选项。

① 在主菜单中，打开首选项面板，进入摄影机标签。

② 在控制点部分勾选"在所选图层上显示控制点"选项（图11-4-1）。

图11-4-1 勾选显示选项

③ 点击OK确认。启用该选项后，摄影机窗口中显示运动轨迹。

还有一种方法可以选择性显示，在主菜单中选择"视图>显示>控制"命令（快捷键【Shift】+【F11】）或点击摄影机窗口工具栏中的按钮，可以随时显示或隐藏运动轨迹（图11-4-2）。

（2）路径控制

运动路径包含关键帧和控制点，可以控制运动路径。在时间轴窗口中，只显示用黑点表示的关键帧。

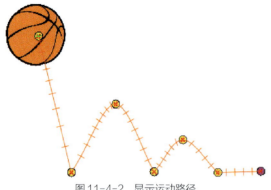

图11-4-2　显示运动路径

关键帧：一种标记，记录了各种属性的变换值（大小、位置、方向等），具有精确的位置和帧，显示为 🔴 。

控制点：路径上的点，仅用于控制轨迹线形状，并与速度无关，没有明确的帧，显示为 🟡 。

关键帧和控制点可以像矢量点一样进行编辑，选中以后，它的参数会显示在坐标和控制点窗口（图11-4-3）。

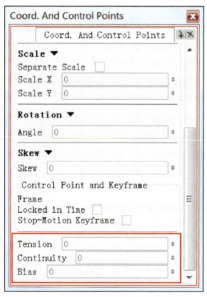

图11-4-3　坐标和控制点窗口

（3）添加路径控制点

① 在时间轴窗口中，选择层或定位层。

② 点击摄影机窗口工具栏上的显示控制按钮 ⚾ ，显示运动路径（图11-4-4）。

在摄影机窗口或顶视图、侧视图、透视图窗口中显示路径。

③ 将鼠标放置在路径上，按键盘【P】键，添加控制点（图11-4-5）。

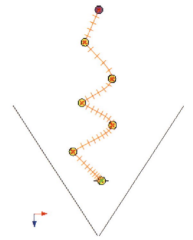

图11-4-4　顶视图显示路径

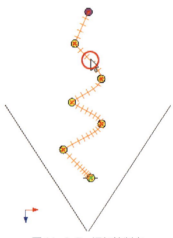

图11-4-5　添加控制点

（4）切换关键帧和控制点

① 在摄影机窗口中，使用变换工具 🔳 选择关键帧或控制点。

② 转换控制点，可以用以下方法。

A.在坐标和控制点窗口中，启用或禁用 Locked in Time 选项（图11-4-6）。

B.在主菜单中，选择"动画>Locked in Time"命令。

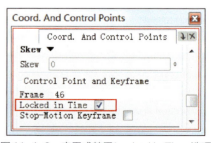

图11-4-6　启用或禁用Locked in Time选项

C.在函数窗口中，点击"Locked in Time"按钮（图11-4-7）。

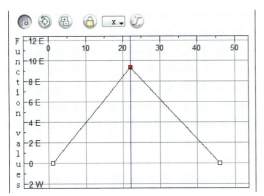

图11-4-7　点击Locked in Time按钮

（5）调整路径形态

运动路径确定后，还可以调整路径形态。坐标和控制点窗口中的三个参数（图11-4-8）分别控制路径形态。

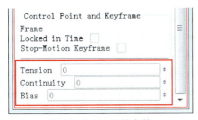

图11-4-8　调整参数

① Tension（张力）：调整控制点两侧线段的平滑度（图11-4-9）。

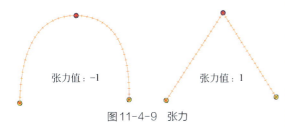

图11-4-9　张力

② Continuity（连续）：调整控制点两侧的切线角度（图11-4-10）。

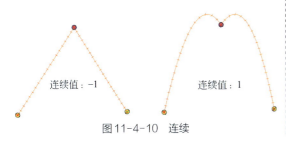

图11-4-10　连续

③ Bias（偏移）：调整线段的运动倾向（图11-4-11）。

图11-4-11　偏移

调整步骤：

① 在工具架上，选择变换工具▦。

② 在时间轴窗口中，选择层（图11-4-12）。

图11-4-12　选择层

③ 在主菜单中，选择"视图>显示>控制"命令，显示运动路径。

④ 在摄影机窗口中，选择控制点或关键帧（图11-4-13）。

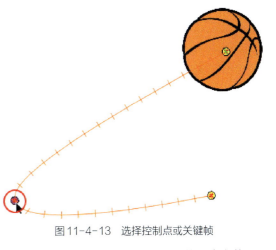

图11-4-13　选择控制点或关键帧

⑤ 分别调整如图11-4-14所示的三个参数。

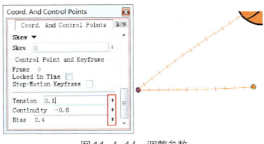

图11-4-14　调整参数

（6）切换直线/曲线路径

① 在摄影机窗口，用选择工具 选择控制点或关键帧。

② 在主菜单中，选择"动画>切换直线/曲线引导线"命令（图11-4-15）。

图11-4-15　切换直线/曲线路径

（7）Z轴累加

有子父关系的层中（图11-4-16），子层的Z轴移动会叠加父层的Z轴移动。最下层自身的移动值，并不是在场景中实际的移动值。

图11-4-16　子父层

可以在坐标和控制点窗口中查看该层的Z轴实际累计值（图11-4-17）。

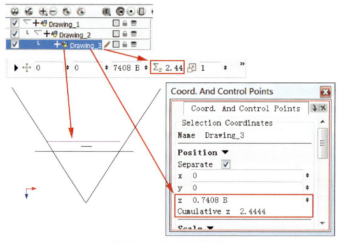

图11-4-17　Z轴累计值

（8）偏移轨迹

使用曲线偏移工具，可以调整运动路径的位置。该工具不会改变曲线形态或速度等参数。具体步骤如下。

① 在高级动画工具栏中，选择偏移引导线工具 （快捷键【Alt】+【9】）。

② 在时间轴窗口中，选择层。

③ 在摄影机窗口中选择显示控制按钮 （图11-4-18）。

图11-4-18　显示控制

④ 移动运动路径至新的位置（图11-4-19）。

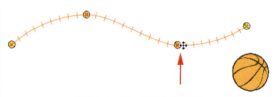

图11-4-19　移动运动路径

11.4.2　在时间轴上修改路径

在摄影机窗口中移动层或定位层，可以直观地创建运动路径，也可以在时间轴窗口中的层属性面板中修改运动路径。

（1）创建函数

① 双击层或定位层，打开层属性面板（图11-4-20）。

② 确定创建函数的参数，点击函数箭头按钮（图11-4-21）。

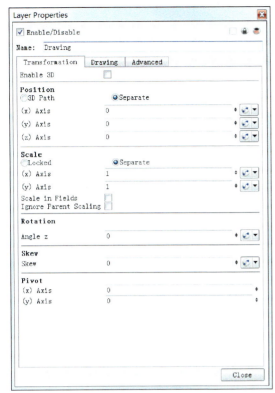

图11-4-20　层属性面板

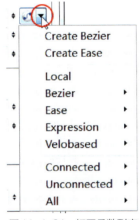

图11-4-21　打开函数列表

③ 选择函数。

（2）添加/删除关键帧

① 添加关键帧

A.选择层，展开层参数表（图11-4-22）。

图11-4-22　展开函数列表

B.在时间线上，用右键选择帧，从快捷菜单中选择"插入关键帧"命令（快捷键【Ctrl】+【F6】）。

② 删除关键帧

右键选择要删除的帧，在弹出的快捷菜单中选择删除关键帧命令（快捷键【Shift】+【F6】）。选择关键帧后，不能使用【Delete】键删除。

（3）改变关键帧值

① 在时间轴窗口中，点击层名称前的展开参数按钮，展开参数表（图11-4-23）。

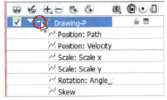

图11-4-23　展开函数列表

② 点击时间轴窗口工具栏的显示/隐藏数据窗口按钮（图11-4-24）。

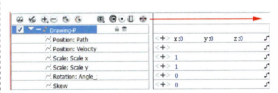

图11-4-24　显示数据窗口

③ 在函数列表中选择函数。

④ 将鼠标悬停在蓝色数字上，在鼠标变成后，左右拖动，改变数值。或点击蓝色数字后，直接输入。

⑤ 点击播放按钮，观察修改后的动画效果。

（4）翻看关键帧

层上有众多关键帧时，使用快捷键【;】和【'】,可快速地在关键帧间跳转。

11.4.3　用函数窗口修改路径

函数窗口是图形化的修改工具，能更准确地修改函数。

（1）函数窗口

函数窗口可以多窗口显示，修改时便于参考其他函数的设置。

窗口布局有垂直和水平两个方向，选择时，在函数窗口菜单中 执行"视图>Set Vertical Layout/Set Horizontal Layout"命令（图11-4-25）。

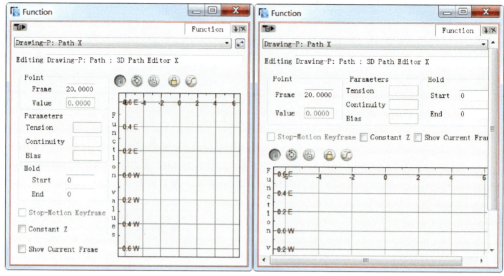

图11-4-25　两种布局的窗口

函数窗口的使用步骤如下。

① 在主菜单中，选择"窗口>参数"命令，打开函数窗口。

刚打开时，窗口为空白状态，需添加层。

② 点击窗口的函数按钮，在下拉列表中添加层（图11-4-26）。

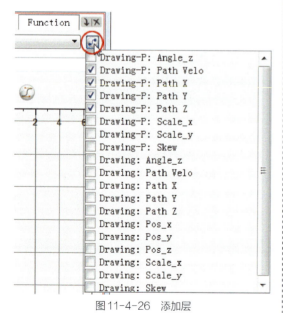

图11-4-26　添加层

③ 选择需要编辑的函数。

（2）编辑函数

① 在函数编辑窗口中，选择一个关键帧（未选中的关键帧呈白色，选中后呈红色），关键帧两侧显示控制手柄（图11-4-27）。

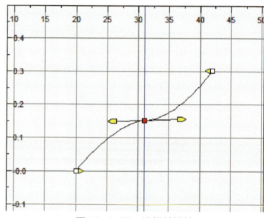

图11-4-27　选择关键帧

② 拖拽一侧的控制手柄，调整曲线形态。关键帧左侧手柄控制动作缓进，表现为动作由快到慢逐渐到达关键帧。右侧控制缓出，表现为动作由慢到快逐渐离开关键帧。

③ 按键盘回车键，并在摄影机窗口中观察调整结果。

（3）在函数窗口添加/删除关键帧

① 在时间轴窗口中的层名称前，点击展开按钮，展开层参数表（图11-4-28）。

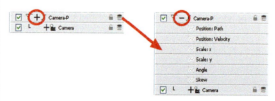

图11-4-28　展开层参数表

② 选择一个参数，比如X轴的缩放。

③ 双击Scale：x，打开函数编辑器（图11-4-29）。

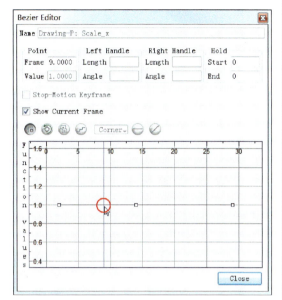

图11-4-29　函数编辑器窗口

④ 在曲线上，点击要添加关键帧的位置，或直接在Frame框中输入帧号。

⑤ 点击添加/删除关键帧按钮（图11-4-30）。

图11-4-30　添加/删除关键帧

（4）改变关键帧值

一旦创建了关键帧，就可以移动并操作关键帧手柄来调整曲线形状，关键帧的值会显示在函数编辑器中。

① 在时间轴窗口中的定位层名称前，点击展开按钮➕，展开层参数表。

② 选择一个函数，比如Y轴的缩放。

③ 双击Scale：y，打开函数编辑器（图11-4-31）。

④ 在Point（点）部分的Value（值）中，输入数值，或上下拖动关键帧。

⑤ 点击播放按钮▶，观察修改后的动画效果。

11.4.4　在摄影表窗口修改路径

摄影表中可以修改运动路径，不能创建函数曲线。其步骤如下。

① 在摄影表窗口中，展开函数窗口（图11-4-32）。

② 选择要创建关键帧的单元格（图11-4-33）。

③ 双击单元格，输入数值（图11-4-34）。

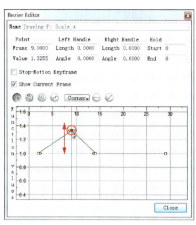

图11-4-31　打开函数编辑器

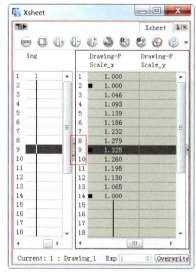

图11-4-32　展开函数窗口

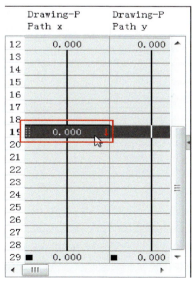

图11-4-33　选择单元格

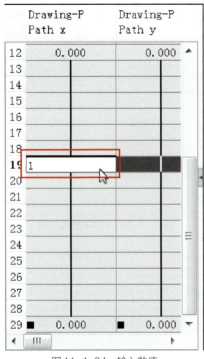

图 11-4-34 输入数值

④ 按键盘回车键，完成添加关键帧（图 11-4-35）。

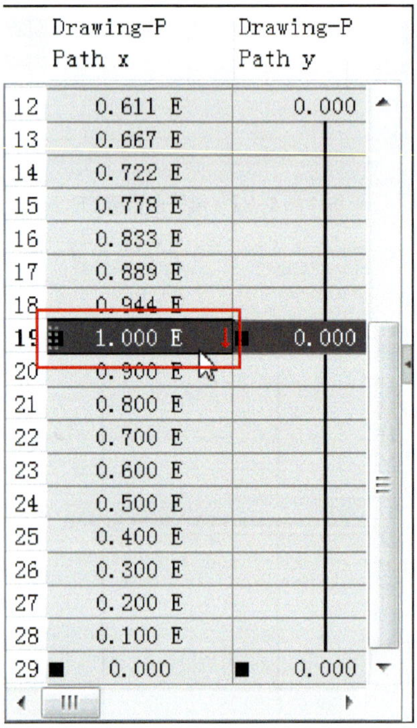

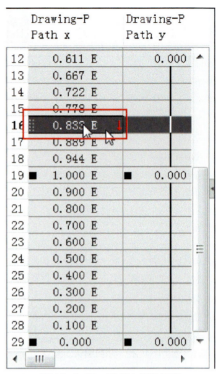

图 11-4-36 选择中间单元格

⑥ 右键点击，在弹出的快捷菜单中选择"设置所选为关键帧"命令，转为关键帧（快捷键【F6】），如图 11-4-37 所示。

图 11-4-35 添加关键帧

关键帧添加完成后，计算机自动添加中间插值。

⑤ 选择两个关键帧中间的单元格（图 11-4-36）。

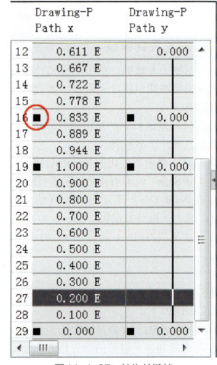

图 11-4-37 转为关键帧

11.5 函数曲线

传统的动画采用逐帧绘制的方式。而采用计算机技术的无纸动画，尤其是路径动画，可以替代一部分手绘的工作，提高工作效率。

创建函数曲线，由计算机计算插值，自动完成中间张的制作。计算机记录多个关键帧位置后，就能创建相应的函数曲线，也可以通过图层属性窗口，手动创建某些函数。

11.5.1 创建与共享函数

（1）创建函数

① 双击图层，打开层属性面板，弹出层属性面板（图11-5-1）。

图11-5-1　层属性面板

② 在Transformation标签中，点击函数按钮，展开函数列表（图11-5-2）。

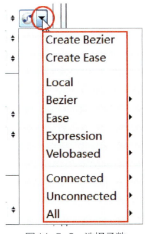

图11-5-2　选择函数

③ 选择某个函数即可完成创建。

（2）函数共享

函数创建完成后，其参数可以共享给其他函数。例如，一架飞机在云层飞行的循环动画，如果摄影机要跟拍飞机，可以共享飞机运动路径上的某些参数。

函数共享命令的运用步骤：

① 在时间轴窗口中，选择提供共享函数的层（图11-5-3）。

图11-5-3　提供共享的层

② 右键点击层，在弹出的快捷菜单中选择"共享参数"命令（图11-5-4）。

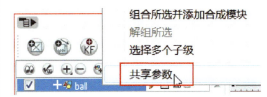

图11-5-4　选项共享参数命令

该层的函数变为公共函数，可以共享给其他层。打开共享后，摄影表窗口中会添加共享函数的列（图11-5-5）。

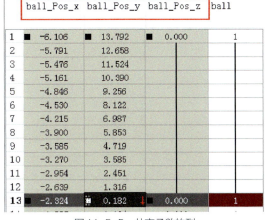

图11-5-5　共享函数的列

图11-5-5中，名为ball的图层，提供了ball_Pos_x、ball_Pos_y和ball_Pos_z三个属性的共享。

③ 在时间轴窗口中，选择接受共享的层（图11-5-6）。

图11-5-6　接受共享函数的层

④ 双击打开该层的属性面板。

⑤ 在 Transformation 标签中，点击函数按钮
🔄·展开列表（图 11-5-7）。

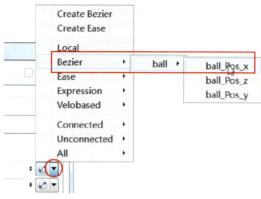

图 11-5-7　选择共享函数

图 11-5-7 中，选择了共享 ball 层的 X 轴位移
的参数。如果只共享 X 轴的参数，那么 ball 层
的多个参数中，只有 X 轴上的参数传递给了
texture 层。

（3）函数种类

层属性窗口中共列出如下函数种类。

Create 3D Path：创建 3D 路径。

Create Bezier：创建贝塞尔曲线。

Create Ease：创建简易曲线

Local：断开与其他函数的链接，转为公共函
数并提供共享。

3D Path：显示每个公共 3D 路径函数的列表。

Bezier：显示每个公共的贝塞尔曲线的列表。

Ease：显示每个公共的简易曲线的列表。

Velobased：显示每个公共的速度曲线的列表。

Expression：显示每个公共的表达式函数的
列表。

3D Rotation：显示每个公共的 3D 旋转函数
的列表。

Connected：显示每个公共的连接的函数曲线
列表。

Unconnected：显示每个公共的未连接的函数
曲线列表。

All：显示每个公共的函数曲线列表。

11.5.2　函数曲线类型

函数曲线主要有两类：简易曲线和贝塞尔曲
线（图 11-5-8、图 11-5-9）。根据个人的使用习
惯，可以创建不同类型的函数曲线编辑器。

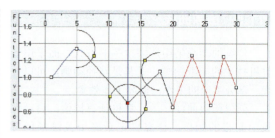

图 11-5-8　简易曲线

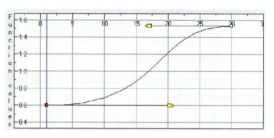

图 11-5-9　贝塞尔曲线

这些函数编辑器提供了不同的方法，来编辑
随时间变化的函数值。它们创建的曲线形态只控
制动画的运动，与编辑器类型无关。

转换简易与贝塞尔曲线的步骤：

① 在摄影表窗口工具栏中，点击🔲按钮，
打开函数列窗口（图 11-5-10）。

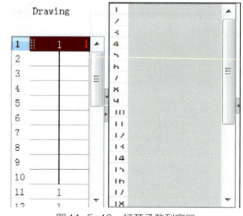

图 11-5-10　打开函数列窗口

② 在时间轴窗口中，选择需要显示函数的层
（图 11-5-11）。

图 11-5-11　选择层

③ 右键点击摄影表的函数列标题，在弹出的快捷菜单中选择"转换"命令，出现如下选项。

A.转换列：使用该命令，转换函数曲线类型，全部数据转移到新的曲线类型上。

B.创建一个新列并更新链接：从原函数列上创建新的函数类型，原函数列数据转移到新的列上，原函数列保留在摄影表中，以便需要时切换过来。

C.创建一个新的未使用的列：基于原函数列中的值创建新函数列，保留原函数列上所有链接，此命令可以用于调试并将最终确定的值链接到新的函数列上。

11.6 调整函数速度

11.6.1 速度曲线的使用

为了控制动画的运动节奏，Harmony 添加了一类非常实用的速度函数。双击时间轴层的参数中速度函数（图11-6-1），打开速度曲线编辑器（图11-6-2）。

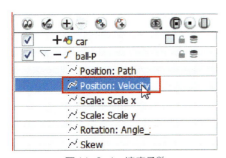

图11-6-1 速度函数

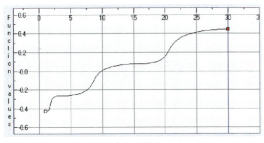

图11-6-2 速度函数的贝塞尔曲线

速度函数同样使用贝塞尔曲线进行控制。

① 在时间轴窗口，点击╋按钮，展开函数列表，双击Position:Velocity速度函数（图11-6-3）。

② 打开函数编辑器（图11-6-4），选择关键帧，出现控制手柄，调整曲线手柄（图11-6-5）。

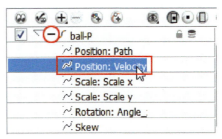

图11-6-3 双击速度函数

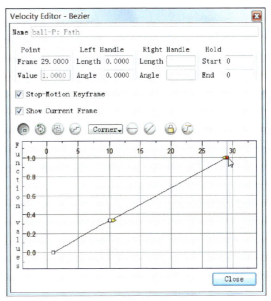

图11-6-4 函数编辑器

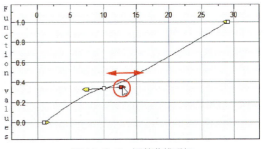

图11-6-5 调整曲线手柄

11.6.2 贝塞尔曲线的使用

在图11-6-4所示的速度函数编辑器中，选择关键帧，拖动关键帧两侧的控制手柄，调整曲线手柄（图11-6-6）。

曲线手柄有三种类型：

A. Straight（直线）：手柄两侧在一条直线上，调整一侧，另一侧随之而动。

B. Corner（角）：手柄两侧可以分开调整。

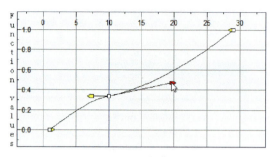

图 11-6-6　调整曲线手柄

C. Smooth（平滑）：手柄两侧在一条直线上，且左右对称。

11.6.3　简易曲线的使用

① 打开简易函数曲线编辑器（图 11-6-7）。

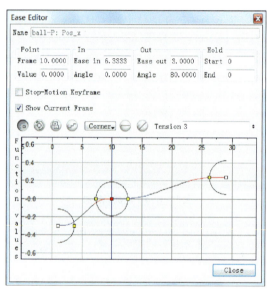

图 11-6-7　简易函数曲线编辑器

② 在 Point 部分选择 Frame 关键帧，In 部分选择 Ease in 缓进的帧范围（蓝色线），Out 部分选择 Ease out 缓出的帧范围（红色线）。

③ 拖动圆圈上的控制点调整函数曲线，也可以按【Alt】拖动红色或蓝色线调整。

11.6.4　设置步进

默认情况下，函数在每一帧上进行插值。有时这种方式会产生问题，例如，角色走路用双格拍，背景拉用单格拍，由于两者之间的这种差异，角色会给人以滑步的感觉，如果将背景改成双格拉动，就可以消除这种问题。

设置步进步骤：

① 点击函数编辑器中的 ⟲ 按钮，弹出步进设置窗口（图 11-6-8）。

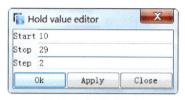

图 11-6-8　设置步进

② 设置数值

A.Start：设置开始步进的帧。

B.Stop：设置停止步进的帧。

C.Step：步进值。

③ 点击 Ok 确认，曲线设置成双格拍摄（图 11-6-9）。

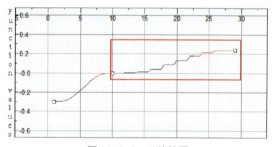

图 11-6-9　双格拍摄

11.6.5　统一调整多帧的函数

如果有多个关键帧需要同时调整，如手、前臂和手臂，可以使用多参数简易设置对话框，设置相同的速度参数。步骤如下。

① 在时间轴窗口中，选择多个图层的关键帧（图 11-6-10）。

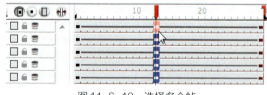

图 11-6-10　选择多个帧

> Tip　使用多参数简易设置时，将只设置多个层上的第一个关键帧。

② 右键点击，在弹出的快捷菜单中选择"为多个参数设置缓动"命令，或点击时间轴窗口工具栏上为多个参数设置缓动按钮 ⟲，弹出设置窗口（图 11-6-11）。

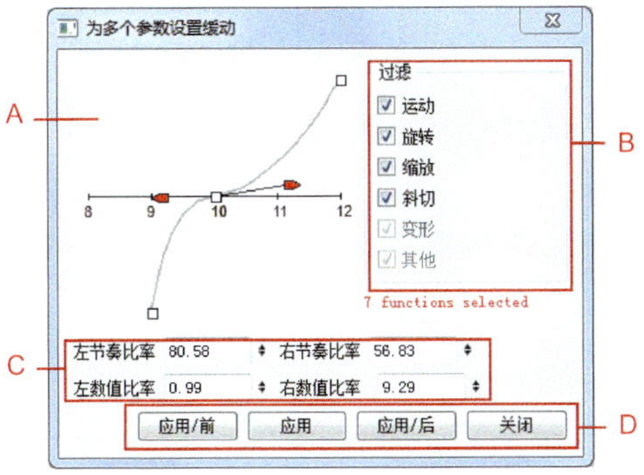

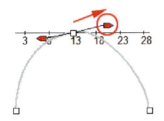

图11-6-11　设置窗口

A.在曲线上，拖动控制手柄调整曲线形态（图11-6-12）。

图11-6-12　调整曲线形态

B.过滤区，列出可供调整的函数类型。

a.运动：勾选此选项，则缓动参数应用于XYZ轴和3D路径函数曲线。

b.旋转：勾选此选项，则缓动参数应用于角度函数曲线。

c.缩放：勾选此选项，则缓动参数应用于缩放函数曲线。

d.斜切：勾选此选项，则缓动参数应用于斜切函数曲线。

e.变形：勾选此选项，则缓动参数应用于变形函数曲线。注意，它适用于在图层属性窗口中的变形函数，而不是工具属性窗口中的基本变形函数。

f.其他：勾选此选项，则缓动参数应用于其他函数曲线，如动画效果创建的函数。

C.时间和速度参数，这些值按百分比计算。

a.左、右节奏比率：缓动持续时间百分比。该值介于0%和100%之间。

b.左、右数值比率：缓动强度百分比。该值介于0%和100%之间。

c.节奏比率和数值比率如果相等，线形为直线。

D.按钮区。

应用/前：应用设置，并选择前一个关键帧。

应用：应用设置。

应用/后：应用设置，并选择后一个关键帧。

关闭：关闭设置窗口。

技术专题　　　实战练习

第**12**章
层级动画

🍃 **本章导读**

　　Harmony提供了多个工具，用于操纵造型各个部件。通过"变换"工具，创建简单的动画；使用正、反运动学进行高级动画；配合先进的洋葱皮和图像交换功能，能高效和快速地完成动画创作。根据项目的不同要求，可以有选择地混合使用几种不同的动画技术，如简单的绑定工具、层次结构和元件动画。

12.1　创立角色

　　动画应建立在定位层上，通过定位层控制图层运动、限制图层动画的步骤如下。

　　① 在时间轴窗口中，双击图层，打开层属性面板（图12-1-1）。

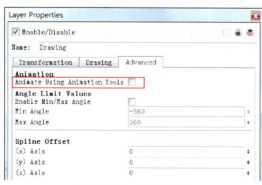

图12-1-1　层属性面板

　　② 在Advanced（高级）标签中，禁用Animate Using Animation Tools选项。

　　此时，图层名称前的扩展按钮消失（图12-1-2）。

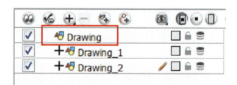

图12-1-2　扩展按钮消失

12.1.1　导入角色

　　Harmony提供了许多高级的层级动画工具。例如FK、IK等工具，另外还有洋葱皮和图像交换等功能。用户可以混合使用多种不同的动画技术，来制作完美的动画。

　　制作动画之前，首先要导入角色模板。

　　（1）导入角色模板

　　① 将角色导入时间轴

　　A.在库窗口中，选择角色的主模板（图12-1-3）。

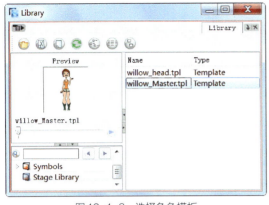

图12-1-3 选择角色模板

B.将主模板拖至摄影机窗口或时间轴左侧的层列表中（图12-1-4）。

C.将时间线范围框向右拖拽，延长场景时间（图12-1-5）。

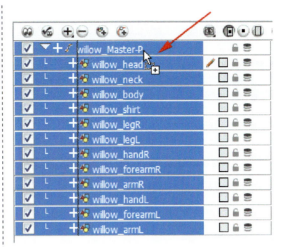

图12-1-4 拖至时间轴左侧

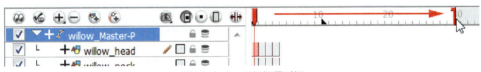

图12-1-5 延长场景时间

② 将角色导入网络窗口

A.在库窗口中，选择角色的主模板。

B.将主模板拖至网络窗口中（图12-1-6）。

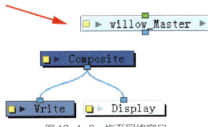

图12-1-6 拖至网络窗口

C.连接模块。从模块的输出端拖出连接线，至合成模块的输入端（图12-1-7）。

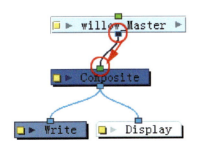

图12-1-7 连接模块

D.将时间线范围框向右拖拽，延长场景时间。

（2）选择造型姿势

如果导入的模板有多个姿势，开始动画前，需要挑选其中一个（图12-1-8）。

图12-1-8 挑选姿势

① 在时间轴窗口中，收起角色的子图层（图12-1-9）。

图12-1-9 收起子图层

② 在时间线上，选择包含需要的姿势的帧（图12-1-10）。

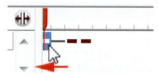

图12-1-10　选择帧

③ 将该帧拖至第一帧（图12-1-11）。

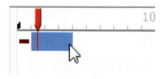

图12-1-11　拖至第一帧

④ 删除其余帧（图12-1-12）。

图12-1-12　删除其余帧

（3）延长关键帧

角色的姿势选好后，需要将帧延长至场景长度。
① 在时间轴窗口中，收起角色子图层。
② 在时间线上选择场景的最后一个单元格（图12-1-13）。

图12-1-13　选择最后一个单元格

③ 右键点击最后一个单元格，在弹出的快捷菜单中选择"延长持续帧"命令（快捷键【F5】），展开图层，所有图层都已经扩展至最后一帧（图12-1-14）。

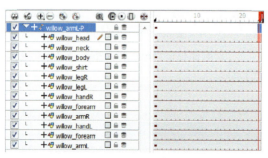

图12-1-14　扩展持续帧

12.1.2　角色的层级

（1）创建简单的层级动画（图12-1-15）

图12-1-15　层级动画

创建简单的层级动画步骤如下。
① 在工具架上，选择变换工具。
② 在变换工具属性面板中，确保Peg Selection Mode（引导层选择模式）按钮被禁用。
③ 在工具架上，启用动画模式。图形的每个操作可以自动记录为关键帧。
④ 在主菜单中，选择"动画>设置定格关键帧"命令。
⑤ 在时间轴窗口中，收起角色的子图层（图12-1-16），选择第一帧。

图12-1-16　收起子图层

⑥ 在摄影机窗口中，选择角色部件（图12-1-17）。

图12-1-17　选择角色部件

⑦ 使用变换工具，进行旋转、倾斜或移动（图12-1-18）。

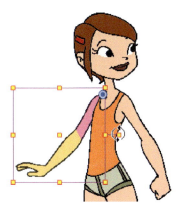

图12-1-18 使用变换工具

⑧ 右键点击第一帧，在弹出的快捷菜单中选择"插入关键帧"命令（快捷键【Ctrl】+【F6】）。

⑨ 在时间线上，选择其他单元格，作为第二个关键帧（图12-1-19）。

图12-1-19 选择单元格

⑩ 继续在摄影机窗口中操作角色的部件（图12-1-20）。

图12-1-20 继续调整姿势

⑪ 姿势摆好后，时间线上自动插入关键帧（图12-1-21）。

图12-1-21 设置关键帧

（2）选择图层设置动画

制作角色动画，即设置关键帧并移动图层。

① 动画模式

动画模式按钮💡是一个切换开关。打开后，只要在摄影机窗口中移动元素，系统自动记录关键帧。关闭后再移动元素，整个图层将一起移动（图12-1-22）。就是说，在动画中必须始终打开动画模式。如果为配合场景，调整角色位置和比例时，必须关闭动画模式。

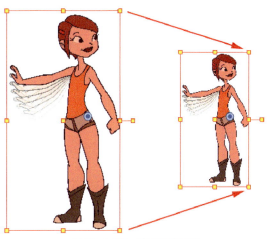

图12-1-22 动画整体移动

② 使用变换工具

图层的动画处理，必须使用变换工具💠。选择工具🖱用于修改绘画而不是对图层进行操作。

A.在摄影机窗口中选择元素。使用变换工具，在摄影机窗口中选择一个元素，首先关闭引导层选择模式🖫，这样可以选中实际的绘画层（图12-1-23）。

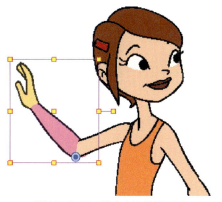

图12-1-23 选中实际的绘画层

B.在时间轴窗口中选择层。保持变换工具为选中状态，在时间轴窗口中选择图层后，选中的绘画在摄影机窗口中呈高亮显示，如果该图层含有子层，则子层也呈高亮显示（图12-1-24）。

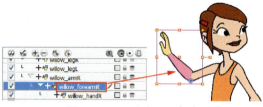

图12-1-24　高亮显示（1）

C.在网络窗口中选择。保持变换工具为选中状态，在网络窗口中选择图层模块，选中的绘画在摄影机窗口中呈高亮显示，如果该图层含有子层，则子层也呈高亮显示（图12-1-25）。

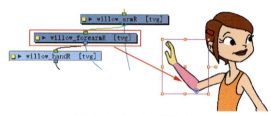

图12-1-25　高亮显示（2）

（3）遍历角色层级

在一个带有层级的角色造型中，可以使用快捷键上下查看层级的各个部分。

① 选择父层或子层

A.在工具架上，选择变换工具，同时在工具属性面板中，关闭引导层选择模式。

B.在摄影机或时间轴窗口中，选择图层（图12-1-26）。

图12-1-26　选择图层

C.选择主菜单中"动画>选择父级略过特效"命令，回到该图层的父级（快捷键【B】）。

D.选择主菜单中"动画>选择子级略过特效"命令，进入该图层的子级（快捷键【Shift】+【B】）。

这两个命令都会忽略特效层（图12-1-27）。

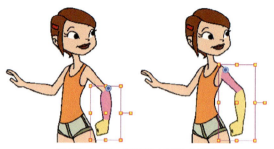

图12-1-27　在连接中前进或后退

② 选择子层

A.在工具架上，选择变换工具。

B.在时间轴窗口中，选择带有子层的图层（图12-1-28）。

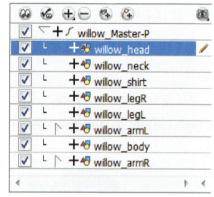

图12-1-28　选择带有子层的图层

C.在主菜单中选择"动画>选择上一同级或选择下一同级"命令，可以在同一层级中跳转（不进入该层级的子层），快捷键为【/】和【?】（图12-1-29）。

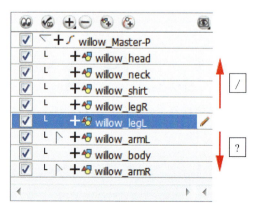

图12-1-29　同级中跳转

12.2　IK动画

12.2.1　变换工具

变换工具是制作动画的主要工具，可以进行如图12-2-1所示的操作。

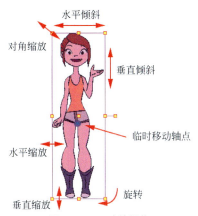

图12-2-1　变换操作

不建议使用选择工具做旋转、平移、缩放和倾斜角色部件，这样部件会以自身的轴心点为中心进行运动（图12-2-2左）。应该使用变换工具，以全局的轴心点为中心进行运动（图12-2-2右）。

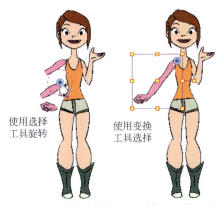

图12-2-2　使用变换工具和选择工具的区别

对于带有层次结构的角色，变换工具还可以用于制作IK和FK动画。注意，使用变换工具选择多个部件时，选定的第一个部件的轴心将用作全局枢轴。

12.2.2　IK工具属性

IK（反向动力学）通过移动子级的部件，来带动父级的移动。这种父级随子级运动的结构称为IK链，可以用于在层次结构中连接的任何部分。这种结构非常有用，例如弯曲角色膝盖，使角色坐下，可以避免移动角色臀部而使得角色的脚离开地面。

IK链可以帮助用户创造出复杂的动作（图12-2-3）。

图12-2-3　IK链

点击工具架上的IK骨骼按钮，相关属性会出现在属性面板中（图12-2-4）。

图12-2-4　IK属性面板

（1）模式部分

① Bone Selection Mode（骨骼选择模式）：默认状态下启用。启用后，点击任何骨骼都可以移动，不必选择实际图层。禁用后，除了移动所选的，不能移动其他任何骨骼。

② Chain Menu（链列表）：下拉列表中有以下选项。

A. Simple Chain Mode：默认选项，只允许移动链上部件。

B. Direct Chain Mode：允许移动链上单链。

C. All Chain Mode：允许移动整个链。

③ IK Manipulation Mode（IK 骨骼操纵模式）：IK 的操作模式。

④ Apply IK Constraints Mode（应用 IK 约束模式）：更正一个序列上所有帧的位置。

⑤ Edit Min/Max Angle Mode（编辑最大/最小角度模式）：设置旋转角度。

⑥ Bone Editing Mode（骨骼编辑模式）：修正骨骼末端的方向。

（2）选项部分

① IK 关键帧：IK 关键帧选项要与 IK 约束模式结合使用，用来确定应用约束的起始帧。

② 缓动形状：调整动作的柔和度。制作动画之前，先在列表中进行选择（图 12-2-5）。

图 12-2-5　缓动列表

（3）Selection: Drawing（当前选择的对象）

① Enable Translation If Top of Hierarchy（层级顶端启用变换）：主要用于定位层，移动 IK 链根。如图 12-2-6 所示，角色劈叉坐在地上，可以移动臀部（IK 链根）。

② Enable Rotation（启用旋转）：默认情况下，启用该选项。禁用时，IK 链无法旋转，并且旋转轴心点消失（图 12-2-7）。

③ Exclude From IK（从 IK 骨骼排除）：取消 IK 骨骼，如眼睛和嘴巴等不需要骨骼影响的，可以用此选项去除骨骼。

图 12-2-6　移动 IK 链根

图 12-2-7　旋转轴心点消失

④ 关节：临时固定轴心点。

⑤ 保持方向：锁定旋转角度。

⑥ 保持 X 轴：锁定 X 轴移动。

⑦ 保存 Y 轴：锁定 Y 轴移动。

⑧ 启用最大/最小角度：启用设置好的最大/最小角度限制。

⑨ 刚度：设置骨骼刚度值，值越大，选择越困难。

12.2.3　设置 IK

IK 要求角色造型带有子父图层，以及各图层都有准确的旋转轴心点。

（1）IK 层级链

IK 链包括以下几类。

单链：最基本的链，没有附属链（图 12-2-8）。

直链：连接到根的链（图 12-2-9）。

完整链：包含所有分支和一个根的链（图 12-2-10）。

（2）显示 IK 链

① 在时间轴窗口选择角色。

图12-2-8　单链

图12-2-9　直链

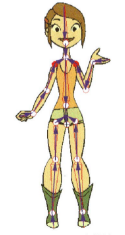

图12-2-10　完整链

② 在工具架上，打开动画模式并选择IK工具 🖉（快捷键【Alt】+【8】）。

③ 在摄影机窗口中，角色显示IK链（图12-2-11）。

图12-2-11　显示IK链

④ 移动IK链最后一根骨骼（图12-2-12）。

图12-2-12　移动

⑤ 按住【Shift】键，点击骨骼轴心点，可以锁定骨骼的方向（图12-2-13）。

[Shift]

图12-2-13　锁定

（3）用IK链设置角色

首次显示IK链时，角色四肢上的骨骼方向错误，还有一些不需要的骨骼（图12-2-14）。

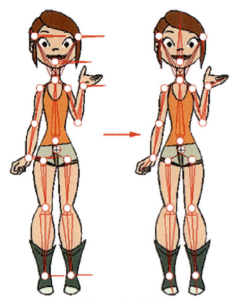

图12-2-14　IK错误

① 连接层级链

在连接IK链时，首先要确保造型的层级准确、部件轴心点准确。

IK链的使用非常自由，可以部分连接，也可以全角色连接，都不会影响IK链的使用。

② 去除不需要的骨骼

A.在工具架上，选择IK骨骼工具（快捷键【Alt】+【8】）。

B.在工具属性面板中，打开IK骨骼操纵模式。

C.在摄影机窗口中，按住【Ctrl】键，点击要去除骨骼的图形（图12-2-15）。

图12-2-15　点击脑后的花

D.回到骨骼工具属性面板，点击从IK骨骼排除按钮（图12-2-16）。

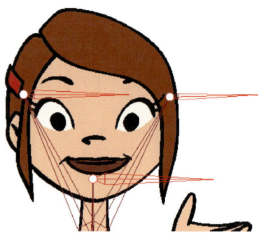

图12-2-16　去除多余的骨骼

E.重复上述步骤，去除角色其他多余的骨骼。

③ 调整骨骼方向

去除多余的骨骼后，接下来要调整骨骼错误的方向。

A.同样在工具架上，选择IK骨骼工具。

B.在工具属性面板中，打开IK骨骼编辑模式。

C.在摄影机窗口中，点击骨骼轴心点，然后拖至正确的方向（图12-2-17）。

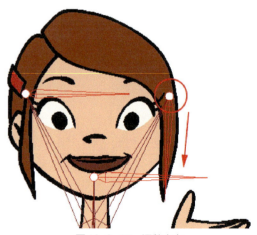

图12-2-17　调整方向

调整之前，确保选对图层。

D.重复上述步骤，调整好其他骨骼方向（图12-2-18）。

（4）图钉

在使用IK工具时，操纵末端骨骼，会影响到上一层级的骨骼。例如，挥动手臂，会牵动头部、躯干运动。如果不希望头部、躯干一起运动，可以将肩膀骨骼临时固定。

图12-2-18 调整其他骨骼方向

① IK中的图钉工具类型

A.IK图钉：锁住三个轴向的移动。

B.锁定旋转：锁住角度变化。

C.锁定X轴：仅锁住X轴移动。

D.锁定Y轴：仅锁住Y轴移动。

E.启用最大/最小角度：设置旋转角的限定值。

② 设置步骤

A.在工具架上，选择IK骨骼工具。

B.在工具属性面板中，打开IK骨骼操纵模式。

C.在摄影机窗口中，按住【Ctrl】键，点击要设置图钉的部件。

D.回到骨骼工具属性面板，选择图钉类型。

E.如果要去除使用的图钉（除了启用最大/最小角度模式），在主菜单中选择"动画>IK约束>删除所有约束"命令。

（5）最大/最小角度

旋转骨骼时，可以设置角度限制骨骼的旋转范围（图12-2-19），以避免动画过程中，出现错误的角度，比如膝盖或肘部向外翻转。

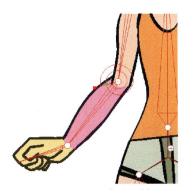

图12-2-19 角度限制

如果角色在同一层中有转身等动作，建议不要使用角度限制。

① 在工具架上，选择IK骨骼工具。

② 在工具属性面板中的模式部分，点击最大/最小角度按钮。

③ 在摄影机窗口中，按住【Ctrl】键，点击要设置角度限制的图形（图12-2-20）。

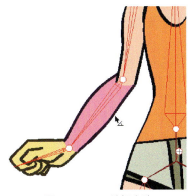

图12-2-20 选择小臂

④ 在工具属性面板中的选择部分，打开最大/最小角度选项。

⑤ 在摄影机窗口中，转动手柄设置角度（图12-2-21）。

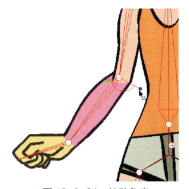

图12-2-21 转动角度

⑥ 完成后，测试设定的骨骼。

（6）IK关键帧

制作角色走路动画，通常会将着地的脚用图钉锁定，防止在移动身体重心时，着地的脚移动。在走路的关键姿势（原画张）设置好后，用自动插值做中间张时，会发现即使是锁定的脚，也会轻微移动。

图钉放置在关键帧上，但中间张不会保持固定状态。这对肩膀来说或许会更加自然，而对于着地的脚就不行。要修正这个问题，需要使用IK

约束工具。

① 在工具架上，选择IK骨骼工具。

② 在时间线上，选择需要约束的帧（图12-2-22）。

图12-2-22　选择约束帧

③ 点击属性面板中的"应用IK骨骼约束模式"按钮。

④ 再点击"IK关键帧"按钮，确定约束帧（图12-2-23）。

图12-2-23　确定约束帧

⑤ 在时间上，选择下一个需要约束的帧（图12-2-24）。

图12-2-24　选择约束帧

这时，IK关键帧显示如图12-2-25所示。

图12-2-25　显示约束帧

⑥ 在摄影机窗口中，选择需要固定的轴点，按住【Shift】点击设置图钉（图12-2-26）。

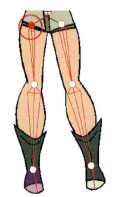

图12-2-26　设置图钉

⑦ 在工具属性窗口中，选择一种约束类型。最常用的约束是图钉工具和锁定旋转工具。

⑧ 在摄影机窗口中，点击要应用约束的骨头。

弹出警告对话框，确认是否将约束添加到所选部分以及持续的时间（图12-2-27）。

图12-2-27　警告对话框

⑨ 点击OK确认，完成约束设置。

12.3　动画帧设置

12.3.1　设置帧

对角色进行动画处理，首先要摆放角色关键姿势。在这个过程中，要设置停止关键帧，防止自动中间张影响到关键姿势的摆放。

（1）定格帧

定格帧指两个关键帧之间的值没有变化（图12-3-1），绘图位置等信息保持不变，直到下一个关键帧。

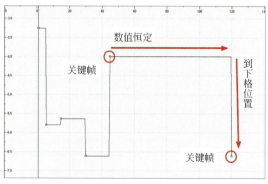

图12-3-1　定格帧

在主菜单中，勾选"动画>设置定格关键帧"命令，在时间线上即可设置定格关键帧，定格关键帧中间没有横线（图12-3-2）。

图12-3-2　定格关键帧

（2）运动帧

运动帧指在两个关键帧之间，通过计算机自动计算两者的位置、旋转角度的差异，并插入中间值（图12-3-3）。

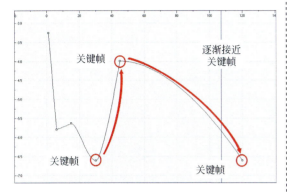

图12-3-3 运动关键帧

在主菜单中，禁用"动画>设置定格关键帧"命令，在时间线上即可设置运动关键帧，运动关键帧中间有横线连接（图12-3-4）。

图12-3-4 运动关键帧

如果两个关键帧为定格关键帧，选择关键帧后，点击时间轴窗口工具栏设置运动关键帧按钮，也可以将定格帧转为运动帧（图12-3-5）。

图12-3-5 转换关键帧

12.3.2 查看动画姿势

（1）查看图层关键帧

调整动画关键姿势时，常需要不断查看前后姿势，如果拖动播放头寻找，比较麻烦，可进行如下操作。

① 在摄影机或时间轴窗口中，选择图层（图12-3-6）。

② 在主菜单中，选择"动画>转到上一关键帧"或"转到下一关键帧"命令（快捷键【;】或【'】）。

图12-3-6 选择图层

（2）使用洋葱皮

洋葱皮功能可以让用户看到前后绘画的轮廓（图12-3-7），便于调整动画。

图12-3-7 洋葱皮功能

洋葱皮功能有多个选项，可以改变显示方式、显示内容等。

① 在工具架上，点击洋葱皮按钮（快捷键【Ctrl】+【Alt】+【0】）。

② 再选择变换工具。

③ 在摄影机窗口中，选择一个或多个元素。

洋葱皮功能有以下选项。

① 添加到洋葱皮预览：将一系列选定元素添加到洋葱皮预览中（图12-3-8）。

图12-3-8 添加到洋葱皮预览

② 从洋葱皮预览中删除：将一系列选定元素从洋葱皮预览中删除（图12-3-9）。

图 12-3-9　从洋葱皮预览中删除

③ 从洋葱皮预览中删除未定元素：将一系列未选定的元素从洋葱皮预览中删除（图12-3-10）。

图 12-3-10　从洋葱皮预览中删除未选定元素

④ 添加所有元素到洋葱皮预览中：将所有元素添加到洋葱皮预览中（图12-3-11）。

图 12-3-11　添加所有元素到洋葱皮预览中

⑤ 从洋葱皮预览中删除所有元素：关闭洋葱皮预览效果（图12-3-12）。

图 12-3-12　关闭洋葱皮预览效果

（3）翻转造型

动画过程中，例如角色转身，常需要翻转造型。具体步骤如下。

① 在动画工具栏中，选择变换工具。

② 关闭属性面板中引导层选择模式。

③ 在摄影机窗口中，选择造型部件（图12-3-13）。

图 12-3-13　选择造型部件

④ 回到动画工具属性窗口中，选择水平翻转或垂直翻转选项（快捷键【4】和【5】），如图12-3-14所示。

图 12-3-14　翻转造型部件

12.4　元件动画

将造型建成元件后进行动画，十分方便，并且元件的可重复使用性可以保证整个项目造型风格的统一。

使用元件与模板

12.4.1　调用附加画稿

Harmony的元件库最大的优势在于可以重复调用，包括角色造型、基本动作，可以节省制作时间。调用时，只需从库中拖到新的场景中，就可以使用（图12-4-1）。

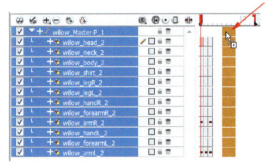

图12-4-1　调用元件

将转面的角色造型的每个面都创建元件，动画中需要用到哪个面，就导入哪个面，这样制作会更加方便。同样，头部、手臂等也可以这样操作（图12-4-2）。除了完整地调用外，还可以调用模板中的某些画稿。

图12-4-2　角色的各个部件

（1）插入画稿

① 在摄影机或时间轴窗口中，双击手的元件（图12-4-3），进入元件内部。

② 在元件内部的时间轴上，延长时间线（图12-4-4）。

③ 在库窗口中，选择含有新形状的手的模板（图12-4-5）。

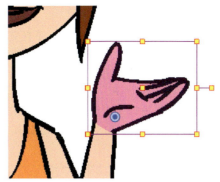

图12-4-3　进入元件

图12-4-4　延长元件的时间

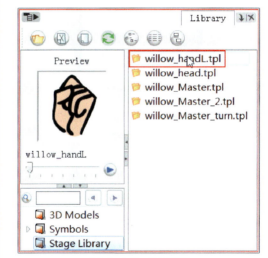

图12-4-5　选择模板

④ 从库中将模板拖至时间线上（图12-4-6）。

图12-4-6　插入模板

⑤ 在工具架上，选择轴心工具 ⊕ 。

⑥ 选择刚插入的模板的帧（图12-4-7）。

图12-4-7　选择模板的帧

⑦ 在工具属性窗口中，点击复制轴心到父级元件按钮 ⊕ 。

（2）交换画稿

层级动画不仅是移动角色部件，还有交换画稿完成角色转头等动作。可以在角色元件中添加多张画稿，以便在动画中有更大的选择余地。

交换画稿的步骤如下。

① 在摄影机窗口中，选择变换工具 ，并确保交换工具属性面板中的引导层选择模式 关闭。

② 选择要交换的部件（图12-4-8）。

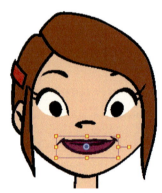

图12-4-8　选择要交换的部件

③ 观察库预览窗口中的画稿（图12-4-9）。

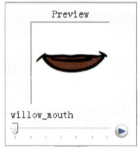

图12-4-9　库预览窗口

④ 拖动滚动条，挑选合适的画稿（图12-4-10）。

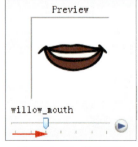

图12-4-10　挑选画稿

⑤ 选定后，摄影机窗口中就会立刻改成挑选的那张画稿（图12-4-11）。

图12-4-11　交换画稿

除了在库中交换外，还可以在时间轴上交换。点击图层要交换画稿的那一帧，打开时间轴数据窗口 （图12-4-12）。拖动鼠标，修改帧号即可完成交换（图12-4-13）。

图12-4-12　选择帧

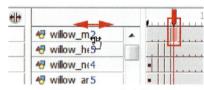

图12-4-13　修改帧号

（3）添加新画稿

制作动画时，比如手从摊开到握拳的动作，需要添加一张握拳形状的手时，可以在手的元件中添加，也可以在时间线上绘制。

这里我们不使用元件，直接在时间线单元格上绘画。如果新建空白绘画，画稿的轴心将被设置在摄影机窗口的中央。如果复制前面的画稿，则会保留画稿的轴心。复制后绘画的步骤如下。

① 在时间轴或摄影机窗口中，选择绘画帧（图12-4-14）。

图12-4-14　选择绘画帧

② 在主菜单中，选择"图画>再制图画"命令（快捷键【Alt】+【Shift】+【D】）。

③ 复制完成，清除原来的画稿，绘制新的画稿。

（4）重置变换工具

使用变换工具调整角色的姿势，随时可以重置，回到原来的状态，以便在另一个动画中使用。

① 重置

可以恢复画稿的初始位置和角度，如果旋转工具 🔄 呈激活状态，则恢复画稿的旋转角度，如果是变换工具 ⊹，则恢复到画稿的初始位置。具体操作如下。

A.在工具架上，选择变换工具或旋转工具。

B.在摄影机窗口中，选择画稿。

C.在主菜单总，选择"动画>重置"命令。

② 重置所有

重置选定图层当前帧的所有变换值。如果设有关键帧，关键帧保留。无论使用何种工具，都将重置。具体操作为，在主菜单中，选择"动画>重置所有"命令。

③ 重置所有除Z轴

在重置所有的过程中，忽略Z轴上的变换值。在主菜单中，选择"动画>重置所有除Z轴"命令即可。

12.4.2 创建循环

循环的动画，可以使用循环粘贴命令完成。

① 在时间轴或摄影表窗口中，选择需要循环的一段动画（图12-4-15）。

图12-4-15 选择动画范围

② 在主菜单中，选择"编辑>拷贝"命令。

③ 在时间线上，选择粘贴的起始帧（图12-4-16）。

图12-4-16 选择粘贴位置

④ 在主菜单中，选择"编辑>粘贴"命令，弹出循环粘贴对话窗口（图12-4-17）。

图12-4-17 循环粘贴对话窗口

⑤ 输入循环次数，并在循环类型下拉列表中选择类型。

⑥ 点击OK确认（图12-4-18）。

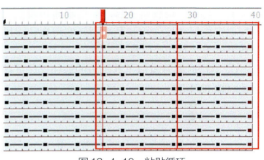

图12-4-18 粘贴循环

循环类型有4种，具体请查看本书5.3.3的内容。

（1）拷贝粘贴动画

时间轴窗口工具栏中有三种不同的粘贴模式。

① 🔲粘贴全部画稿和属性。默认选项，粘贴全部（图12-4-19）。

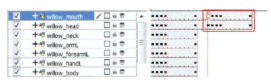

图12-4-19 粘贴全部画稿和属性

② 🔘仅粘贴关键帧（图12-4-20）。

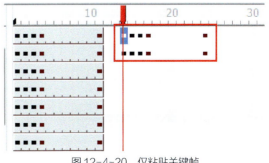

图12-4-20 仅粘贴关键帧

③ ⬤仅粘贴画稿（图12-4-21）。

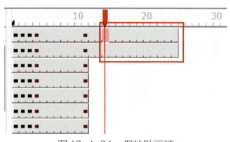

图12-4-21　仅粘贴画稿

（2）添加定位

新建场景、放置角色后，需要给角色添加定位层。定位层主要作用就是动画，它可以记录画稿运动位置、路径等信息。

① 点击时间轴窗口工具栏中的添加定位层按钮🔧（图12-4-22）。

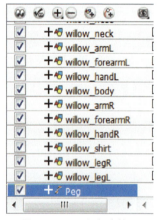

图12-4-22　添加定位层

② 选择所有的角色层，拖动到定位层上（图12-4-23）。

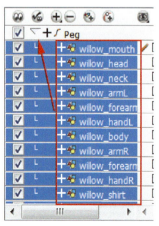

图12-4-23　拖动到定位层

③ 完成后，调整角色比例、位置时，都要在定位层上操作。

④ 选择定位层。

⑤ 在工具架上，选择变换工具▦，并关闭动画模式🐾。

⑥ 在摄影机窗口调整角色（图12-4-24）。

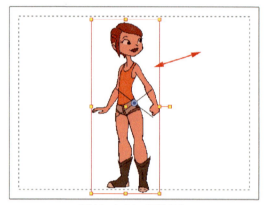

图12-4-24　调整角色

（3）偏移角色部件

① 在时间轴窗口中，点击展开函数按钮➕（图12-4-25），展开函数列表。

图12-4-25　展开函数列表

② 双击某个函数（图12-4-26），打开函数编辑窗口（图12-4-27）。

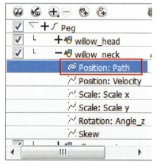

图12-4-26　双击函数

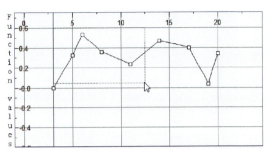

图12-4-27　打开函数编辑窗口

③ 框选关键帧，启用编辑器中的显示当前帧选项（图12-4-28）。

☑ Show Current Frame

    Corner

图12-4-28　显示当前帧

④ 上下拖动帧，调整相关属性（图12-4-29）。

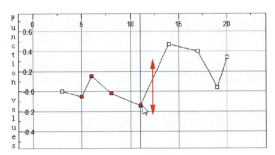

图12-4-29　调整关键帧

技术专题　　　实战练习

第**13**章
融合变形动画

🔘 **本章导读**

　　手绘动画需要花费大量时间制作中间变形张，Harmony提供了自动变形的功能，可以在源图形和目标图形中自由插值，调整时间和设置缓动效果。

　　这种动画技术的主要用途之一是制作动画特效。先从简单的元素开始，熟悉基本规则，掌握使用方法之后，再开始使用复杂和高级的变形技巧，制作诸如头部旋转或完整的角色动画。

13.1　融合变形的规则与工具

　　融合变形常用于制作形状相似动作单一的动画，例如烟或水波纹等，利用融合变形功能可以节省大量的动画中割时间。一般用源图形与目标图形中最相似的形状匹配（图13-1-1）。

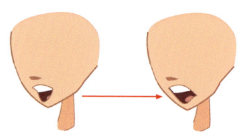

图13-1-1　形状相似的源图形和目标图形

13.1.1　融合变形规则

（1）相似的形状

这是颜色、线条与目标图形中最接近的一个

融合，即相同颜色和相同矢量属性（轮廓线或中心线）的两个图形间产生融合（图13-1-2）。

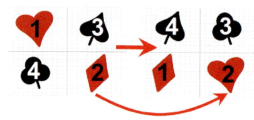

图13-1-2　相似融合

（2）铅笔线条融合

　　如果是使用椭圆、矩形、钢笔、直线或铅笔工具描的线，必须和这些工具绘制的线条相融合，使两者属性一致（中心线矢量图形），如图13-1-3所示。

　　注意，铅笔线不能融合画笔线。带粗细变化的铅笔线之间可以融合（图13-1-4）。带纹理的铅笔线，纹理不能融合（图13-1-5）。源图形与目标图形的铅笔线条的数量要一致，否则，系统会自动删除多余的线条。

图13-1-3 属性一致

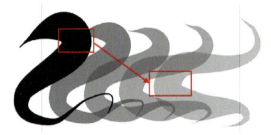

图13-1-4 带粗细变化的铅笔线融合

图13-1-5 纹理铅笔线

（3）填充色融合

画笔线或颜色填充的轮廓矢量图形之间可以融合（图13-1-6）。

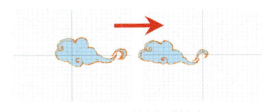

图13-1-6 填充色到填充色

（4）相同色样融合

Harmony中，颜色都有自己独立的编号，不同的颜色无法融合。要得到颜色融合效果，必须在合成中创建。

（5）消失和出现

如果源图形与目标图形中的元素不匹配，该元素将消失（图13-1-7）。

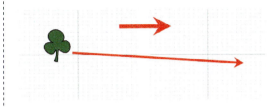

图13-1-7 图形消失

（6）色稿和线稿

Harmony中的画稿分线稿和色稿。在融合中，线稿只与线稿融合，色稿只与色稿融合。

13.1.2 融合变形工具

创建和调整融合变形，需要使用融合工具属性窗口（图13-1-8）。在工具架上选择融合变形工具，相关属性会出现在工具属性面板中。

图13-1-8 工具属性面板

（1）选项

① 轮廓线提示 ：在提示按钮的下拉列表中，选择正确的提示来纠正融合过程中的问题区域。

② 隐藏提示 ：临时隐藏关键帧上的提示点，避免提示点挡住图形（图13-1-9）。

图13-1-9　隐藏提示点

③ 原位显示变形图层：该选项用于变形图层，可防止选定的变形层显示在其他图层之上，以保持正确的图层排序。

（2）当前变形

① 在图画之间切换：在关键帧之间切换，用于查看设置的提示点。

② 建议提示：自动在关键帧上设置提示点，用户可以在此基础上调整。

③ 合并：在融合带半透明的颜色时开启该选项。

④ 质量：设置融合过程中线条的平滑质量。

⑤ 融合图层：可以添加、删除和管理不同的变形图层。

⑥ 缓进缓出：调整变形序列的起始和结束时的速度。

⑦ 转换提示：切换提示类型。用于选择正确的提示类型。

⑧ 节奏：输入帧编号，确定提示点出现的时间。

13.2　基本的融合变形

了解融合的基本规则后，可以从简单的形状开始，制作最基本的融合变形（图13-2-1）。

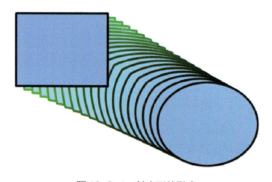

图13-2-1　基本形状融合

13.2.1　创建与删除融合变形

（1）创建融合变形

① 在时间轴窗口中，点击添加图层按钮。

② 重命名图层为Morphing。

③ 选择第一个单元格（图13-2-2）。

图13-2-2　选择单元格

④ 在工具架上，选择矩形工具（快捷键【Alt】+【R】）。

⑤ 在工具属性面板中，点击自动填充按钮。

⑥ 在颜色窗口工具栏中，点击设置油漆桶颜色按钮。

在颜色样本中选择颜色（图13-2-3）。

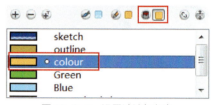

图13-2-3　设置油漆桶颜色

⑦ 继续设置铅笔颜色（图13-2-4）。

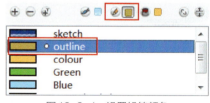

图13-2-4　设置铅笔颜色

⑧ 在摄影机或绘画窗口中，绘制矩形（图13-2-5）。

图13-2-5　绘制矩形

⑨ 在时间轴上，选择后面的单元格（图13-2-6）。

图13-2-6　选择后面的单元格

⑩ 绘制一个椭圆形（图13-2-7）。注意使用相同的颜色。

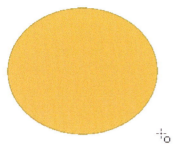

图13-2-7　绘制椭圆形

⑪ 在时间线上，点击第一个单元格，在主菜单中选择"变形>创建变形"命令（快捷键【Alt】+【M】）。单元格中出现箭头，从第一帧指向最后一帧（图13-2-8）。

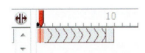

图13-2-8　创建融合变形

⑫ 点击回放工具栏中的播放按钮，查看动画。

（2）删除融合变形

在时间线上，点击融合变形的中间序列，在主菜单中选择"变形>删除变形"命令即可。

13.2.2　调整速度和节奏

变形序列创建完后，变形运动是匀速的，需要调整时间节奏，增加动作的缓进缓出，使动作更加柔和。在调整过程中，可能需要扩展或减少变形序列的长度。

（1）改变融合序列的长度

① 在时间轴窗口中，选择源图形或目标图形。
② 拖至需要的位置（图13-2-9）。

图13-2-9　调整帧位置

（2）调整速度

如果几个变形序列在同一层上，那么使用函数曲线调整会更容易。在编辑器中调整速度，还

可以反转一部分序列的顺序。

加入函数后，速度可以在两个方面调整，一个是在变形工具面板中调整，一个是在图层属性编辑器中调整。后者的步骤如下。

① 在时间轴窗口中，双击图层，打开层属性窗口（图13-2-10）。

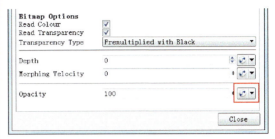

图13-2-10　层属性窗口

② 在Drawing标签中，点击Morphing Velocity选项后的函数按钮，创建函数曲线。

③ 打开曲线编辑窗口（图13-2-11），在第一帧或最后一帧（融合变形的源图形和目标图形）添加关键帧。

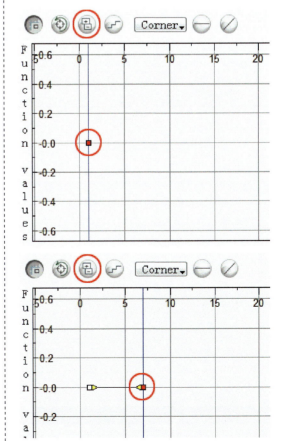

图13-2-11　添加关键帧

④ 调整第二个关键帧（图13-2-12）。

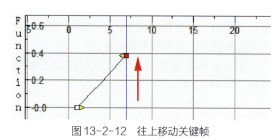

图13-2-12　往上移动关键帧

⑤ 选中前后两个关键帧，禁用Stop-Motion Keyframe选项（图13-2-13）。

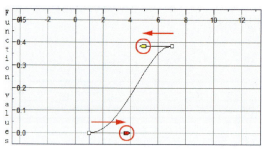

图13-2-13　禁用Stop-Motion Keyframe选项

⑥ 点击关键帧，拖动曲线手柄，调整动作的缓进缓出（图13-2-14）。

图13-2-14　调整缓进缓出

在一层上有多个融合变形序列，则在曲线上需添加更多的关键帧。

如果需要双格拍的动画效果，点击窗口中 🔄 按钮，在弹出的参数设置窗口中设置帧的值（图13-2-15）。

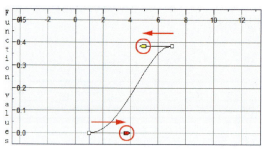

图13-2-15　设置双格拍动画

13.3　融合变形的提示

融合变形工具🔧通过不同类型的提示点，控制图形间的变形过程。源和目标图形中放置的提示点，主要用于修复在变形过程中出现的错误，如线条的走样等问题（图13-3-1）。

本书13.1中介绍了几类提示点，在本节中将介绍其用法。

如图13-3-1所示，角点通常问题最多。软件不一定能理解动画曲线，导致无法匹配角点而就近融合。这就需要用提示点来确定融合顺序。

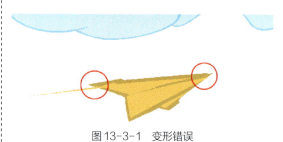

图13-3-1　变形错误

13.3.1　使用融合变形的提示

提示是在源和目标图形中设置的标识点，可使两者之间产生关联。

为了纠正变形错误，Harmony提供了不同类型的提示，用于控制不同类型的问题。每种类型的提示都有不同的用途，可以在同一图形中使用。

添加提示时，在源和目标图形中都会自动显示。单个图形不存在提示，如果从一个图形中删除提示，另一个图形中也将删除。

提示必须放置在问题最大的位置（图13-3-2），首先修复最大的扭曲。

同一时间内划在区域1、2内的变形和扭曲是固定的。

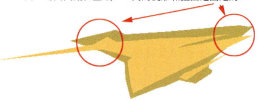

图13-3-2　放置提示

添加和删除提示步骤：

① 在时间轴或摄影表窗口中，选择源和目标图形。

② 选择变形工具，创建变形序列（图13-3-3）。

图13-3-3　创建变形

③ 在变形工具属性面板中，选择提示类型（图13-3-4）。

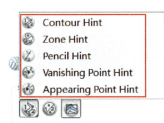

图13-3-4　选择提示类型

④ 在摄影机或绘画窗口，点击需添加提示点的图形区域（图13-3-5）。

图13-3-5　添加提示点

⑤ 移动提示点至错误的地方（图13-3-6）。

图13-3-6　移动提示点

⑥ 继续放置提示点，如有多余的提示点，按键盘【Delete】键，直接删除（图13-3-7）。

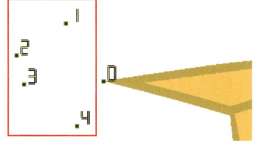

图13-3-7　删除多余的提示点

⑦ 点击回放工具栏中的播放按钮▶，检查动画。

13.3.2　提示点种类详解

（1）提示点详解

① Contour Hint（轮廓提示）

在轮廓线上，控制线的宽度和位置。如果填色区和画笔线条融合错误，可使用该提示点进行纠正。

要增加提示点，请确保将其放置的位置与轮廓对齐（图13-3-8）。该提示点为黄色。

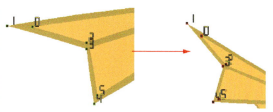

图13-3-8　轮廓对齐

> **Tip**　不要将轮廓提示直接放在线条上，因为看起来像是已贴紧到轮廓，实际没有。可以先放在边上，然后移动过去。

② Zone Hint（区域提示）

用于纠正填色区域的匹配，控制图形色块对位。例如在飞溅的水滴动画中，许多水滴都很接近，系统无法判定源图形中的水滴要与目标图形中的哪个水滴融合。提示将迫使一个色块与另一个色块融合（图13-3-9）。

该提示放置在颜色区域的中心，为深蓝色。

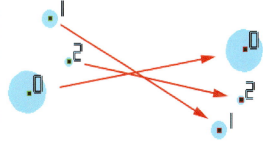

图13-3-9　图形对位

③ Pencil Hint（铅笔提示）

用于控制铅笔线，即用铅笔、钢笔、椭圆、直线和矩形工具制作的图形（图13-3-10）。像轮廓提示一样，铅笔提示点捕捉到中心线上。请确保提示点落在线条上。其为洋红色。

④ Vanishing Point Hint（消失点提示）

用于控制消失形状的轨迹。当目标图形中没

图13-3-10　线条对齐

有相应的形状时，形状将在融合过程中消失（图13-3-11）。如果不放置提示点来控制消失点，则该形状将消失在其自身的中心。该提示点为绿色。

⑤ Appearing Point Hint（出现点提示）

用于控制出现形状的轨迹。当源图形中没有相应的形状时，形状将在融合过程中出现（图13-3-12）。如果不放置提示点来控制出现点，则该形状将出现在其自身的中心。该提示点为紫色。

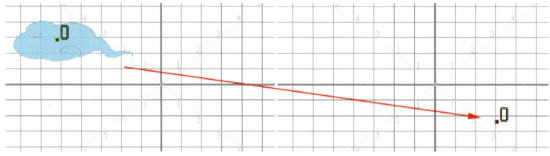

图13-3-11　控制消失形状的轨迹

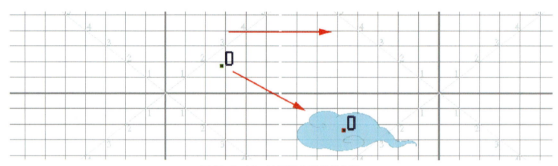

图13-3-12　控制消失形状的轨迹

（2）拷贝提示点

在使用同一图形的两个融合变形序列中，可以拷贝设置好的提示点（图13-3-13）。

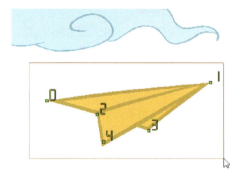

图13-3-13　拷贝提示点

① 在工具架上，点击选择工具。
② 在绘画窗口中，选择第一个序列中的关

键帧（图13-3-14），在主菜单中选择"编辑>拷贝"命令。

图13-3-14　选择图形

③ 在时间轴窗口中，新建第二序列的图层。选择作为序列起始帧的单元格（图13-3-15）。

④ 选择绘图窗口，在主菜单中选择"编辑>粘贴"命令，粘贴第二序列的源图形。

图13-3-15　选择单元格

⑤ 在时间轴窗口中，选择其他单元格，作为第二个序列的结束帧。

⑥ 在绘画或摄影机窗口中绘制目标图形（图13-3-16）。

图13-3-16　绘制目标图形

⑦ 在时间轴窗口中创建第二个融合变形序列。

⑧ 使用融合变形工具，调整目标图形的提示点。

13.4　融合变形图层

用复杂形状制作融合变形，可能产生难以控制的错误，若将它将分散到各个图层中，融合变形会容易得多。控制融合变形的要点，就是处理好交叉点以及找出问题区域。

13.4.1　变形图层属性

（1）识别有问题的区域

细节简单的图形，在融合变形时可能没那么简单（图13-4-1）。

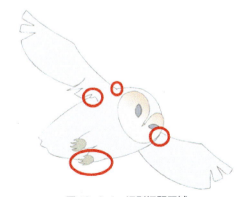

图13-4-1　识别问题区域

例如，造型有形体穿越时，系统可能无法做出准确判断。如图13-4-2中，角色转头，源图形头发在脸区域内，而目标图形头发在脸区域外，以及角色的鼻子，源图形中是单独的形状，目标图形中，却和脸轮廓连接在一起。

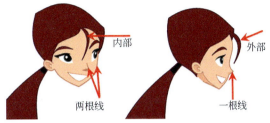

图13-4-2　图形的差异

（2）变形层的使用

正是由于上述问题，必须将复杂的图形分层处理。

用变形工具窗口，将图形分出的多个变形层（图13-4-3），在时间轴或摄影表窗口中仍然只有一个图层。

当然，也可以不使用变形层，直接将图形分成多个图层，各自做融合变形处理，这样处理的图层比较多。

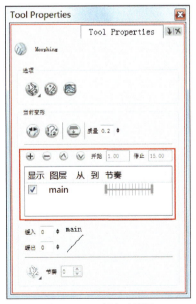

图13-4-3　添加变形层

两种方案都可以，但变形层更容易处理，没有更多的层需要添加。例如，如果一个转头动作（图13-4-4），耳朵有前后层变动，只需在头部层内创建一个耳朵的变形层即可。

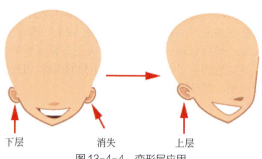

下层　　　　消失　　　　上层

图 13-4-4　变形层应用

（3）创建融合变形层

创建的融合变形层，会出现在属性面板的层列表中，最上层出现在摄影机或绘画窗口中的最前面，上下拖动层，可以调节层序（图 13-4-5）。

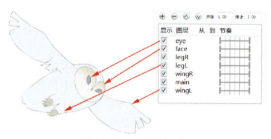

图 13-4-5　融合变形层

创建融合变形层的步骤：

① 在时间轴窗口，添加图层并命名。变形层的命名规则：ear_1，ear_2 或 head_1，head_2。也可以使用数字，1 到 9 为第一层，10 到 19 为第二层，以此类推。

② 在第一个单元格中，绘制身体部分（图 13-4-6），作为源图形。

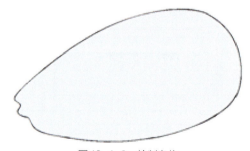

图 13-4-6　绘制身体

③ 选择作为目标图形的单元格，并开启洋葱皮功能，扩大洋葱皮显示范围（图 13-4-7）。

图 13-4-7　选择单元格并开启洋葱皮

④ 绘制目标图形（图 13-4-8）。

图 13-4-8　绘制目标图形

⑤ 鼠标右键选择中间单元格，在右键快捷菜单中选择"变形 > 创建变形"命令（图 13-4-9）。

图 13-4-9　创建融合变形

⑥ 在工具架上，选择融合变形工具。

⑦ 在融合变形工具属性窗口中，点击添加层按钮，添加新的融合层（图 13-4-10）。

图 13-4-10　添加融合层

⑧ 双击新层名，修改名称，按回车键（图 13-4-11）。按上下箭头可以更改层序。

图 13-4-11　重命名

⑨ 创建新图形。在"从"和"到"的下面空白处（图 13-4-12）双击，输入数值，变形层的命名规则见步骤①。

图 13-4-12　确定图层层序

⑩ 点击新层的起始帧（图13-4-13）。

图13-4-13　点击起始帧

⑪ 在绘画窗口绘制源图形（图13-4-14）。

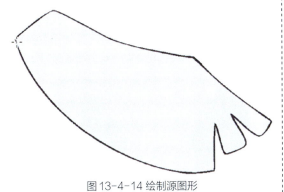

图13-4-14　绘制源图形

⑫ 点击新层的终止帧绘制目标图形。

⑬ 重复第⑨～⑫步，添加新图形的变形序列。

⑭ 添加的变形层可以设置开始和停止帧（图13-4-15）。

图13-4-15　设置起止帧

13.4.2　融合变形的应用

（1）融合同一层中的两个变形序列

连续变形两个序列需要三张图形，即在图形1和2之间产生第一个序列，以及图形2和3之间产生第二个序列（图13-4-16）。

图13-4-16　两个变形序列

要对同一图层中的两个序列进行合并，必须为每个序列创建不同的提示点（图13-4-17）。

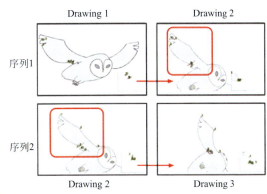

图13-4-17　创建不同的提示点

每个变形序列都有自己的参数和提示集。图形2在前后两个序列中各有一组提示。两组提示不会同时显示。每组显示的提示对应于正在处理的变形序列。

（2）变形序列中插入普通帧

完成的变形序列，中间帧由计算机生成，无法编辑，如果需要修改，可以插入普通帧。例如，在变形序列中，可能需要添加某些细节，可以插入普通帧后进行修改（图13-4-18）。

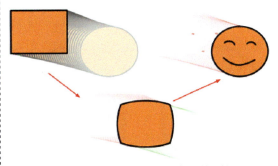

图13-4-18　对变形中间帧插入普通帧

① 在时间轴或摄影表窗口中，右键点变形序列中的一帧（图13-4-19），在弹出的快捷菜单中选择"变形>插入变形关键图画"命令。

图13-4-19　选择帧

② 选择的帧转为普通帧（图13-4-20）。

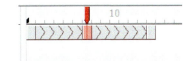

图13-4-20　插入普通帧

③ 修改或重新绘制新建的普通帧。

④ 点击播放工具栏中的播放按钮，查看动画。

（3）变形序列转为普通帧

整条序列可以都转为普通帧，以便编辑。

① 在时间轴或摄影表窗口中，右键点击序列中间的任意一帧，在弹出的快捷菜单中选择"变形>转换变形为图画"命令。

② 在弹出的转换变形对话窗口中输入名称（图13-4-21）。

图13-4-21　对话窗口

③ 点击OK按钮确认。

（4）融合变形孔洞

融合带孔洞的图形，要了解变形形状的特点。例如，一个带孔洞的甜甜圈，Harmony在融合这类图形时，首先处理外形，忽略中心孔（图13-4-22），然后再处理颜色和孔洞（图13-4-23）。

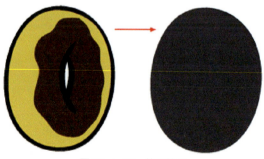

图13-4-22　处理外形

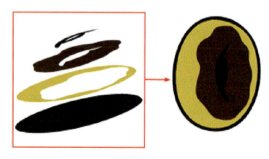

图13-4-23　处理颜色和孔洞

若直接融合，孔洞将被颜色填充。因此，可以按以下步骤制作。

① 在颜色窗口，选择颜色并设置Alpha值为0（图13-4-24）。

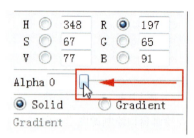

图13-4-24　设置Alpha值为0

② 将颜色填入源和目标图形中心圆孔（图13-4-25）。

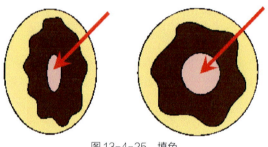

图13-4-25　填色

③ 在时间轴或摄影表窗口中，制作融合变形（图13-4-26）。

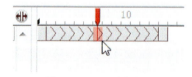

图13-4-26　融合变形

④ 在融合变形工具属性面板中，点击压平按钮 。此时孔洞正常显示（图13-4-27）。

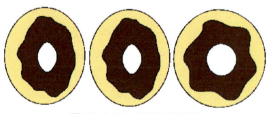

图13-4-27　孔洞正常显示

（5）调整变形质量

放大变形序列的图片时，如果发现线条质量变差，可以调整参数提高变形质量（图13-4-28）。在变形属性面板中，增加质量参数，可以改善中间图形的线条质量（图13-4-29）。

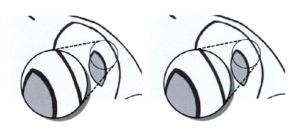

图 13-4-28 提高变形质量

图 13-4-29 改善线条质量

技术专题   实战练习

第14章
绑定变形动画

本章导读

　　Harmony提供了一种独特的变形技术，对位图和矢量图进行变形。这些变形器链接到需要变形的层级结构中，可以使一个或多个角色产生变形，如木偶一样。同时，还允许在位图中创建变形区。

14.1　变形特效

　　变形特效能基于位图或矢量图形（包括渐变和纹理）创建动画。变形器就如肢体的骨架以及可弯曲和重塑形状的关节，可以像操纵木偶一样，对由一个或多个图形或图像层组成的角色进行变形。

　　变形器由变形节点组成，这些节点对图形进行连接，操作各种部件的变形（图层或节点），例如一系列骨骼等。

　　变形器位于模块库的Deformation标签中（图14-1-1）。

图14-1-1　变形器模块

14.1.1 变形器种类

变形器主要有两类：骨骼变形器和曲线变形器。

（1）骨骼变形器

骨骼变形器可以构建有层级关系的骨骼结构，由上一层骨骼控制下一层骨骼的运动，主要用于动画角色手臂或腿等部分，以增加动作流畅性和自然感。骨架链中的每个骨骼通过关节连接，操作骨骼，可以控制肢体旋转、缩短或延长（图14-1-2）。

图14-1-2　肢体运动

（2）曲线变形器

曲线变形器具有和骨骼变形器类似的层次结构，甚至更加灵活，例如，可以将直线变形为弧线，用于没有关节的对象，如头发或表情，有时也可以用于肢体，创建某些特殊的风格，类似于没有关节限制的、简单流畅的动画效果。

14.1.2 变形模块

Harmony中共有11个变形模块，这些模块可以增强变形器产生的变形效果，变形模块必须与骨骼变形器或曲线变形器一起使用。

（1）Articulation（关节模块）

关节模块用来在两块骨头之间形成一个关节，旋转附着在上面的图形。

用Rigging（绑定）工具 创建骨骼结构时，两根骨头间会自动添加一个关节模块。也可以手动添加。在网络窗口中把一个关节追加到绑定的肢体上（图14-1-3），形成一条变形链。

该模块还可以手动构建骨骼结构。在两根骨头间插入关节模块效果最好。双击关节模块，弹出关节层属性窗口（图14-1-4）。

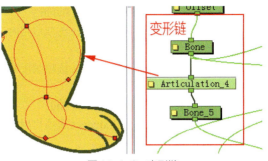

图14-1-3　变形链

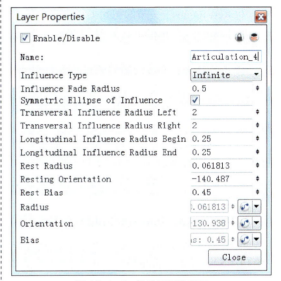

图14-1-4　关节层属性窗口

在层属性对话框中，设置关节模块参数：

① Name：重命名关节模块。

② Influence Type：下拉列表中是各种受影响区域的类型，这些区域影响图形的变形效果。

③ Influence Fade Radius：影响区域的衰减半径，可以用上下箭头选择值。

④ Symmetric Ellipse of Influence：勾选该选项，关节横向、纵向半径上的影响是对称的。默认为激活状态。

⑤ Transversal Influence Radius Left

在Symmetric Ellipse of Influence选项启用时，此选项控制关节左右横向半径。

在Symmetric Ellipse of Influence选项禁用时，此选项控制关节左侧半径大小。

⑥ Transversal Influence Radius Right

在Symmetric Ellipse of Influence选项启用时，此选项失效。

在Symmetric Ellipse of Influence选项禁用时，此选项控制关节右侧半径大小。

⑦ Longitudinal Influence Radius Begin

在Symmetric Ellipse of Influence选项启用时，此选项失效。

在Symmetric Ellipse of Influence选项禁用时，此选项控制关节前部半径大小。

⑧ Longitudinal Influence Radius End

在Symmetric Ellipse of Influence选项启用时，此选项控制关节左右横向半径。

在Symmetric Ellipse of Influence选项禁用时，此选项控制关节后部半径大小。

⑨ Rest Radius：关节的初始半径值。

⑩ Resting Orientation：关节的初始旋转角度值。

⑪ Rest Bias：关节的初始弧度值，值较小，则关节的弯曲弧度较大，反之，弯曲弧度较小。

⑫ Radius：关节的半径值。此值可以链接函数、设置动画。

⑬ Orientation：关节的旋转角度。此值可以链接函数、设置动画。

⑭ Bias：关节的弧度值。此值可以链接函数、设置动画。

（2）Deformation-AutoFold（自动折叠）

该模块可以自动调整变形引起的重叠部分（图14-1-5），类似于Fold模块，但该模块通过系统计算折叠点，没有参数设置。该模块适用于曲线变形器。

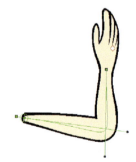

图14-1-5　自动折叠

其使用步骤如下。

① 在摄影机窗口底部工具栏中，选择Render模式⚙。

② 在模块库中，将自动折叠模块拖拽至网络窗口中。

③ 将自动折叠模块插入变形链中，如图14-1-6所示（按【Alt】键，拖拽模块至连接线上释放）。

④ 点击自动折叠模块左侧黄色方框，打开层属性面板（图14-1-7）。

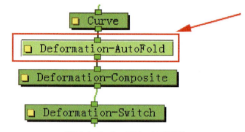

图14-1-6　插入变形模块

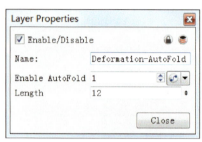

图14-1-7　层属性面板

A. Enable Autofold（自动折叠）：1启用或0禁用。此值可以链接函数，设置动画。

B. Length（长度）：折叠轴线长度。

（3）Auto-Muscle（自动肌肉）

自动肌肉模块用于模拟肌肉运动。当骨头模块旋转时，图形自动膨胀，模拟肌肉运动。

使用步骤如下。

① 在模块库中选择自动肌肉模块，拖拽至网络窗口。

② 对模块插入变形链（图14-1-8）。

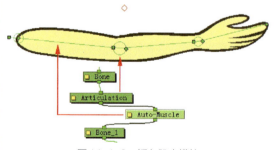

图14-1-8　插入肌肉模块

Auto-Muscle模块插入到Articulation模块和Bone_1模块之间。

③ 点击Auto-Muscle模块左侧黄色方块，打开层属性面板（图14-1-9）。

④ 设置参数

A. Name：重命名模块。

B. Muscle Left：启用时，膨胀方向在关节旋转侧（图14-1-10）。默认启用此选择。

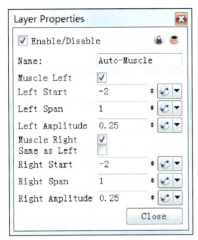

图 14-1-9 层属性面板

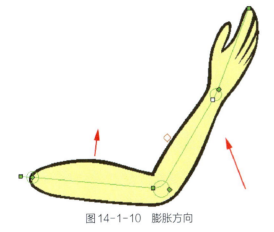

图 14-1-10 膨胀方向

C. Left Start：产生变形的模块号，默认值为-2。

模块排序如图14-1-11所示，关节转动后膨胀发生在Bone模块处。

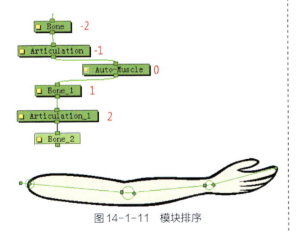

图 14-1-11 模块排序

D. Left Span：变形的长度（肌肉长度）。默认情况为1。

E. Left Amplitude：变形的幅度。值越大，膨胀越大（图14-1-12）。

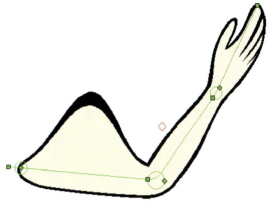

图 14-1-12 变形幅度

F. Muscle Right：默认启用此选项。启用后，膨胀方向在关节反向旋转侧（图14-1-13）。

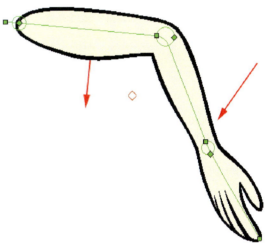

图 14-1-13 反向膨胀

G. Same as Left：允许在关节旋转时，两侧都发生膨胀（图14-1-14）。

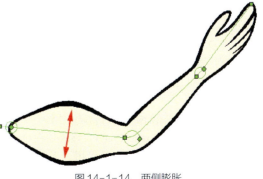

图 14-1-14 两侧膨胀

H. Right Start：同Left Start选项，只是膨胀发生在关节的反向旋转侧。

I. Right Span：变形的长度（肌肉长度）。默认情况为1。

J. Right Amplitude：变形的幅度。值越大，膨胀越大。

（4）Deformation-Composite（变形合成）

与标准的合成模块一样，用于连接各种模块。

当使用Rigging（绑定）工具🔧创建变形链时，系统会自动添加一个变形组（图14-1-15），变形组包含输入模块、若干个变形模块和合成模块。

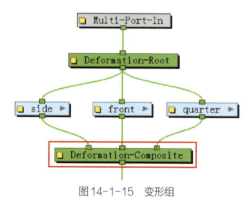

图14-1-15　变形组

点击Deformation-Composite模块左侧黄色方块打开层属性面板（图14-1-16）。

图14-1-16　层属性面板

① Name：重命名变形合成模块。

② Output Kinematic Only：默认禁用此选项，变形链正常输出。启用此选项，仅输出变形链信息位置。

③ Output Selected Port Only：仅输出被选择的端口。如果一个合成上有多个变形链，请勾选此项。禁用此选项，则同时使用合成上的所有不同的链。

某些情况下，该选项可以自动启用。

④ Output Kinematic Chain：该选项在Output Selected Port Only选项启用时可用。下拉列表中有以下选项，选择后根据连接到变形合成端口的内容输出（图14-1-17）。

A. Rightmost：此选项只使用连接到合成模块右侧的第一个链。

B. Leftmost：此选项只使用连接到合成模块左侧的第一个链。

C. Select：此选项根据从左向右的顺序来选择要输出的链。

D. Use First Connected Element's Exposure as Key：自动检测连接到合成模块的变形链，并输出元素的第一帧。常用于多角度角色的绑定。

E. Use Parent Composite's Element Exposure：当Output Kinematic Only选项启用时，该选项有效。该选项根据父元素的帧信息将子层加到变形链并显示。

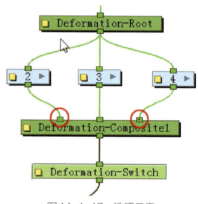

图14-1-17　选项示意

⑤ Output Kinematic Chain Selection：此选项在Output Selected Port Only选项启用，并在Output Kinematic Chain选择框中选择Select选项时有效。该选项用于挑选连接到合成模块的变形链，如图14-1-18所示，按从左到右的顺序选择对应的编号。此值可以链接函数，设置动画。

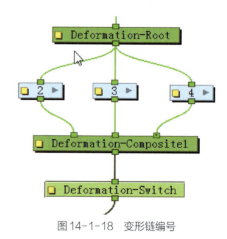

图14-1-18　变形链编号

（5）Deformation-Root（变形器根）

变形链的开始点和轴心。使用Rigging（绑定）工具🗓时，该模块自动添加到变形链的顶端（图14-1-19）。

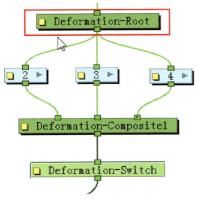

图14-1-19 变形器根

点击模块左侧黄色方块，打开层属性面板（图14-1-20）。

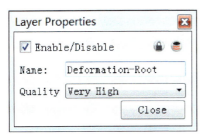

图14-1-20 层属性面板

① Name：重命名模块。

② Quality：设置变形质量，变形时将图形切片，切片越多，变形质量越好。共分5级，Low为低，Medium为中，High为高，Very High为较高，Extreme为极高。

（6）Deformation-Scale（缩放）

沿中心轴缩放，调整肢体的长度，一般与骨骼或曲线变形器组合使用。与函数曲线结合使用，可以创造出很好的肌肉效果。使用步骤如下。

① 在网络窗口中，打开变形组。

② 在模块库中，将缩放模块拖入到网络窗口的变形组中，插入变形链（图14-1-21）。

③ 选择Deformation Scale模块，在主菜单中选择"视图>显示>控制"命令，摄影机窗口中显示缩放控制器（图14-1-22）。

④ 点击Deformation Scale模块左侧黄色方块，打开层属性面板（图14-1-23）。

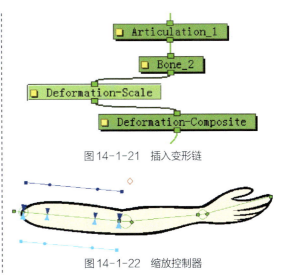

图14-1-21 插入变形链

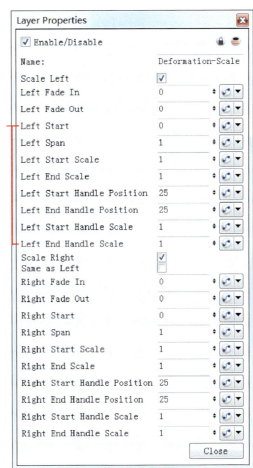

图14-1-22 缩放控制器

图14-1-23 层属性面板

面板中主要参数介绍如下。

A. Name：重命名模块。

B. Scale Left：默认启用此选项。允许缩放关节旋转方向左侧的图形。在摄影机窗口中，左侧控制线为深蓝色（图14-1-22）。禁用此选项，控制线将被隐藏并且不会在这一侧发生缩放变形。

C. Left Fade In：设置变形起始点到变形最高点之间的过渡。0表示没有过渡。

D. Left Fade Out：设置变形最高点到变形结束点之间的过渡。0表示没有过渡。

E. Left Start…Left End Handle Scale选项控制左侧的缩放变形。

F. Scale Right：默认启用此选项。允许缩放关节旋转方向右侧的图形。在摄影机窗口中，右侧控制线为浅蓝色。禁用此选项，控制线将被隐藏，并且不会在这一侧发生缩放变形。

G. Same as Left：默认禁用此选项。启用该选项，左右两侧使用相同缩放参数，且右侧控制线隐藏。

H. Right Fade In、Right Fade Out：同Left Fade In、Left Fade Out选项。

I. 其余选项控制右侧的缩放变形。

⑤ 在工具架上，选择变换工具 ▦。

⑥ 在摄影机窗口中，调节缩放模块的控制线。

A. 修改曲线的缩放值，拖动曲线两边的控制手柄（图14-1-24）。

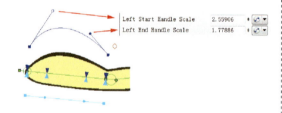

图14-1-24　调节控制手柄

B. 沿中心轴移动第一个蓝色箭头，设置缩放变形的开始点，移动最后一个蓝色箭头，设置变形长度（图14-1-25）。

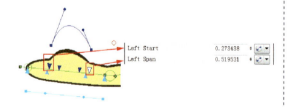

图14-1-25　调节蓝色箭头（1）

C. 将蓝色方块拖离或靠近中心轴，设置开始和结束点（图14-1-26）。

D. 沿中心轴移动第二个蓝色箭头，设置曲线控制手柄的位置（图14-1-27）。

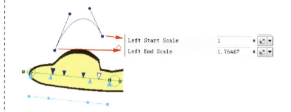

图14-1-26　调节蓝色方块

图14-1-27　调节蓝色箭头（2）

缩放模块的各个参数都可以链接函数，设置动画。

（7）Deformation-Switch（切换）

可以作为变形链的切换开关。

点击Deformation-Switch模块左侧黄色方块，打开层属性面板（图14-1-28）。

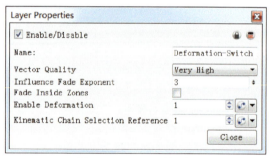

图14-1-28　层属性面板

① Name：重命名模块。

② Vector Quality：设置变形质量，具体为，Low即低，Medium即中，High即高，Very High即较高，Extreme即极高。

③ Influence Fade Exponent：缓进缓出指数。1表示接近直线，较高值表示缓进曲线，较低值表示缓出曲线。

④ Fade Inside Region：在指定区域内产生缓进缓出效果。默认禁用此选项。

⑤ Enable Deformation：1表示启用变形，0表示禁用变形。

⑥ Kinematic Chain Selection Reference：在指定的帧上选择和使用变形链。

（8）Deformation-Uniform-Scale（统一缩放）

调整绑定对象的缩放效果。其使用步骤如下。

① 在模块库中选择Deformation-Uniform-Scale模块，拖拽至网络窗口。

② 将模块插入变形链（图14-1-29）。

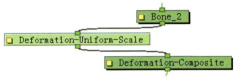

图14-1-29　插入变形链

③ 在网络窗口中，选择Deformation-Uniform-Scale模块。

④ 在摄影机窗口中显示统一缩放模块控制器（快捷键【Shift】+【F11】，图14-1-30）。

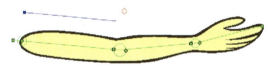

图14-1-30　显示控制器

⑤ 拖动蓝色方块，调整肢体宽度。可以链接函数，进行动画处理。

（9）Deformation-Wave（波纹）

调整波形，使变形链扭曲，链接函数，可产生波浪动画。其使用步骤如下。

① 在模块库中选择Deformation-Wave模块，拖拽至网络窗口。

② 将模块插入变形链（图14-1-31）。

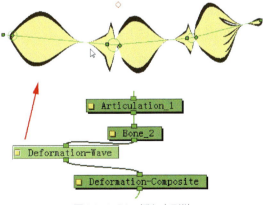

图14-1-31　插入变形链

变形效果立刻应用在变形链上，使肢体产生扭曲。

③ 点击Deformation-Wave模块左侧黄色方块，打开层属性面板（图14-1-32）。

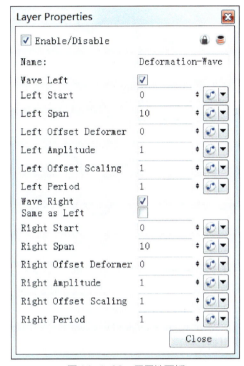

图14-1-32　层属性面板

A. Name：重命名模块。

B. Wave Left：默认启用此选项。允许在关节旋转方向左侧产生波纹效果。

C. Left Start：左侧波形变形起始点。默认为0，表示变形根位置。顺序依次往下排列（图14-1-33）。

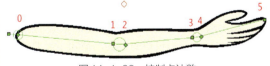

图14-1-33　控制点计数

D. Left Span：左侧波形长度。

E. Left Offset Deformer：左侧波形偏移。链接函数后，可创建沿中心轴波动的动画（图14-1-34）。

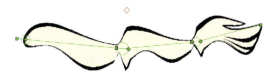

图14-1-34　偏移

F. Left Amplitude：控制左侧波幅（图14-1-35）。

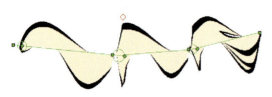

图14-1-35　波幅

G. Left Offset Scaling：此参数将偏移值应用于左侧波的振幅。值增加，波幅变得更大，值减小，波幅变得更小（图14-1-36）。

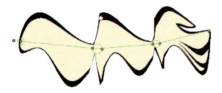

图14-1-36　左侧波幅的偏移

H. Left Period：该值控制左侧波纹效果发生的周期，默认值为1，表示波纹之间没有间隔。设为0.5，表示波纹之间间隔一倍。

I. Wave Right：默认启用该选项，将波纹效果应用到右侧。

J. Same as Left：默认禁用该选项，允许左右波纹效果分开控制，启用该选项，左右波纹效果中左侧控制。

K. Right Start、Right Span、Right Offset Deformer、Right Amplitude、Right Offset Scaling、Right Period：同Left Start、Left Span、Left Offset Deformer、Left Amplitude、Left Offset Scaling、Left Period参数。

（10）Fold（折叠）

用于肢体弯曲时，关节处线条重叠的处理（图14-1-37）。控制模块的参数，消除不需要的线条。其使用步骤如下。

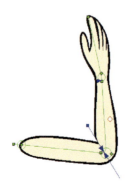

图14-1-37　线条重叠

① 在模块库中选择Deformation-Fold模块，拖拽至网络窗口。

② 将模块插入变形链（图14-1-38）。

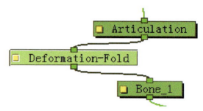

图14-1-38　插入变形链

③ 在网络窗口选择折叠模块，选择主菜单中"视图>显示>控制"命令，在摄影机窗口中显示折叠控制器（图14-1-39）。

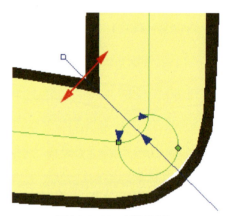

图14-1-39　折叠控制器

④ 在工具架上，选择变换工具 ▦。

⑤ 在摄影机窗口中，调节折叠模块的控制线（图14-1-40）。

A.点击蓝色的折叠轴旋转，调整角度。

B.移动中间的蓝色箭头，调整折叠轴，移动到弯曲的外角处（图14-1-40）。

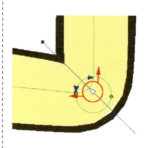

图14-1-40　移动中间箭头

C.左右两侧箭头控制折叠线条（图14-1-41）。

D.轴线上方形手柄，调节轴的长度（图14-1-42）。

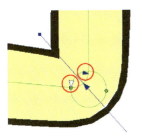
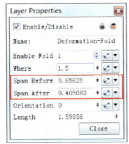

图14-1-41 调整两侧箭头

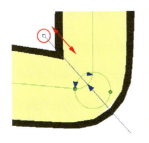

图14-1-42 调节轴长

⑥ 角色动态幅度较大或者弯曲位置需要改变，可以将参数链接到函数，在动画中调整。

⑦ 折叠效果可随时启用或关闭（图14-1-43）。

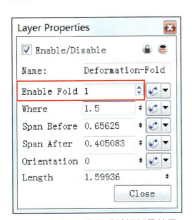

图14-1-43 启用或关闭折叠效果

（11）Offset（偏移）

设置变形链根的位置。使用Rigging（绑定）工具创建变形绑定时，该模块自动添加到变形组中。

使用设置模块工具移动变形链，可以修改变形链的初始位置（位置坐标值显示在Offset模块层属性面板的上半部）。不使用设置模块工具修改，变形链位置改变的值显示在层属性面板的下半部（图14-1-44）。下半部分的参数可以链接函数，设置动画。

使用设置模块工具移动变形链，修改坐标值

使用动画工具移动变形链，修改坐标值

图14-1-44 坐标位置

① Name：重命名模块。

② (x) Axis：设置变形链根的X轴初始值，也可以在设置模块模式下用变换工具定位。

③ (y) Axis：设置变形链根的Y轴初始值，也可以在设置模块模式下用变换工具定位。

④ Resting Orientation：设置变形链根的旋转初始值，也可以在设置模块模式下用变换工具定位。

⑤ Type：选择坐标类型

A. Separate：默认设置。坐标两轴分离，可以有各自的函数曲线。

B. 2D Path：坐标两轴锁定。

⑥ (x) Axis：当选择Separate类型时，该选项被激活。设置变形链根的X轴运动值，也可以在动画模式下用变换工具定位。

⑦ (y) Axis：当选择Separate类型时，该选项被激活。设置变形链根的Y轴运动值，也可以在动画模式下用变换工具定位。

⑧ Path：当选择2D Path类型时，该选项被激活。设置变形链根的X和Y轴运动值，也可以在动画模式下用变换工具定位。

⑨ Orientation：设置变形链根的旋转运动值，也可以在动画模式下用变换工具定位。

14.2 变形器的基本工具与设置

14.2.1 变形器设置

在使用变形器之前，需要对首选项做些简单设置，以便提高工作效率。

（1）设置首选项

① 打开首选项面板，在OpenGL标签中的设

置部分。

勾选"如果可用则使用硬件取得顶点纹理"选项（图14-2-1）。

图14-2-1 勾选选项

默认情况下禁用此首选项，在使用变形之前，建议启用该选项。

② 在实时抗锯齿部分（图14-2-2），禁用实时抗锯齿。

图14-2-2 禁用选项

（2）显示变形器的控件

操作变形器控件，首先要显示该控件。

① 显示变形器的控件。

A.在网络窗口中，选择变形组。

B.在主菜单中选择"视图>显示>控制"命令，或在摄影机窗口工具栏中，选择显示控制按钮（快捷键【Shift】+【F11】）。

② 显示选择的变形器控件并隐藏其他变形器控件。

A.在网络窗口中，选择变形组。

B.在变形器工具栏中，选择按钮。

③ 同时显示/隐藏全部变形器控件。

A.在网络窗口中选择全部模块（快捷键【Ctrl】+【A】）。

B.在摄影机窗口中，选择显示控制按钮（快捷键【Shift】+【F11】），或选择全部隐藏按钮（快捷键【Shift】+【C】）。

（3）在网络和时间轴上显示

网络和时间轴窗口中显示的变形器如图14-2-3所示。

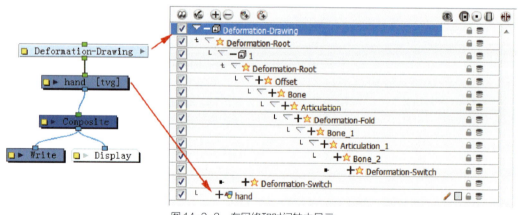

图14-2-3 在网络和时间轴中显示

14.2.2 变形工具

（1）绑定工具属性窗口

用于创建骨骼或曲线变形链，并在所选的图形上创建变形组。自动创建必要的链接和模块，极大地加快了操作过程。点击绑定工具，相关属性会出现在工具属性窗口中（图14-2-4）。

① Mode（模式）

A. Automatic Mode：在摄影机窗口中，点击鼠标，绑定工具自动创建骨骼或曲线变形组。

B. Bone Mode：创建骨骼变形。

C. Curve Mode：创建曲线变形。

D. Show All Manipulators：显示所有操控器（如果有动画设置，骨骼初始位置显示为红色，动画位置显示为绿色）。

E. Show All Zones of Influence：显示所有的受影响区域。

② Options（选项）

A. Articulation：创建关节时，下拉列表中有以下选项可供选择。

a. Zero Influence：没有影响区域，不发生变形。

b. Infinite Influence：默认选项，影响区域没

有边界，涵盖整个变形器链接的元素及其子项，但不包括其他变形器的影响区域。

c. Elliptic Influence：椭圆形影响区。常用于位图变形。

d. Shaped Influence：自定义形状的影响区。常用于位图变形。

图14-2-4　工具属性窗口

B. Influence Radius：影响区域尺寸，默认为2。

C. Bone Ratio：相对于之前创建的关节大小，设置关机尺寸。

D. Bone：下拉列表中选择多种影响区域的设置，具体见本属性窗口Articulation。

E. Influence Radius：影响区域尺寸，默认为2。

F. Curve：创建曲线变形时有多种选项可供选择，可参见本属性窗口Articulation。

G. Influence Radius：影响区域尺寸，默认为2。

③ Operations（操作）

A. Convert Elliptic Zone of Influence to Shape：椭圆形影响区域转换为自定义形状的影响区域。

B. Copy Resting Position to Current：复制骨头初始状态到当前帧。

（2）变形工具栏

变形工具栏（图14-2-5）包含用于创建变形效果的各种工具和选项。

图14-2-5　变形工具栏

① 设置模式工具：在设置模式工具下，使用变换工具可以调整位置、尺寸，改变骨骼、关节和曲线变形器。该模式下，变形器控件在摄影机窗口中呈红色显示（图14-2-6）。

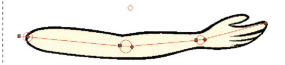

图14-2-6　控件红色显示

② 显示控制器：绿色显示为变形链初始位置，红色显示为变形链动画位置（图14-2-7）。

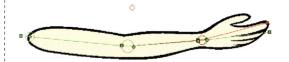

图14-2-7　两种变形链

③ 显示影响区域：显示变形链中所有的影响区域（图14-2-8），变形链必须在可见状态。当影响区域设置为无限或零时，影响区域不显示。

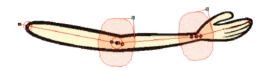

图14-2-8　显示影响区域

④ 显示简化控制器：隐藏一些更高级的控制手柄，可避免无意中移动手柄（图14-2-9）。

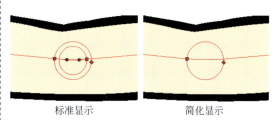

标准显示　　　　简化显示
图14-2-9　显示类型

⑤ 显示选择的控制器并隐藏其他：单击此按钮时，摄影机窗口中所有控制器都将隐藏，只显示所选变形模块的控制器。

⑥ 插入变形组：如果首选项设置为创建姿势变形，插入变形组将同时创建链接到所选元素的

绘图每个姿势。之后，可以使用模块库中的各种变形模块开始绑定。

A. 所选元素的上方插入🔄：此选项在所选元素的上方插入变形组。变形组包含了变形链根、合成、切换等模块。

B. 所选元素的下方插入🔄：此选项在所选元素的下方插入变形组。变形组包含了变形链根、合成、切换等模块。

⑦ 创建运动输出🔄：在变形组中添加一个输出模块，输出一个独立的、带有变形链的元素，而不会影响到其他元素，就像在手和手腕的层级关系中，分层的手或手腕不受手臂变形的影响。

⑧ 拷贝初始位置🔄：创建变形链时，使用安装模式🔄调整变形链的角度和位置，完成后，使用该选项将变形链作为初始状态拷贝到当前帧。

⑨ 转变影响区域的类型🔄：变形链影响区域形状可以自定义，以使影响区域更加精确。

14.3　创建角色绑定

在角色绑定前，需要先在首选项中，设置关于变形效果的一些必要的参数。

打开首选项面板，在 Deformation（变形器）标签中（图14-3-1），禁用 Create Posed Deformer in Create Deformation Above/Under 选项。

图14-3-1　禁用选项

14.3.1　基本绑定

基本绑定工具的使用步骤：

① 在变形器工具栏中，选择绑定工具🔄。

② 打开变形器工具属性面板，启用自动🔄模式。

③ 在网络窗口中，选择要绑定的模块（图14-3-2）。

④ 在摄影机窗口中，可以选择 Bone（骨骼）或 Curve（曲线）这两种绑定。

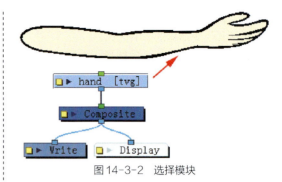

图14-3-2　选择模块

A. Bone（骨骼）绑定

a. 在手臂顶端点击鼠标（图14-3-3），作为骨骼起始点。

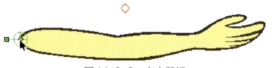

图14-3-3　点击鼠标

b. 再次点击肘部，放置第一根骨头（图14-3-4），同时也是第二根骨头的起始点。系统会自动添加关节。

图14-3-4　点击肘部

c. 重复以上步骤，直至手指（图14-3-5），完成手臂骨骼创建。

图14-3-5　完成手臂骨骼

B. Curve（曲线）绑定

a. 在手臂顶端点击并拖动鼠标（图14-3-6），拖出一条红色的控制手柄。

图14-3-6　点击并拖动鼠标

b. 红色的控制手柄出现后，释放鼠标至手腕处，再次点击并拖动鼠标，定位曲线末端并拖出控制手柄（图14-3-7）。

图14-3-7　再次点击并拖动鼠标

c.重复以上步骤，直至手指，完成手臂曲线创建。

至此，变形组自动创建完成，并添加到手臂模块上部（图14-3-8）。变形组包括所有必要的变形模块，如骨骼、关节或曲线等。

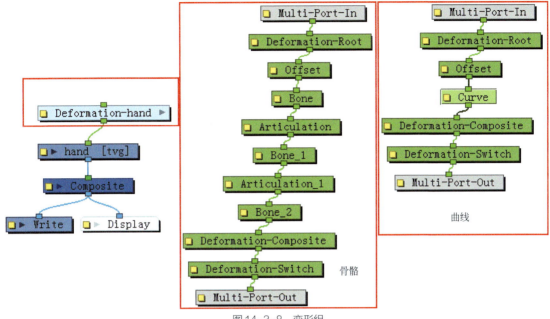

图14-3-8　变形组

14.3.2　准备角色

在14.3.1中，介绍了一个简单的绑定步骤，这里将介绍全身转面造型的复杂绑定（图14-3-9）。

图14-3-9　转面造型

角色绑定之前，要对造型有个初步的规划。首先，角色身体的各个部位，都是可以单独活动的，需要分层出来，这就类似于一个活动木偶的四肢，最后要拼接到一起。其次，要考虑每个部件的活动范围，比如各种形态的手，要留足空白帧便于增添附加画稿。

（1）命名规则

在切分部件（图14-3-10）时，部件命名非常重要，名称要既能说明部件内容，又简单明了。

图14-3-10　部件切分

例如角色正面的右手：Rabbit_r_arm_f（角色名_右侧_手臂_正面），具体见本书8.2.1。

（2）设置首选项

打开首选项面板，激活Create Posed Deformer in Create Deformation Above / Under选项（图14-3-11）。

图14-3-11　启用选项

启用此选项后，在同一变形组中，绑定的每个姿势都是一个独立的子组，统一连接到变形合成模块上（图14-3-12）。

每个子组用画稿编号或名称调用，一旦绑定完成，这些子组不能重命名。如果用默认的画稿编号1、2、3等，子组将被称为1、2、3等。因此，在开始绑定之前，需要重命名画稿，以便这些名称对应于姿势，例如：front（正面）、side（侧面）、quarter（半侧面）等（图14-3-13）。

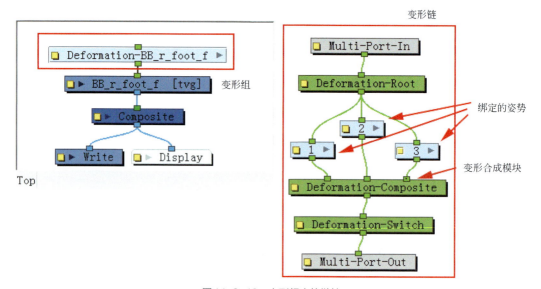

图14-3-12　变形组中的链接

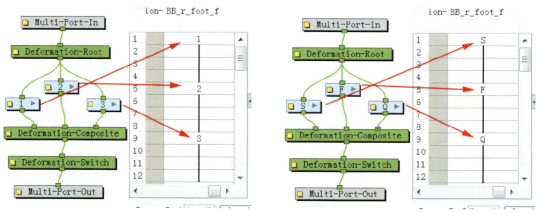

图14-3-13　重命名子组

（3）重命名绘图

在众多的模块和画稿中，采用系统自动的命名。要快速准确地找到需要的元素，非常困难，因此，重命名画稿，对于整个项目的管理很重要。

① 在摄影表窗口中，选择要重命名的列（图14-3-14）。这列中的画稿，包含一组同角度、不同造型的脚（图14-3-15）。这些同角度的脚将使用同一种绑定。

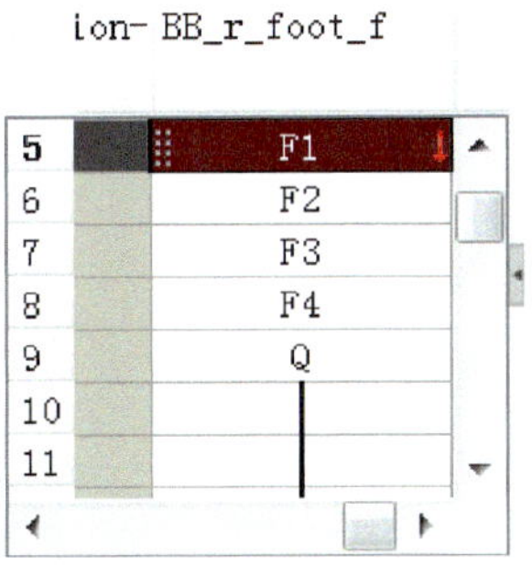

图14-3-14 选择列

图14-3-15 不同造型的脚

② 选择该列的第一张画稿。

③ 在主菜单中，选择"图画>重命名图画"命令，弹出重命名对话窗口（图14-3-16）。

图14-3-16 重命名对话窗口

修改名称，例如，front。

④ 选择余下的画稿，继续重命名，例如front+1、front+2等（图14-3-17）。

图14-3-17 重命名

如果同一绑定中有替换画稿，例如正面的脚有多不同形状时，必须严格遵守上述命名方式。

14.3.3 绑定部件

画稿准备好后，开始绑定。根据动画制作要求，确定绑定类型，即骨骼或曲线绑定。

（1）绑定

① 在时间轴线上，选择第一个姿势（图14-3-18）。

图14-3-18 选择造型

② 在网络窗口中，选择手臂模块（图14-3-19）。

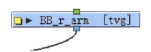

图14-3-19 选择手臂模块

③ 在变形器工具栏中，选择Rigging绑定工具。

④ 在变形工具属性面板中，点击自动模式按钮。

⑤ 点击肩膀，创建第一个旋转点。继续点击肘部，完成第一根骨头的创建。再继续点击手腕，完成第二根骨头的创建（图14-3-20）。

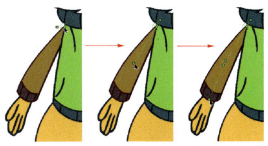

图14-3-20 完成手臂骨骼创建

用曲线创建绑定的过程请参考本书14.3.1（图14-3-21）。

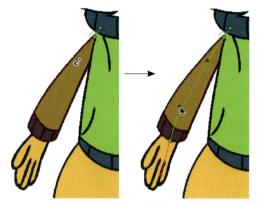

图14-3-21　曲线绑定

⑥ 在时间线上，选择第二个姿势，重复上述步骤，将角色各个角度的手臂全部绑定。

（2）链接不同的画稿

一个造型可能有不同的形状，比如穿着各种鞋子的脚（图14-3-15），但都是正面，可以使用同一个绑定。

① 在时间线上，选择第一张画稿。
② 在网络窗口中，选择脚模块（图14-3-22）。

图14-3-22　选择脚模块

③ 在变形器工具栏中，选择Rigging绑定工具。
④ 在变形工具属性面板中，点击自动模式按钮、曲线模式按钮（或骨骼模式按钮）。
⑤ 在摄影机窗口，创建绑定（图14-3-23）。

图14-3-23　创建绑定

⑥ 切换到下一图画（快捷键【G】）。后续画稿已经有了变形链，与第一张画稿相同（图14-3-24）。

图14-3-24　绑定应用到其他画稿

⑦ 查看网络窗口中的变形组，各种形态的正面脚都集中在front模块中（图14-3-25）。

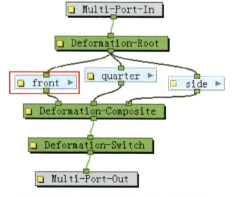

图14-3-25　不同的脚集中在一个变形组中

14.3.4　装配角色

角色所有部件的绑定完成后，需要拼接在一起，形成一个完成的造型。

为避免类似脖子变形引起头部被拉伸等问题，建议将造型部件分层制作。分层后，在变形组中用动力学输出模块连接，代替标准的层级连接。这样，子层只受父层的位移影响，不会受变形器影响。

① 在网络窗口中，选择造型头部模块（图14-3-26）。

图14-3-26　选择头部模块

② 如果头部没有设置变形组，将头部与五官做子父连接（图14-3-27）。

③ 连接身体模块。选择连接身体的变形组（图14-3-28）。

④ 在变形器工具栏中，点击Create Kinematic Output（创建动力学输出）按钮 🔁。

Create Kinematic Output是一个特殊的输出模块，放置在变形组中，用于连接模块并创建分层结构。该模块会自动创建必要的连接，保证造型的每个姿势都是独立的（图14-3-29）。

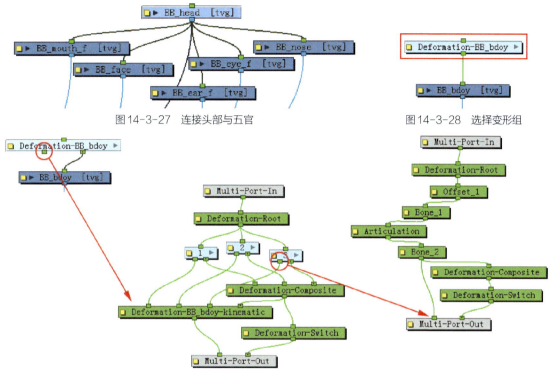

图14-3-27 连接头部与五官　　　　图14-3-28 选择变形组

图14-3-29 添加动力学输出模块

图中1、2、3这三个模块，分别是造型身体的正面、侧面和3/4面。模块3中的连接如图右侧，从臀部到颈部，最后连到合成模块。

> **Tip**
> 由于模块众多，网络窗口会显得凌乱。选择最底端的模块，点击网络窗口工具栏中的排序按钮 🔁，所有模块会被重新放置，使窗口看起来更加有序。

⑤ 造型三个面的变形组，最后连接出来的都是颈部，因此可以将动力学输出模块重命名为相关的名字（图14-3-30）。

⑥ 在网络窗口中，退出模块组。

⑦ 连接身体变形组和头部模块（图14-3-31）。

⑧ 选择身体变形组 Deformation-kr_body，再次添加动力学输出模块 🔁。

⑨ 进入身体变形组内部，重命名新添加的动力学输出模块（图14-3-32）。

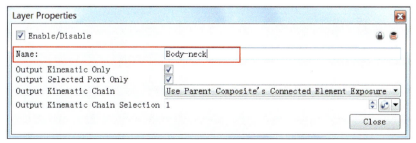

图14-3-30 重命名动力学模块

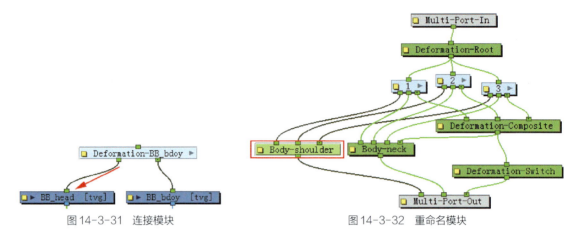

图 14-3-31　连接模块　　　　　　　　　图 14-3-32　重命名模块

默认情况下，每个子组中的最后一个骨骼接到动力学输出模块上。

新添加的这个模块充当两臂的肩部连接端。如果连接的是左肩膀，那么左手臂将跟随颈部和头部运动。因此，必须选择正确的骨骼或关节。

⑩ 点击子组1右侧箭头（图14-3-33），进入子组1中。

图 14-3-33　选择子组

⑪ 断开连接（图14-3-34）

如果将鼠标悬停在模块端口上，将弹出一个提示窗口，显示有关该模块和它所连接的端口的信息。将连接线拖离端口，断开连接。

⑫ 确定要连接手臂的骨头或曲线（图14-3-35）。在这个例子中，手臂连接在颈部下一根骨头上，应该是Bone1。

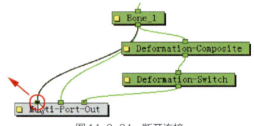

图 14-3-34　断开连接

⑬ 连接Bone1骨头模块到输出模块（图14-3-36）。

⑭ 退出子组。

⑮ 断开第一个子组和肩部的动力学输出模块之间的连接（图14-3-37），删除子组的多余端口。

⑯ 连接正确的端口（图14-3-38）。

⑰ 在模块2和模块3中，重复第⑩～⑯步。

⑱ 在网络窗口中，回到顶层。连接两个手臂到身体变形组（图14-3-39）。

⑲ 用同样的方式，连接腿部和其他部分。记得将臀部的变形模块与动力学输出模块连接起来（图14-3-40）。

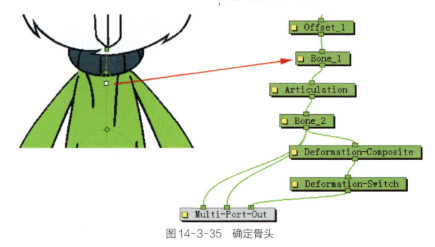

图 14-3-35　确定骨头

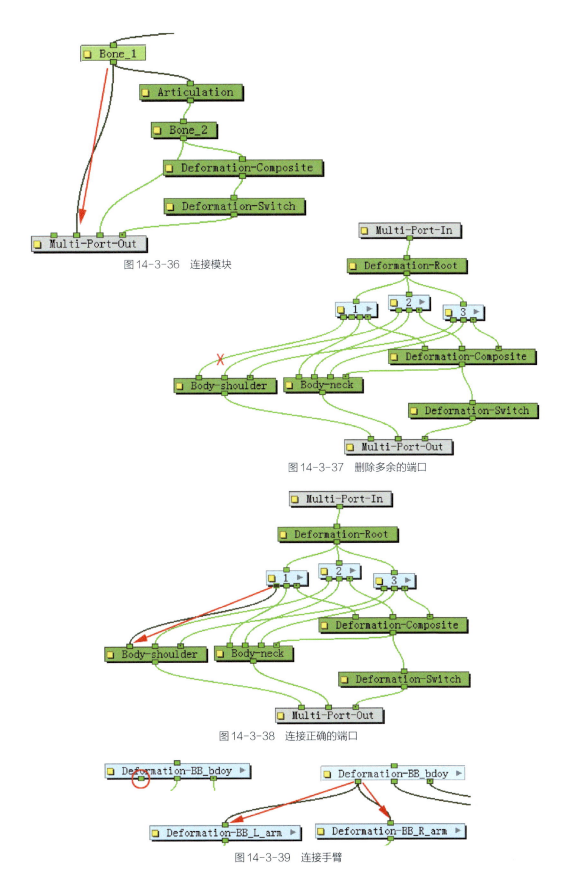

图14-3-36 连接模块

图14-3-37 删除多余的端口

图14-3-38 连接正确的端口

图14-3-39 连接手臂

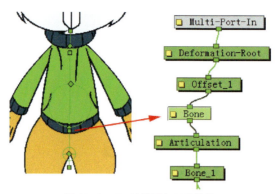

图 14-3-40   连接臀部骨头模块

完成后的身体变形组内的连接如图 14-3-41 所示。最终角色的连接如图 14-3-42 所示。

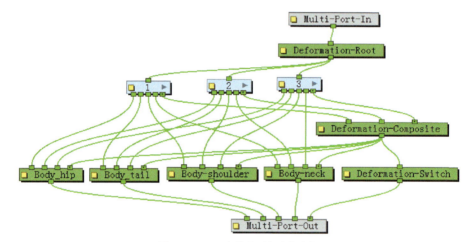

图 14-3-41   身体变形组内的连接

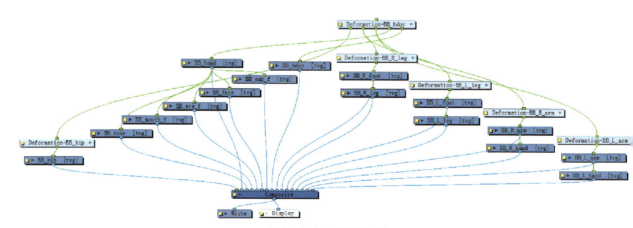

图 14-3-42   最终连接图

14.4   优化骨骼

造型绑定及装配后，使用设置模式 ⊘ 调整变形链位置。还可以修改影响区域，来匹配画稿。

14.4.1   初始化变形器位置

绑定时如果放置的骨骼或曲线位置有误，在完成后，也能适当调整。骨骼和曲线的调整有所不同。

（1）设置骨骼和关节变形链

① 在网络窗口中，选择变形组（图14-4-1）。

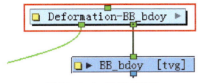

图14-4-1　选择变形组

② 在变形器工具栏中，点击显示选择的变形器并隐藏其他按钮 ，再点击设置模式按钮 。

在摄影机窗口中，变形链呈红色高亮显示（图14-4-2）。如果呈绿色显示，表示设置模式 关闭，可以再次点击，开启设置模式。

图14-4-2　设置模式下的变形链

③ 在工具栏上，选择变换工具 。

④ 在摄影机窗口中，设置变形链。

A.使用旋转轴手柄，调整变形链角度（图14-4-3）。

图14-4-3　旋转变形链

B.移动轴心点，调整变形链位置（图14-4-4）。

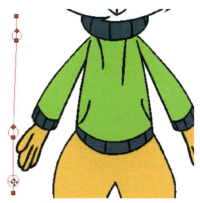

图14-4-4　移动轴心点

C.移动关节控制点（底部的方块），调整关节位置（图14-4-5）。

图14-4-5　调整关节

D.移动关节控制点（顶部的方块），改变关节大小（图14-4-6）。

图14-4-6　改变关节大小

E.在变形器关节栏中，关闭显示简单操纵器选项 ，关节会出现额外的控制点（图14-4-7），上下拖动，修改关节的弯曲偏移。

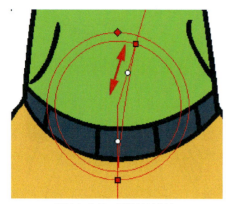

图14-4-7　额外的控制点

⑤ 重复上述步骤，将骨骼和关节准确调整到造型相应的位置。

⑥ 在变形组仍是选中的状态下，点击拷贝初始位置到当前按钮🖲，设置当前帧的变形链为初始状态。

⑦ 关闭变形器工具栏上的设置模式🖲。也可以使用层属性面板设置骨骼和关节的初始位置（图14-4-8）。

（2）设置曲线变形链

① 在网络窗口中，选择变形组（图14-4-9）。

② 在变形器工具栏中，点击显示选择的变形器并隐藏其他按钮🖲，并启用设置模式🖲。

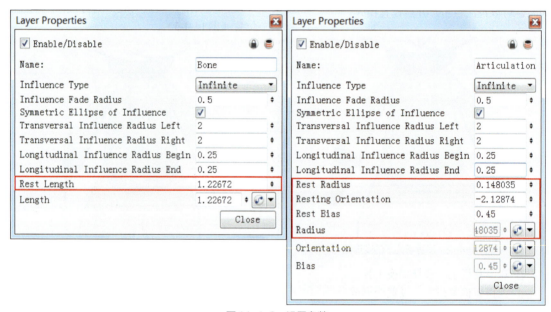

图14-4-8　设置参数

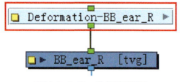

图14-4-9　选择变形组

在摄影机窗口中，选中的变形链呈红色高亮显现（图14-4-10），如果呈绿色显示，表示设置模式🖲关闭，可以再次点击，开启设置模式。

③ 在工具架上，选择变换工具🖲。

④ 回到摄影机窗口中，设置变形链。

A.点击变形链轴心控制点，旋转变形链（图14-4-11）。

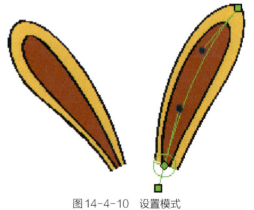

图14-4-10　设置模式

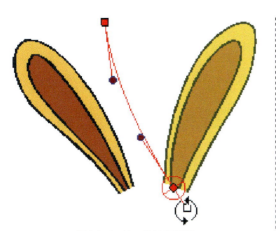

图14-4-11 旋转变形链

B.点击变形链轴心控制点，移动变形链（图14-4-12）。

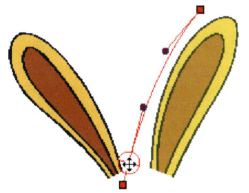

图14-4-12 移动变形链

C.使用曲线控制手柄，调整曲线形态（图14-4-13）。

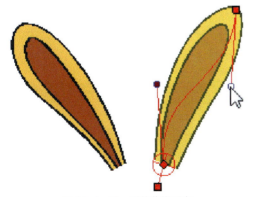

图14-4-13 调整曲线形态

D.拖动曲线端点，调整端点的位置（图14-4-14）。

⑤ 重复上述操作，直到链的所有曲线都与图形正确对齐。

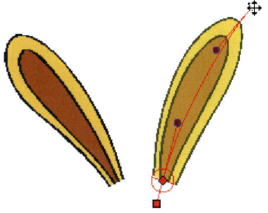

图14-4-14 调整端点的位置

⑥ 在变形组仍是选中状态下，点击拷贝初始位置到当前🌐按钮，设置当前帧的变形链为初始状态。

⑦ 关闭设置模式。也可以在层属性面板中设置曲线变形链（图14-4-15）。

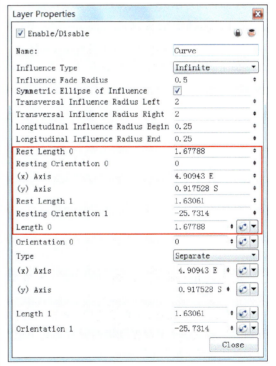

图14-4-15 层属性面板

14.4.2 影响区域

影响区域控制图像的变形（图14-4-16）。为提高动画质量和变形效果的准确性，需修改变形链的影响区域。

图14-4-16　影响区域

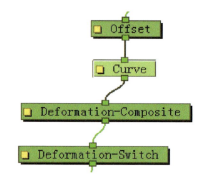

可以在曲线、骨骼和关节模块的层属性中以及绑定工具属性中设置影响区域。绑定分层图形时，建议选择默认的无限选项作为影响区域的类型。

下面将通过示例，讲解影响区域的设置。

（1）选择影响区域

① 在变形器工具栏中，点击设置模式按钮 。

② 在网络窗口中，进入变形组内部（图14-4-17）。

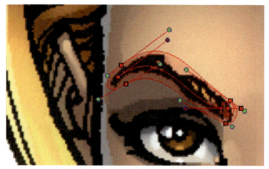

图14-4-17　进入变形组

③ 点击曲线左侧黄色方块，打开层属性面板。

④ 点击Influence Type（影响类型）下拉列表，选择一种影响类型（图14-4-18），图中为曲线、骨头和关节的层属性面板。

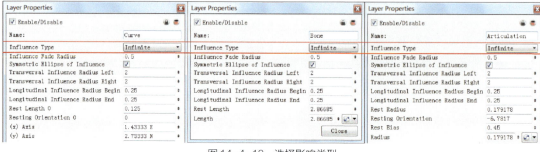

图14-4-18　选择影响类型

A. Zero Influence：没有影响区域，不发生变形。

B. Infinite Influence：默认选项，影响区域没有边界，涵盖整个变形器链接的元素及其子项，但不包括其他变形器的影响区域。

C. Elliptic Influence：椭圆形影响区。常用于位图变形（图14-4-19）。

D. Shaped Influence：自定义形状的影响区。常用于位图变形（图14-4-20）。

⑤ 选择了椭圆或自定义形状，摄影机窗口中会出现影响区域，可以使用变换工具和图层属性选项调整形状。

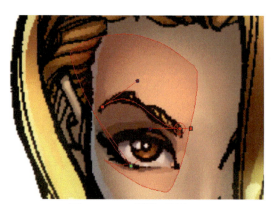

图14-4-19　椭圆形影响区

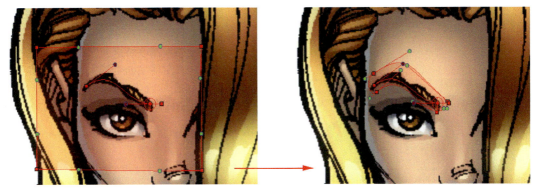

图14-4-20 自定义形状的影响区

（2）设置椭圆形影响区域

设置椭圆形影响区域，应尽可能准确，确保区域内只包括需要变形的内容。

① 在变形器关键帧中，点击设置模式按钮 。

② 在工具架上，选择变换工具 。

③ 在网络窗口中，选择变形模块，打开模块的属性面板。图14-4-21中为曲线、骨头和关节的层属性面板。

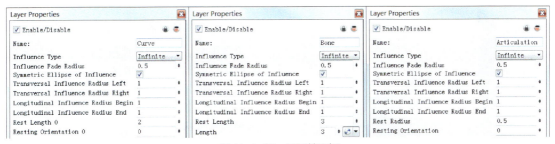

图14-4-21 层属性面板

④ 在层属性面板中，通过向各个输入框添加值来设置椭圆形形状。

A. Symmetric Ellipse Influence：勾选该选项，关节的横向和纵向半径上影响是对称的。默认为激活状态。

B. Transversal Influence Radius Left：在Symmetric Ellipse of Influence选项启用时，此选项控制关节左右横向半径，Symmetric Ellipse of Influence选项禁用时，此选项控制关节左侧半径大小（图14-4-22）。

C. Transversal Influence Radius Right： 在Symmetric Ellipse of Influence选项启用时，此选项失效，Symmetric Ellipse of Influence选项禁用时，此选项控制关节右侧半径大小（图14-4-23）。

D. Longitudinal Influence Radius Begin：在Symmetric Ellipse of Influence选项启用时，此选项失效，Symmetric Ellipse of Influence选项禁用时，此选项控制关节前部半径大小（图14-4-24）。

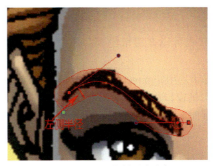

图14-4-22 左侧影响半径

图14-4-23 右侧影响半径

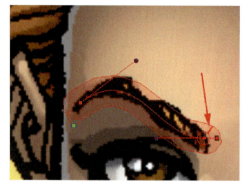

图14-4-24　前部影响半径

E. Longitudinal Influence Radius End：在Symmetric Ellipse of Influence选项启用时，此选项控制关节左右横向半径，Symmetric Ellipse of Influence选项禁用时，此选项控制关节后部半径大小（图14-4-25）。

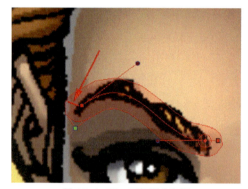

图14-4-25　后部影响半径

⑤ 也可以在摄影机窗口中，用变换工具🞖修改。

如果启用Symmetric Ellipse of Influence选项，则摄影机窗口中有一个控制点可用。左右拖动，修改纵向半径大小。上下拖动，修改横向半径大小（图14-4-26）。

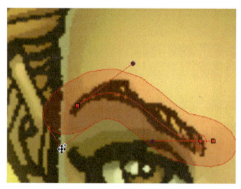

图14-4-26　拖动角点（1）

如果禁用Symmetric Ellipse of Influence选项，则在摄影机窗口中有两个控制点可用。右上角点，左右拖动，修改结束处的纵向半径大小，上下拖动，修改左侧横向半径大小。左下角点，左右拖动，修改开始处的纵向半径大小，上下拖动，修改右侧横向半径大小（图14-4-27）。

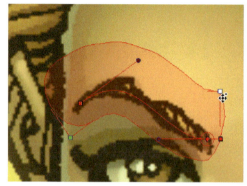

图14-4-27　拖动角点（2）

（3）椭圆形影响区域转为形状影响区域

设置影响区域，如果使用的椭圆形无法满足需要时，可以转为形状影响区。

① 在变形器工具栏中，点击设置模式按钮🞖。

② 在网络窗口中，选择带椭圆形影响区域的变形模块（图14-4-28）。

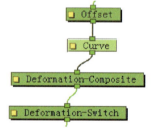

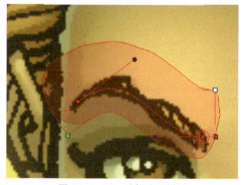

图14-4-28　选择变形模块

③ 在变形器工具栏中，点击Convert Elliptic Zone of Influence to Shape（转换）按钮🞖。

椭圆区域转换为形状区域。区域周围出现控制点（图14-4-29）。

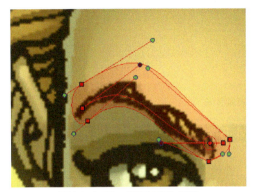

图14-4-29　椭圆转换为形状

（4）设置形状影响区域

设置形状影响区域，应尽可能准确。区域内只包括需变形的内容。

① 在变形器工具栏中，点击设置模式按钮🖱。

② 在工具架上，选择变换工具🎲。

③ 在网络窗口中，选择带形状影响区域的变形模块（图14-4-30）。

如果直接在层属性面板中选择的形状影响区域，那么影响区域为方形。

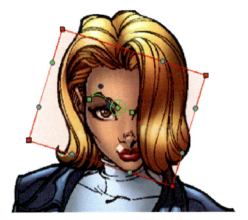

图14-4-30　形状影响区域

④ 调整控制点和控制手柄，修改影响区域（图14-4-31）。

图14-4-31　调整影响区域

（5）设置影响区域的衰减半径

为了更清楚看见调整效果，调整时，位图图片将与网格模式交换（图14-4-32）。

图14-4-32　位图图片用网格替代

移动影响区域时，网格被扯动。衰减半径控制拉伸区域的影响程度（图14-4-33）。

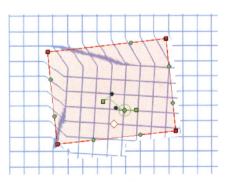

图14-4-33　衰减半径

修改默认的外部衰减为内部衰减，步骤如下。

① 在网络窗口中，选择变形模块。注意，必须是椭圆或形状影响区域的变形模块。

② 打开模块的属性面板（图14-4-34）。

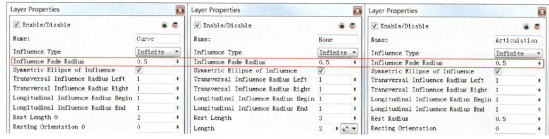

图 14-4-34　修改衰减区域

③ 在 Influence Fade Radius 选项中，修改数值。默认为0.5。

④ 关闭属性面板。

⑤ 回到网络窗口中，在变形链上找到 Deformation-Switch 模块（图14-4-35）。

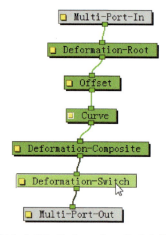

图 14-4-35　Deformation-Switch模块

⑥ 打开模块属性面板（图14-4-36）。具体选项功能如下。

● Influence Fade Exponent：衰减指数。值为1时，为线性曲线。较高值为缓进曲线，较低值为缓出曲线。

● Fade Inside Region：默认情况下禁用，表示衰减发生在影响区域之外，勾选后，衰减发生在影响区域之内。

图 14-4-36　属性面板

14.5　操纵变形器创建动画

骨骼关节和曲线变形器的操作有很大的不同，应根据动画制作要求确定使用哪种变形器。

14.5.1　操纵骨骼与关节

与人类肢体一样，骨骼通过关节旋转、操纵关节就可以产生动作。

① 在变形器工具栏上，关闭设置模块🔧。关闭后，变形控制器显示为亮绿色。

② 创建关键帧。在工具架上，选择动画模式🔆，再选择变换工具✛。

③ 在网络窗口中，全选模块（快捷键【Ctrl】+【A】）后，点击摄影机窗口工具栏上的显示控制按钮🔘。

④ 在摄影机窗口可进行如下操作。

A.点击变形根轴点，可以拖动整个手臂（图14-5-1）。

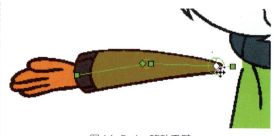

图 14-5-1　移动手臂

B.使用第一根骨头或轴心上的方块旋转整个手臂（图14-5-2）。

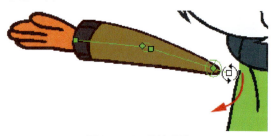

图 14-5-2　旋转手臂

C.使用第一根骨头末端的方形控制点，拉伸骨头长度（图14-5-3）。

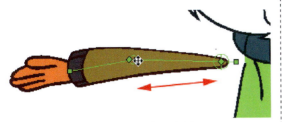

图14-5-3　调整骨头长短

D.选择第二根骨头的轴心选择（图14-5-4）。在按下【Alt】键后，可以锁定所有的控件，只允许选择关节。

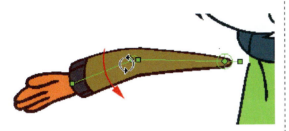

图14-5-4　旋转第二根骨头

E.点击关节的方形控制点，调整关节大小（图14-5-5）。

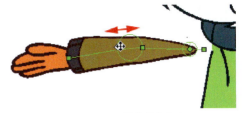

图14-5-5　调整关节大小

⑤ 在变形器工具栏中，关闭显示简易操纵器选项，打开高级控件显示。

⑥ 在摄影机窗口，点击拖动关节周围的控制点调整关节的弯曲偏移（图14-5-6）。

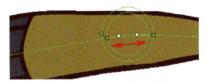

图14-5-6　调整关节的弯曲偏移

除了直接操纵控制器的操作手柄外，还可以在层属性面板中输入参数（图14-5-7）。

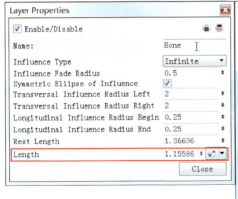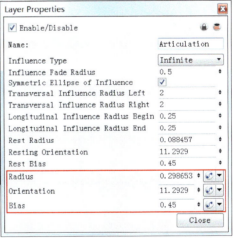

图14-5-7　输入参数

14.5.2　操作曲线变形器

曲线变形器可以操纵曲线使图形产生变形。

① 在变形器工具栏上，关闭设置模块。关闭后，变形控制器显示为亮绿色。

② 创建关键帧。在工具架上，选择动画模式，再选择变换工具。

③ 在网络窗口中，全选模块（快捷键【Ctrl】+

【A】）后，点击摄影机窗口工具栏上的显示控制按钮。

④ 在摄影机窗口可进行如下操作。

A.点击变形链根轴点，可以拖动整个变形链（图14-5-8）。

B.使用轴点的方形手柄旋转变形链（图14-5-9）。

C.使用曲线末端的控制点拉伸变形链（图14-5-10）。

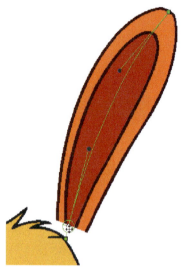

图14-5-8 拖动整个变形链

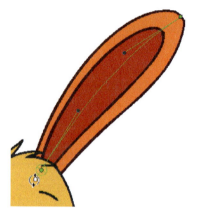

图14-5-9 旋转变形链

图14-5-10 拉伸变形链

D.使用控制手柄调整曲线形状（图14-5-11）。

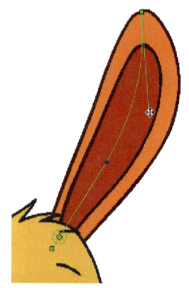

图14-5-11 调整曲线形状

⑤ 如果曲线由两段组成，可以通过手柄控制各段曲线的形态。

A.选择控制手柄。选中的手柄，呈白色显示（图14-5-12）。

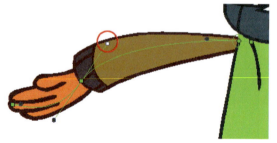

图14-5-12 选中的手柄

B.移动控制手柄，控制点两侧手柄联动（图14-5-13）。

图14-5-13 手柄联动

C.按住【Alt】键移动手柄，可以单独移动一侧的手柄（图14-5-14）。

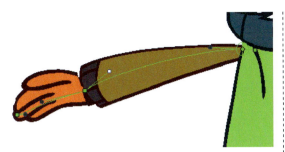

图14-5-14 单独移动一侧手柄

除了直接操纵控制器的操作手柄外，还可以在层属性面板中输入参数（图14-5-15）。

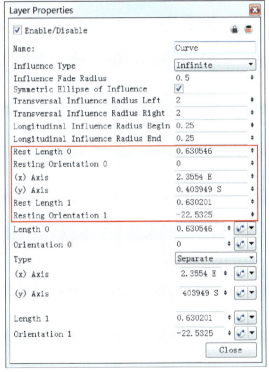

图14-5-15 输入参数

14.5.3 转换变形动画

变形器的动画设置完成后，如需调整动画的中间张，或添加其他细节、设置动画为双格拍等，可以将变形动画转换为图像序列。

① 在时间线上，选择需要转换的变形动画范围（图14-5-16）。

图14-5-16 选择动画范围

② 在主菜单中，选择"动画＞Deformation＞Convert Deformed Drawing to Drawings"命令（图14-5-17）。

图14-5-17 完成转换

技术专题　　　实战练习

第15章
声音

本章导读

　　Harmony支持原声音乐和对白的导入，并提供了音频编辑功能，用来同步音画、音轨修剪等。

　　Harmony提供的同步工具，能根据语音确定动画的口型。使用者可以对照软件生成的口型图表，轻松绘制角色唇形。

15.1　声音

15.1.1　导入声音文件

　　如果动画项目已经完成了对白的预配音，可先根据镜头准备好每个镜头的音频文件，然后导入到项目中。

　　Harmony可以导入WAV、AIFF或MP3格式的音频文件。

　　（1）导入音频文件步骤

　　① 在主菜单中，选择"文件>导入>声音"命令，或右键点击摄影表导入，打开浏览窗口（图15-1-1）。

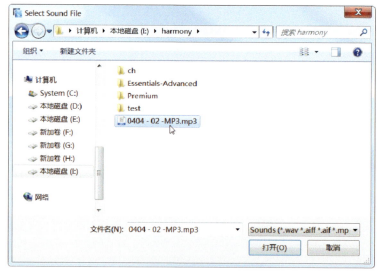

图15-1-1　浏览文件

② 选择需要导入的音频文件。音频波形会出现在时间轴和摄影表上（图15-1-2）。

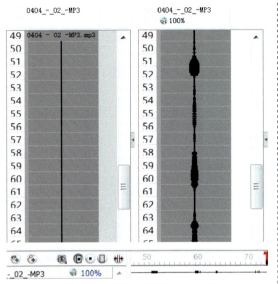

图15-1-2 时间轴和摄影表上的音频

（2）音频层属性

在时间轴上选择音轨，相关属性会出现在层属性窗口中（图15-1-3）。

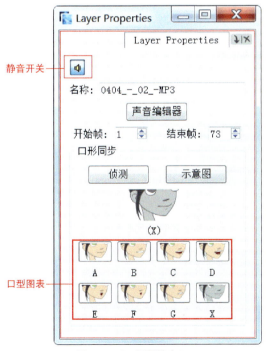

图15-1-3 层属性窗口

属性窗口中的各项参数设置用于调整导入的音频文件属性。

（3）显示音频

在摄影表窗口中，音频文件可以以不同的方式显示（图15-1-4）。

右键点击声音列标题，在弹出的快捷菜单中进行如下选择。

Sound_Name（音频名称）：显示音频文件的名称以及文件格式。垂直线表示音频文件的持续时间。

Mouth_Shapes（口型）：在列中显示字母（具体取决于不同的口型图标）。每个口型分配一帧，口型与音频文件执行唇同步。

Waveform（波形）：音频文件以波形方式显示。在列标题中，可以输入放大或缩小的百分比。

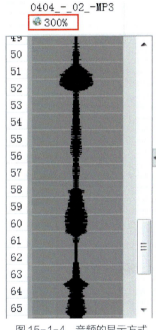

图15-1-4 音频的显示方式

（4）音频回放

回放前，先点击播放工具栏中的启用声音按钮，打开声音播放器。回放支持元件内的音轨播放。

① 选择开始点：A.在摄影表窗口中，点击声音列上的单元格。B.或在时间轴窗口中，选择声音层的单元格（图15-1-5）。

图15-1-5 选择开始单元格

② 点击播放工具栏中的播放按钮。

③ 点击循环按钮 ，可以循环播放声音。

如果有两条音轨，可以点击层名称前的静音开关将其关闭（图15-1-6）。

图15-1-6　关闭音轨

15.1.2　编辑声音文件

导入音频后，使用编辑器进行调整。

（1）音频编辑器

在时间轴窗口中，双击音轨，打开音频编辑器。

编辑器共分三个部分（图15-1-7）。

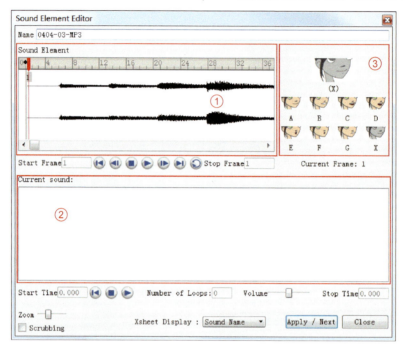

图15-1-7　音频编辑器

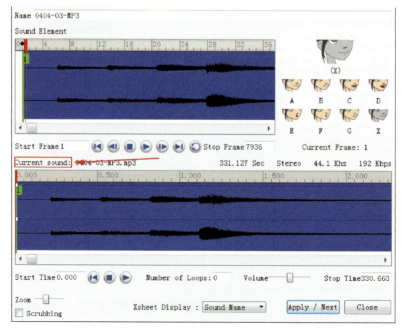

图15-1-8　音频加入当前音频窗口

① Sound Element（音频元素）：此处显示的波形是渲染最终影片时将会听到的声音。对声音样本进行的编辑，可以在这里听到。

窗口中，音频两侧各有一个颜色标签，标签内显示帧号，表示声音的起止帧。

② Current sound（当前音频）：显示当前音频素材。在点击音频元素窗口之前，此窗口为空。

③ 口型预览：用于预览插入的不同口型。

（2）修改音频的起始帧和结束帧

要将声音与图像同步，必须设置起始帧和结束帧。

① 在时间轴窗口中，双击音轨打开音频编辑器。

② 在音频元素窗口中选择所需的音频。音频素材会出现在当前音频窗口（图15-1-8）。

③ 编辑器左下方缩放滑块，用于缩放音轨（图15-1-9）。

图15-1-9　缩放音轨

④ 拖动音频元素窗口中绿色帧标签，调整起始帧（图15-1-10）。

⑤ 在音频元素窗口中，拖动音轨至合适的位置（图15-1-11）。

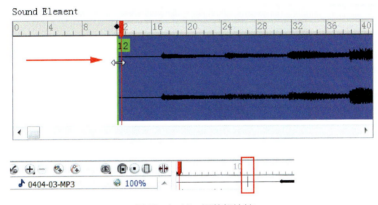

图15-1-10　调整起始帧

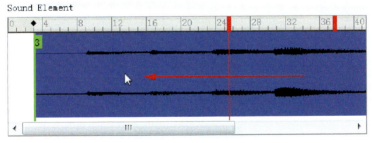

图15-1-11　拖动音轨片段

Tip　同一条音轨不能相互覆盖。

⑥ 拖动黄色帧标签（图15-1-12），调整音轨长度。

⑦ 点击音频元素窗口下的播放按钮，预览声音。

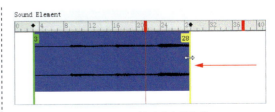

图15-1-12　拖动黄色帧标签

（3）音频素材调整

音频元素窗口用于截取源素材，不会改变原始文件。当前音频窗口还有如下一些功能。

① 循环播放。

A.在当前音频窗口选定要循环的区域（蓝色区域），如图15-1-13所示。

B.在窗口下方的循环次数框中输入数值（图15-1-14）。

C.按键盘回车键，完成循环设置（图15-1-15）。

② 控制音量：可以在当前音频窗口中简单调整音量和淡入淡出效果。

A.拖出音量滑块（图15-1-16），整体调整素材的音量大小，并用播放键预览。

B.点击音轨上的深蓝色线，出现白色方块（图15-1-17），上下拖动调整淡入淡出效果。

将白色方块拖出窗口，即可删除控制点。

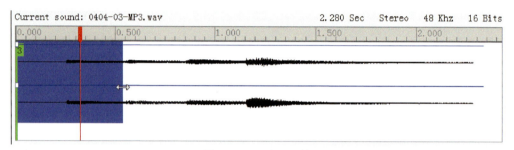

图15-1-13　循环区域

图15-1-14　循环次数

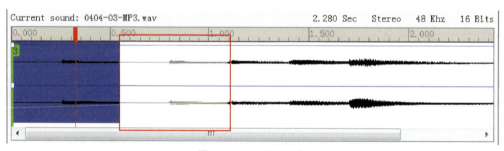

图15-1-15　循环两次

图15-1-16　调整音量

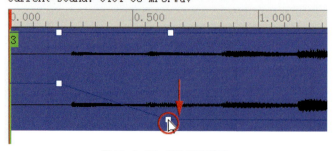

图15-1-17　淡入淡出效果

（4）添加声音层

同一条音轨分在多个声音层中，在某些场景中能给动画制作带来很大的便利。例如，一个角色边说话边回头看，角色的头部会用到两个甚至三个面的模板，进入模板调整口型时，模板内的时间轴会和模板外的主时间轴不同步，因此音轨对位就比较困难。将同一音轨分配进这三个模板中，方便口型对位。

① 右键点击时间轴窗口工具栏，在弹出的快捷命令中选择Customize（定制）命令。

打开定制工具栏窗口（图15-1-18）。

选择添加声音按钮，点击中间的向右箭头，加入工具栏中，点击OK关闭窗口。

② 添加声音工具加入到工具栏中（图15-1-19）。

③ 点击添加声音按钮，在时间轴中加入声音层（图15-1-20）。

④ 在素材音轨上，框选需要的范围（图15-1-21）。

⑤ 点击选择的部分，拖动至新建的声音层上，完成剪切（图15-1-22）。

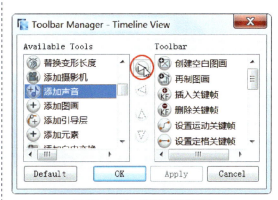

图15-1-18 定制工具栏窗口

图15-1-19 加入添加声音工具

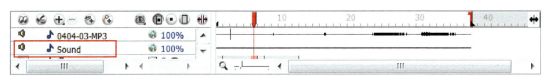

图15-1-20 加入声音层

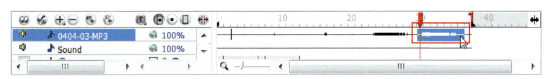

图15-1-21 框选需要的范围

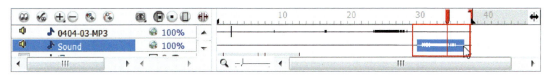

图15-1-22 剪切音轨

15.2 动画口型

角色对白时，口型的准确与否，直接关系到动画制作的质量。

Harmony提供了一套口型同步工具，对音频元素进行分析，然后根据音素规律生成的口型图表（图15-2-1）为角色分配口型。Harmony使用的口型表基于传统动画口型划分。

在制作口型时，往往有表达情绪的多套口型，如高兴的、愤怒的等，分别对应相应的发音（表15-2-1）。

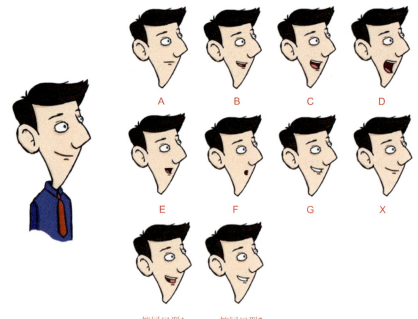

扩展口型1　　扩展口型2

图 15-2-1　口型表

表 15-2-1　口型对应的发音

口型	对应的发音
A	m，b，p，h
B	s，d，j，i，k，t
C	e，a
D	a，e
E	o
F	u，oo
G	f，ph
X	无声

15.2.1　口型表

（1）创建口型表

① 在摄影表列中显示口型表。

A. 右键点击声音列标题，在弹出的快捷菜单中选择"声音显示>口型"命令，在列中显示口型字母。

B. 点击声音列单元格，在主菜单中选择"动画>口型同步>自动口型同步侦测"命令（图15-2-2）。

在没有执行同步侦测前，单元格中显示X，表示这些标记将被指定的字母替换。

② 在音频编辑器中侦测口型。

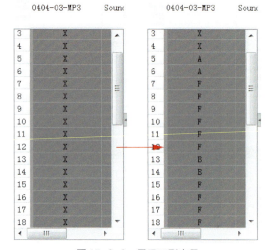

图 15-2-2　显示口型字母

A. 双击时间轴中的音轨，打开编辑器。

B. 在声音元素窗口中，右键点击音轨，在弹出的快捷菜单中选择"自动口型同步侦测"命令（图15-2-3）。

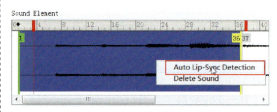

图 15-2-3　自动口型同步侦测

C.Harmony侦测完成后，将口型字母显示在摄影表声音列单元格上。

（2）手动对位口型

Harmony允许手动替换口型。使用音擦工具，逐帧监听声音来确定口型，并替换声音列中的口型字母。

① 在回放工具栏中，点击音擦按钮 。

② 在时间线上，拖动播放头（图15-2-4）。

③ 首先检查音轨波形幅度大的帧，一般是口型张最大的那张，再提前1～2帧，填上D口型。

④ 在时间轴窗口中，点击扩展按钮 ，扩展层参数窗口（图15-2-5）。

⑤ 鼠标悬停在参数窗口中的帧数上，等鼠标变成 后，左右拖动，修改帧数。也可以在库中修改口型，即在库中的预览窗口，拖动滑条修改（图15-2-6）。

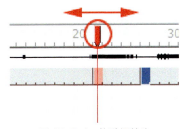

图15-2-4 拖动播放头

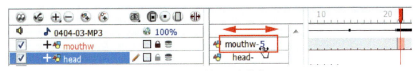

图15-2-5 扩展层参数窗口

图15-2-6 挑选帧

15.2.2 口型检测

Harmony可以按照音频波形，自动将口型映射到口型图层中，节省挑选口型的时间。在口型同步映射对话窗口中，标识口型图表，对应于音轨，Harmony会用适当的口型填写到单元格中。

（1）填写口型表

① 在时间轴窗口中，右键点击声音层上的任意一帧。

② 在弹出的快捷菜单中，选择"口型同步>口型同步示意图"命令，弹出窗口（图15-2-7）。

③ 在目标图层下拉列表中选择口型图层（图15-2-8）。

④ 如果口型包含在元件中，可以在图层中元件下拉列表中选取。

⑤ 在示意图部分，输入口型名称（此处用字母命名口型画稿），如图15-2-9所示。

图15-2-7 口型同步示意图

图15-2-8 下拉列表

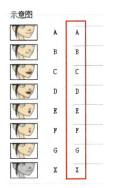

图15-2-9 输入口型名称

⑥ 点击OK按钮确认。

（2）修改口型

口型自动分配完成后，需播放预览，检查是否音画同步，对于不合适的口型，再做修改。

① 在摄影表中修改。

A.右键点击摄影表口型图层中需要修改的帧。

B.在主菜单中选择"动画>口型同步>更改口型为"命令，修改口型。

② 在音频编辑器中修改。

A.双击时间轴窗口中的音轨，打开编辑器（图15-2-10）。

B.在需要修改的帧上，挑选右侧口型表中合适的口型。修改后，摄影表中会立刻更新。

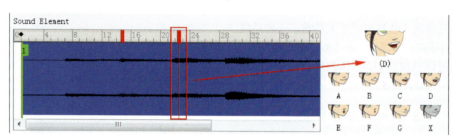

图15-2-10　检查自动分配的口型

第**16**章
输出

本章导读

　　动画完成后，可导出 QuickTime 影片，并且可以导出带透明通道的视频，便于后期合成使用。本章将介绍 Harmony 中视频导出的内容。

16.1　输出视频文件

16.1.1　输出 QuickTime 视频

　　① 在主菜单中，选择"文件>导出>影片"命令，打开导出对话窗口（图16-1-1）。

图 16-1-1　导出对话窗口

　　② 点击浏览按钮，选择保存影片的文件夹，输入文件夹名称。

　　③ 点击OK按钮确认。

　　④ 在显示源部分，选择用于渲染的显示节点。如果场景中没有显示模块，在下拉列表中选择全部显示选项（图16-1-2）。除非希望只导出部分特定层，否则建议导出最终合成模块下的显示节点。

图16-1-2　选择显示模块

　　⑤ 在导出范围部分，确定是导出整个镜头还是特定的帧范围。可以在输入框中输入帧范围。

　　⑥ 点击影片选项按钮，打开影片设置对话窗口（图16-1-3）。

　　A.视频：勾选后，可以导出视频。

　　点击设置按钮，可以打开视频设置窗口（图16-1-4）。

　　从压缩类型下拉列表中，选择编解码器。某些压缩设置是否可用取决于选定的压缩类型。例如，默认的压缩类型为动画，因此数据速率选项不可选。

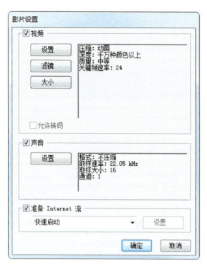

图16-1-3　影片设置对话窗口

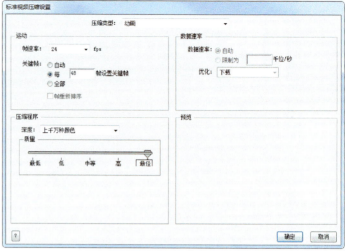

图16-1-4　标准视频压缩设置窗口

B.声音：勾选后，可以导出音频。

点击设置按钮，可以打开声音设置窗口（图16-1-5）。

图16-1-5　声音设置窗口

⑦ 点击确定按钮后，导出视频。

16.1.2　输出SWF视频

SWF导出可支持位图效果（可以在渲染窗口模式❀下预览）和混合矢量效果（可以在OpenGL窗口模式❀下预览）。

① 在主菜单中，选择"文件>导出>SWF"命令，打开导出对话窗口（图16-1-6）。

② 输出，显示源和导出范围选项请参考导出QuickTime视频部分。

③ 选项

A.帧频：默认情况下，与Harmony项目的帧速率(fps)一致。如果选择较低的帧速，则导出的影片，速度会比实际的项目快。反过来，选择较高的帧速率时则导出时变慢。

B. Jpeg质量：100为最高质量，50为平均质量，25为中等质量，10为低质量，1为最低质量。

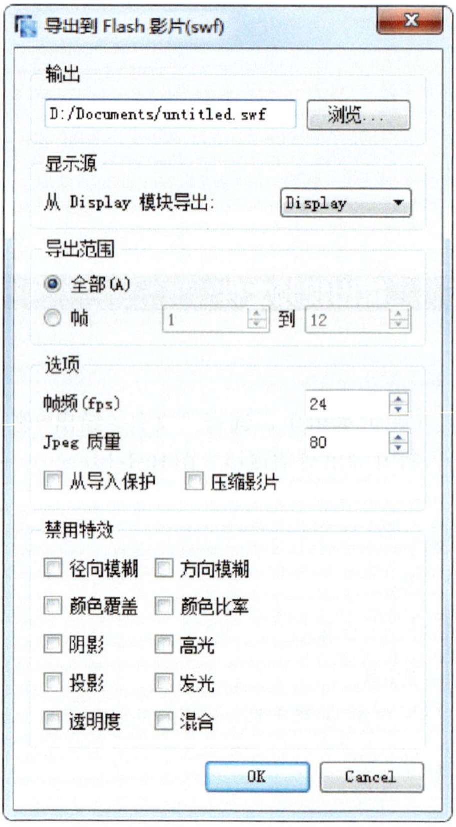

图16-1-6　SWF导入窗口

C.从导入保护：防止影片在其他应用程序中被导入。

D.压缩影片：压缩影片，可能会丢失一些质量。

④ 禁用特效：对于SWF列出的10类特效，勾选后不会被导出。

16.1.3 输出OpenGL帧

从OpenGL窗口中保存的帧既没有抗锯齿效果，也没有特效。

在主菜单中，选择"文件>导出>OpenGL帧"命令，打开导出对话窗口（图16-1-7）。具体选项如下。

图16-1-7 OpenGL导出窗口

B.图画类型：选择图像格式。

② 影片：为导出的影片设置音频视频的格式。参考导出QuickTime视频部分。

（3）分辨率

选择分辨率。如果仅用于快速测试，可以减小分辨率导出。还可以设置自定义宽度和高度以生成较小或更大的图像。

（4）范围

确定导出的范围。

16.2 渲染视频与序列帧

在网络窗口中，可以进行高级链接并隔离项目的某些部分，还可以从整个网络或特定部分执行多个导出。

16.2.1 写入模块

写入模块用于渲染和输出链接的图形信息（图16-2-1）。

（1）输出

① 位置：点击浏览按钮，确定导出文件夹。

② 文件名：输入导出的文件名。

（2）格式

① 帧

A.后缀：添加导出图像名称的后缀。

图16-2-1 写入模块

（1）添加写入模块

① 在模块窗口中，打开I/O标签。

② 将写入模块拖拽至网络窗口中（图16-2-2）。

③ 在网络窗口中，连接模块。将写入模块连接到最终合并模块上，或其他需要输出的模块上（图16-2-3）。

（2）序列图像

在导出序列图像前，需要调整写入模块的属性设置。

① 在网络窗口中，点击写入模块左侧的黄色方块，打开属性窗口（图16-2-4）。

② 在属性窗口的Output标签中，勾选Drawing选项（图16-2-5）。

③ 点击Choose按钮，浏览存储文件夹。或者直接用系统默认文件夹，该文件夹包含在场景文件夹中。

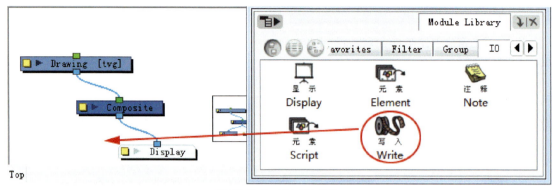

图16-2-2　加入写入模块

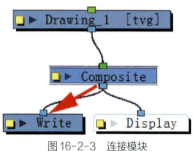

图16-2-3　连接模块

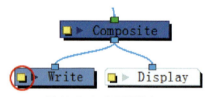

图16-2-4　打开属性窗口

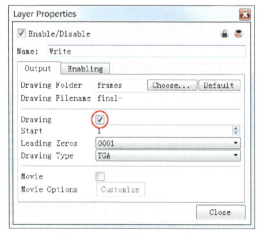

图16-2-5　勾选Drawing选项

④ 在文件名输入框中，输入名称。例如final-，在名称的末尾添加"-"连字符，区分图像名称与编号。

⑤ 在Start输入框中，输入序列图像的起始编号。

⑥ 在Leading Zeros输入框中，输入编号的位数。例如0001，则序列名称为final-0001、final-0002，依此类推。

⑦ 在Drawing Type中选择图像格式。序列图像的文件格式有如下几种。

• TVG：Toon Boom的专用格式。

• TGA（TGA1，TGA3，TGA4）：选择TGA4，输出时带Alpha通道。

• SGI（SGI1，SGI3，SGI4）：选择SGI4，输出时带Alpha通道。

• SGIDP（SGIDP1，SGIDP3，SGIDP4）：选择SGIDP4，输出时带Alpha通道。

• OMFJPEG。

• PSD（PSD1，PSD3，PSD4）：选择PSD4，输出时带Alpha通道。

• PSDDP（PSDDP1，PSDDP3，PSDDP4）：选择PSDDP4，输出时带Alpha通道。

• YUV。

• PAL。

• SCAN。

• PNG（PNG4）：选择PNG4，输出时带Alpha通道。

• JPG。

• BMP（BMP4）：选择BMP4，输出时带Alpha通道。

• IFF（IFF_16）。

• OPT（OPT1，OPT3，OPT4）：选择OPT4，输出时带Alpha通道。

• VAR。

• TIFF。

• DPX（DPX3_8，DPX3_10，DPX3_12，DPX3_16，DPX3_10_INVERTED_CHANNELS，

DPX3_12_INVERTED_CHANNELS)。

• PDF。

⑧ 点击Close按钮，关闭窗口。此时仅完成了设置，还不会开始渲染。

（3）输出Moive视频

在写入模块的属性窗口（图16-2-6），勾选Movie选项。

图16-2-6 勾选Movie选项

点击Customize按钮，可以设置Moive视频，请参考本书16.1.1的视频输出设置。

16.2.2 输出模块

输出时，可同时为场景设置多种格式和分辨率，一次性渲染输出。这样可以节省大量时间，不必每次渲染时重新设置一次。

对于多重渲染，需连接多个输出模块，分别调整每个模块的参数。

> **Tip** 如果将它们全部保存在同一个目录中时，要注意文件名，不能重名。

（1）Scale-Output（缩放输出）模块

一般情况，项目按最高分辨率制作，而项目检查或用于配音参考时，只需低质量视频。此模块用于降低分辨率输出。

① 在模块库中选择缩放输出模块，拖至网络窗口中（图16-2-7）。

② 将模块连接到合成模块上（图16-2-8）。

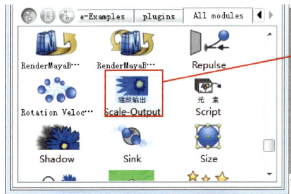

图16-2-7 加入缩放模块

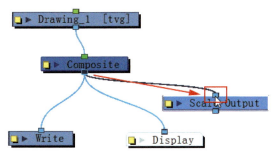

图16-2-8 连接到合成模块上

③ 再将写入模块和显示模块连接到缩放输出模块（图16-2-9）。

④ 设置缩放输出模块，打开属性窗口（图16-2-10）。

⑤ 设置视频尺寸和名称。

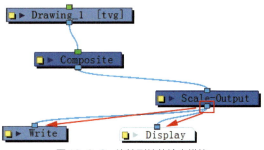

图16-2-9 连接到缩放输出模块

（2）Crop（裁剪）模块

如果需要输出两种不同尺寸的视频，例如16：9和4：3，可以使用裁剪模块。

① 在模块库中选择裁剪模块，拖至网络窗口中（图16-2-11）。

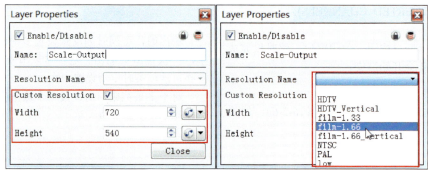

图 16-2-10　属性窗口

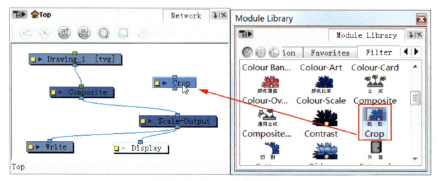

图 16-2-11　加入剪切模块

② 将模块连接到合成模块上（图16-2-12）。

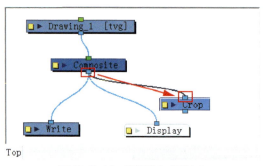

图 16-2-12　连接到合成模块上

③ 再将写入模块和显示模块连接到剪切模块上（图16-2-13）。

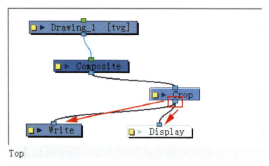

图 16-2-13　连接到剪切模块

④ 设置剪切模块，打开属性窗口（图16-2-14）。

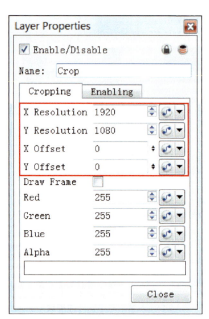

图 16-2-14　属性窗口

⑤ 设置X Offset和Y Offset的偏移量，也可以在摄影机窗口中移动。在高级动画工具栏中，选择变换工具，拖动蓝色的剪切框。如果打开动画模式，还可以设置动画。

⑥ 勾选Draw Frame选项，在摄影机窗口中，会用色线表示剪切框（图16-2-15）。

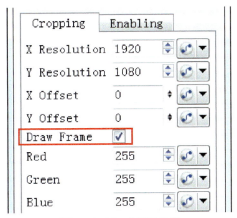

图16-2-15 使用色线框

（3）模块连接

添加多个模块后，需在网络窗口中连接模块。
① 在网络窗口中，添加多个模块（图16-2-16）。

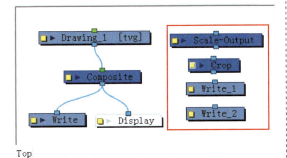

图16-2-16 添加多个模块

② 重命名第一个写入模块（图16-2-17），并设置相应参数。

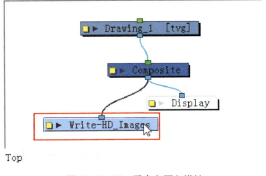

图16-2-17 重命名写入模块

③ 连接第2和第3个写入模块，重命名并设置相应参数（图16-2-18）。

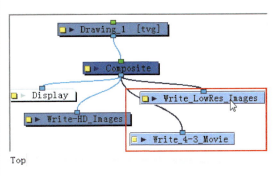

图16-2-18 连接模块并重命名

④ 按住【Alt】键，拖动缩放输出模块到连接线上，然后插入（图16-2-19）。

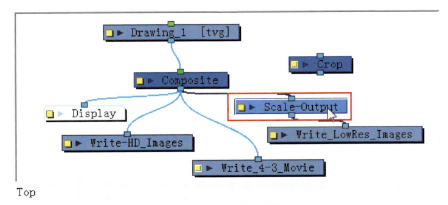

图16-2-19 插入模块

⑤ 同样，插入剪切模块（图16-2-20）。
如果剪切模块需要缩小输出，可以再添加一个缩放模块（图16-2-21）。

⑥ 全部连接完成后，再给每个输出端添加一个显示模块（图16-2-22）。

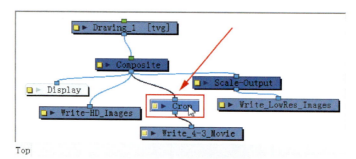

图 16-2-20　插入剪切模块

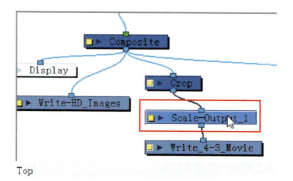

图 16-2-21　添加缩放模块

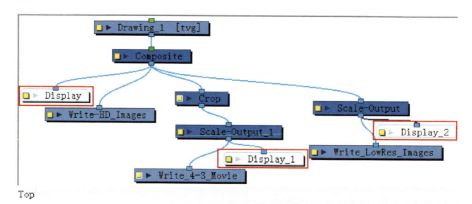

图 16-2-22　添加显示模块

（4）渲染

① 在主菜单中，选择"文件＞导出＞渲染网络"命令，打开渲染对话窗口（图16-2-23）。

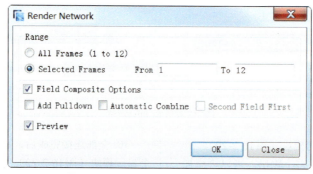

图 16-2-23　渲染对话窗口（单机模式）

② 在Range（范围）部分，选择渲染的帧范围，可以自定义。

③ Field Composite Options（合成场）选项，使用默认设置即可。

④ 设置完成后，勾选Preview选项，可自动查看图像序列结果（不能预览QuickTime影片）。

⑤ 点击OK按钮，开始渲染，弹出渲染进度条（图16-2-24）。

图16-2-24　渲染进度条

技术专题

参考文献

［1］Adam Phillips.Animate to Harmony: The Independent Animator's Guide to Toon Boom.Oxford：Focal Press，2014.

［2］叶歌，陈令长.动画速写基础.上海：上海人民美术出版社，2015.

［3］邓坤，庞玉生，曹永莉.二维动画项目制作Toon Boom Studio技能应用.北京：中国书籍出版社，2017.